JN258747

図説 よくわかる フロン排出抑制法

経済産業省製造産業局化学物質管理課オゾン層保護等推進室
環境省地球環境局地球温暖化対策課フロン対策室 監修

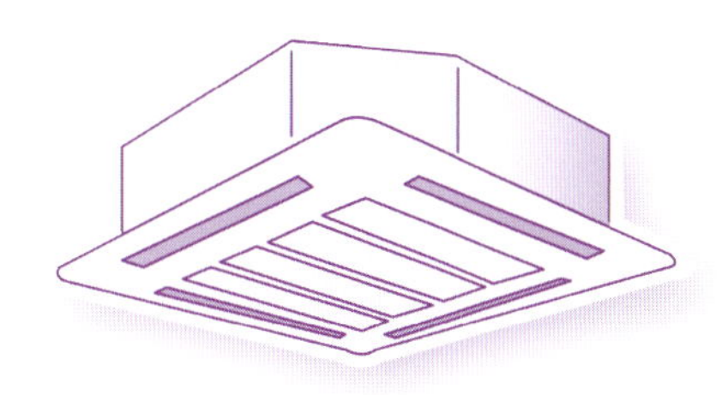

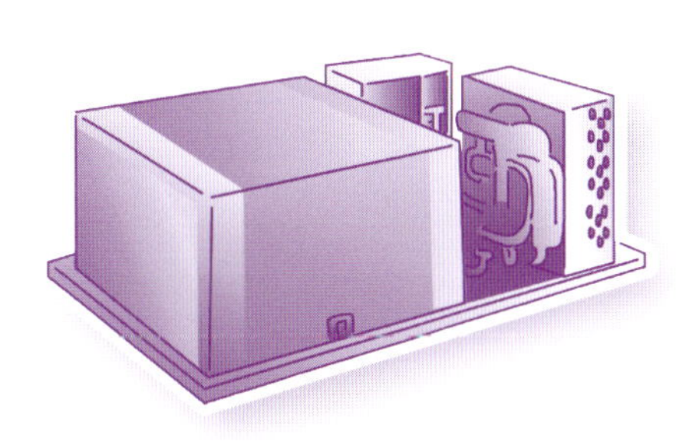

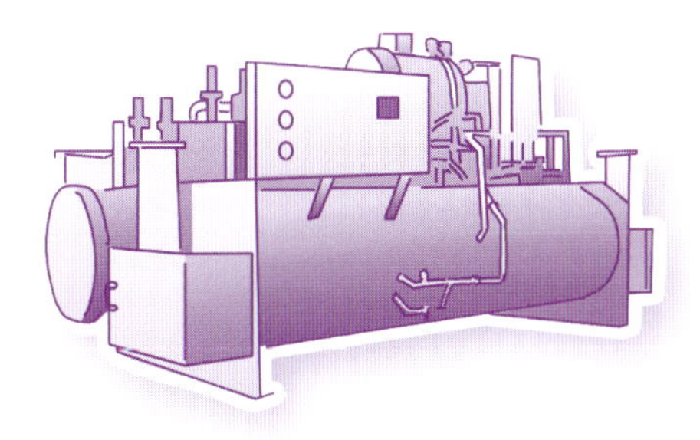

中央法規

はじめに

エアコンディショナー、冷蔵機器、冷凍機器等に冷媒として使用されているフロン類のうち、CFC（クロロフルオロカーボン）、HCFC（ハイドロクロロフルオロカーボン）は、大気中に排出されるとオゾン層を破壊するため、「オゾン層を破壊する物質に関するモントリオール議定書」の削減対象ガスとして国際的に削減が進められています。我が国においては、「特定物質の規制等によるオゾン層の保護に関する法律（オゾン層保護法）」により、CFCを平成７（1995）年に全廃し、HCFCについては平成８（1996）年以降段階的に生産等を削減し、平成32（2020）年に全廃する予定です。さらに、平成28（2016）年10月に開催されたモントリオール議定書第28回締約国会合において、同議定書の規制対象にHFC（ハイドロフルオロカーボン）を追加する改正が採択されました。HFCはオゾン層破壊物質の代替物質として使用量が増加している強力な温室効果ガスであり、HFCの生産・消費の段階的削減が合意されたことは、地球温暖化対策の観点から大きな進展です。このように、フロン対策の重要性が一層高まっており、我が国として、地球温暖化防止の観点からも、フロン類の大気中への排出量を抑制する等の取組みを推進する必要があります。

フロン類の排出抑制対策としては、業務用の冷凍空調機器を廃棄する際のフロン類の回収等を義務付けた「特定製品に係るフロン類の回収及び破壊の実施の確保等に関する法律（フロン回収・破壊法）」が平成13（2001）年に制定されました。平成18（2006）年６月には、行程管理制度の導入、機器整備時のフロン類回収の義務化等を追加した法改正が行われました。

さらに、冷凍空調機器用の冷媒として使用されるHFCの急増、業務用冷凍空調機器の使用時におけるフロン類の大規模漏えいの判明、ノンフロン・低GWP（地球温暖化係数）製品の技術開発や商業化の進展、HFCの世界的な規制への動き等を踏まえ、フロン類の回収・破壊だけでなく、フロン類の製造から廃棄までのライフサイクル全体にわたる包括的な対策が必要とされました。このため、平成25（2013）年６月にフロン回収・破壊法が改正され、名称も「フロン類の使用の合理化及び管理の適正化に関する法律（フロン排出抑制法）」に改められました（平成27（2015）年４月１日施行）。

本書は、フロン排出抑制法の施行にあたって、主に事業者や地方公共団体等の業務用冷凍空調機器（第一種特定製品）の管理担当者向けに、機器の使用時及び廃棄時に管理者が行うべき取組みを中心として、図表を用いながらわかりやすく解説するとともに、関連法令を併せて収載するものです。業務用冷凍空調機器は我が国に約2,000万台以上存在します。そのような機器の管理担当者の方々を中心とした皆様に本書をご活用いただき、同法の理解を深め、今後の各種取組みの着実な実施の一助になることを願っています。

平成29（2017）年３月

目次

第3章 管理者が取り組むべき措置

第4章 その他関係事項

資料編

解説編

1. 本書の主な対象者

業務用空調機器及び冷凍冷蔵機器の所有者等は、第一種特定製品の管理者や廃棄等実施者として、「フロン類の使用の合理化及び管理の適正化に関する法律」（以下「フロン排出抑制法」という。）の対象となります。具体的には、オフィスやビル、スーパーマーケット・コンビニエンスストア・食料品店・ドラッグストア等の小売店、工業製品の製造工場や研究施設、冷蔵倉庫、鉄道・船舶・航空機、食品工場・漁船・ビニールハウス等の農林水産業関係、役所・各種ホール・学校等の公共施設、病院等、幅広い施設に設置されている業務用冷凍空調機器（第一種特定製品）がフロン排出抑制法の対象となります。本書では、これらの所有者等に係る義務を中心に解説します。

図1■業務用冷凍空調機器（第一種特定製品）

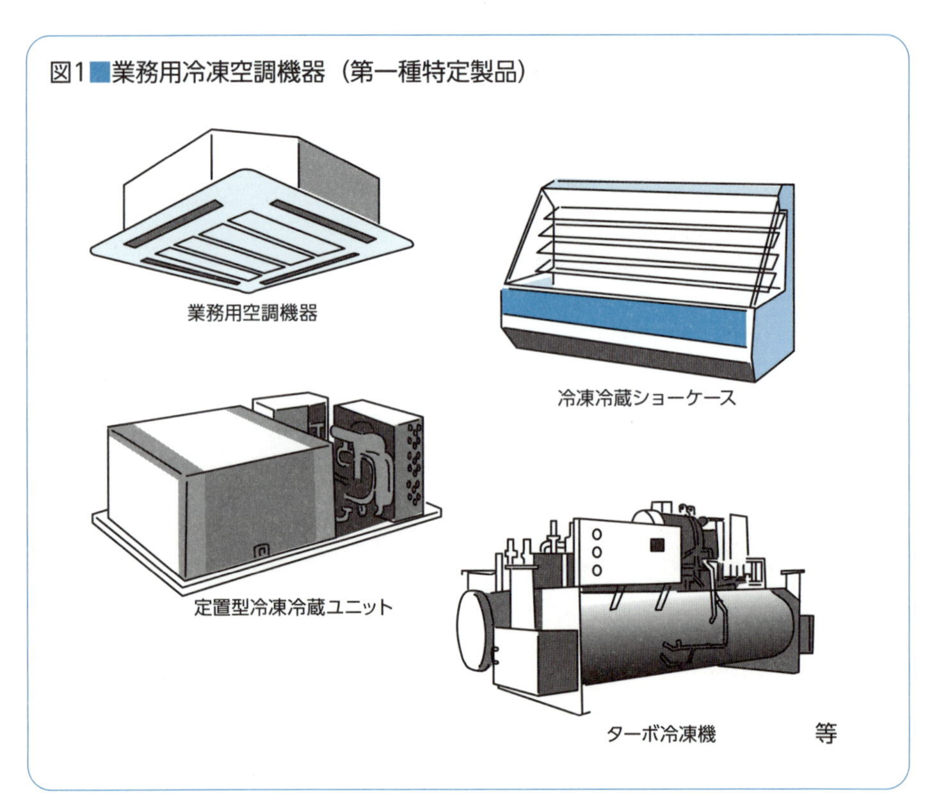

2．環境問題とフロン類の関係性

① フロン類とは何か

フロン類とはフルオロカーボン（フッ素と炭素の化合物）の国内での総称であり、フロン排出抑制法では、CFC（クロロフルオロカーボン）、HCFC（ハイドロクロロフルオロカーボン）、HFC（ハイドロフルオロカーボン）をフロン類と呼んでいます。化学的に極めて安定した性質で扱いやすく、人体への毒性が小さいといった性質を有していることから、エアコンディショナーや冷蔵庫等の冷媒用途をはじめ、断熱材等の発泡用途、半導体や精密部品の洗浄剤、エアゾール等、さまざまな用途に活用されてきました。

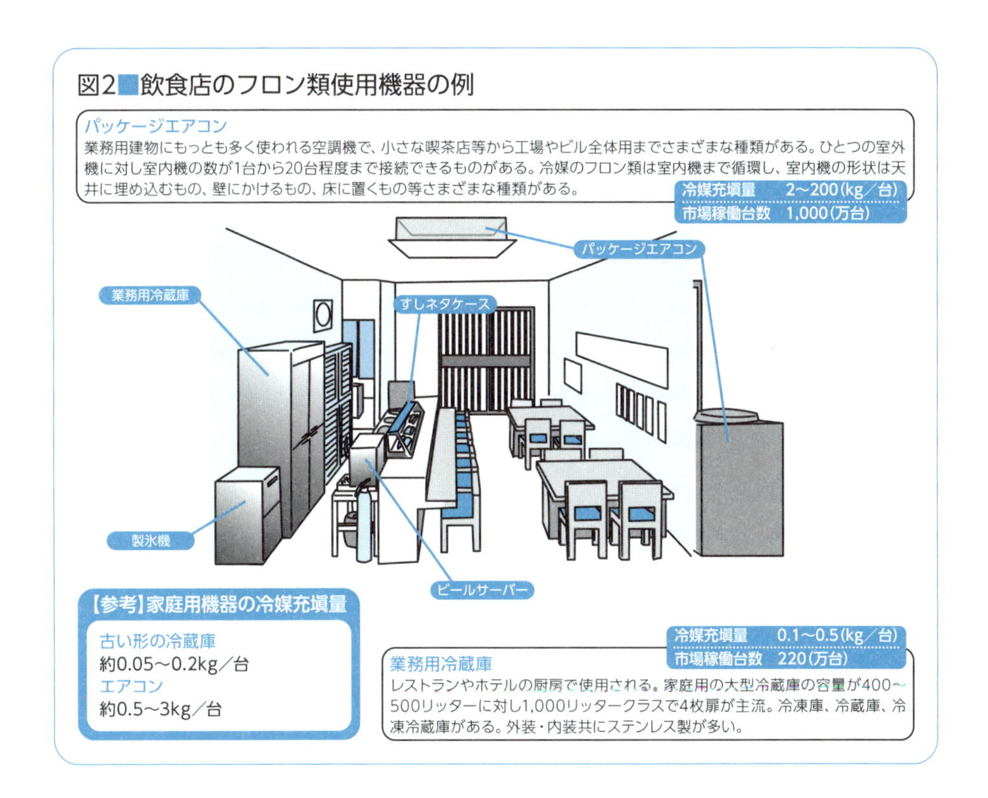

図2■飲食店のフロン類使用機器の例

図3■オフィスのフロン類使用機器の例

冷水機

パッケージエアコン

ターボ冷凍機

冷水機

冷媒充塡量　0.05〜0.3(kg／台)
市場稼働台数　350(万台)

飲用冷水機として使用され、卓上型と床置き型がある。卓上型はオフィスで使用されタンクに給水して使用する。床置き型は水道直結で工場や公共施設で使用される。

ターボ冷凍機

冷媒充塡量　100〜10,000(kg／台)
市場稼働台数　10(万台)

ビル空調、工業用等比較的大規模の空調用･プロセス用として使用されている。能力の範囲は、350〜3,500kWと広く、地域冷暖房用としても使用されている。また年間を通じ大容量運転が可能なため半導体工場等に多く使用されている。冷却部および放熱部へは水により熱を運び、冷媒は冷凍機本体のみにある。

チラー（チリングユニット）

冷媒充塡量　1〜100(kg／台)
市場稼働台数　15(万台)

冷媒が循環する一体型のユニットで冷却した冷水･ブラインを冷却の必要な所まで運んで冷却するシステムであり、冷凍倉庫、工場のプロセス冷却や空調等さまざまな用途に使用される。大きさも非常に小型のものから超大型のものまである。

スクリュー冷凍機

冷媒充塡量　90〜300(kg／台)
市場稼働台数　3(万台)

低温用から空調用まで幅広い使用が可能な冷凍機。冷蔵倉庫、冷凍プラントで使用され、空調にも使用されている。能力の範囲は、100〜1,000kW位まであり、ターボ冷凍機についで中大規模物件での採用例が多い。冷却部へは水や不凍液で冷熱を運ぶ。

図4■スーパーのフロン類使用機器の例

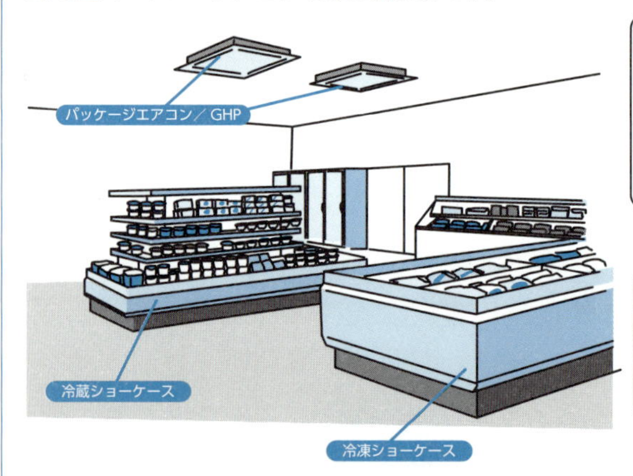

GHP（ガスヒートポンプエアコン）

パッケージエアコンと同じ空調用として使用される。制御系には商用電源を使用するが圧縮機の駆動源としてガスエンジンを使用していることから商用電源の使用を少なくできるメリットがある。郊外のスーパーや電気容量の少ない学校用･農業用の空調として利用されることが多い。

冷媒充塡量　3〜200(kg／台)
市場稼働台数　40(万台)

冷凍冷蔵ユニット

スーパーマーケットの集配所やバックヤードに設置されるプレハブ冷蔵庫の冷凍機。形態的には一体型でプレハブ天井を貫通して設置するものや、小型のパッケージのような分離型のものが多い。

冷媒充塡量　1.5〜3(kg／台)
市場稼働台数　50(万台)

別置型ショーケース

冷媒充塡量　2〜20(kg／台)
市場稼働台数　100(万台)

スーパーやコンビニで見かける陳列ケースの大半。コンデンシングユニット（コンプレッサが搭載されている機械室）が屋外に設置され、陳列ケースが店内に置かれる。1台のコンデンシングユニットで数台の陳列ケースの冷却を行う。

内蔵型ショーケース

冷媒充塡量　0.05〜2(kg／台)
市場稼働台数　280(万台)

コンデンシングユニットが内蔵されており、アイスクリームストッカー、牛乳用ショーケース、卓上型などの小型が多い。また、業務用として使用されるチェストタイプ（上開きタイプ）のフリーザーもこの分類に含まれている。小型ネタケースのような製品もある。

図5 まちなかのフロン類使用機器の例

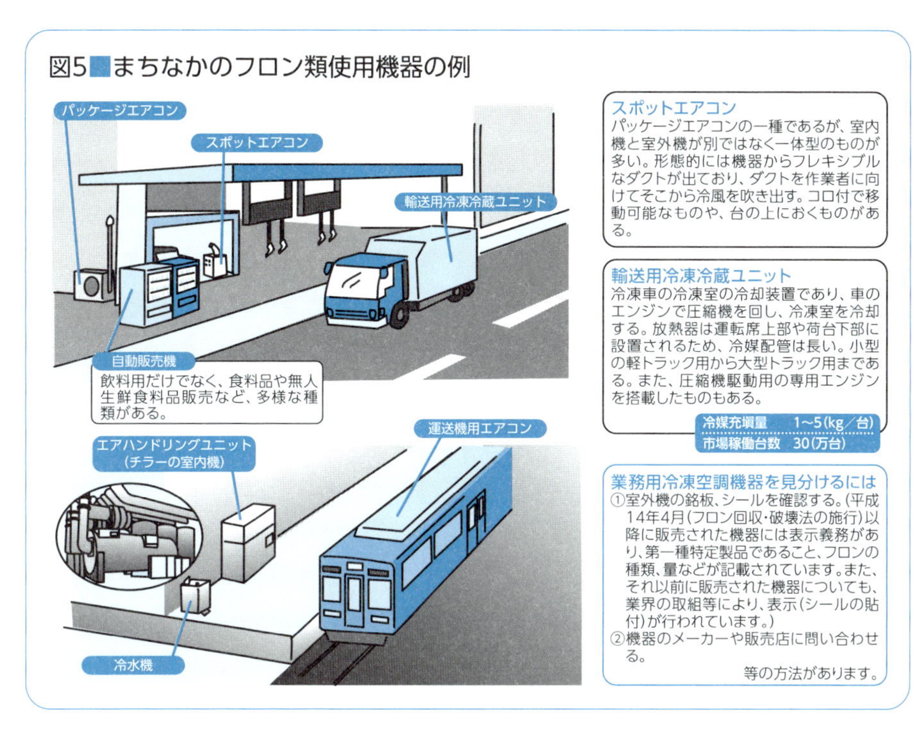

スポットエアコン
パッケージエアコンの一種であるが、室内機と室外機が別ではなく一体型のものが多い。形態的には機器からフレキシブルなダクトが出ており、ダクトを作業者に向けてそこから冷風を吹き出す。コロ付で移動可能なものや、台の上におくものがある。

輸送用冷凍冷蔵ユニット
冷凍車の冷凍室の冷却装置であり、車のエンジンで圧縮機を回し、冷凍室を冷却する。放熱器は運転席上部や荷台下部に設置されるため、冷媒配管は長い。小型の軽トラック用から大型トラック用まである。また、圧縮機駆動用の専用エンジンを搭載したものもある。

冷媒充塡量　1～5（kg／台）
市場稼働台数　30（万台）

業務用冷凍空調機器を見分けるには
①室外機の銘板、シールを確認する。（平成14年4月（フロン回収・破壊法の施行）以降に販売された機器には表示義務があり、第一種特定製品であること、フロンの種類、量などが記載されています。また、それ以前に販売された機器についても、業界の取組等により、表示（シールの貼付）が行われています。）
②機器のメーカーや販売店に問い合わせる。
等の方法があります。

しかしながら、オゾン層の破壊、地球温暖化といった地球環境への影響が明らかになり、より影響の少ないフロン類や他の物質への代替が、可能な分野から進められています。

② オゾン層への影響と対策

オゾン層は上空の成層圏にあり、有害な紫外線を吸収して地球上の生物を守っていますが、CFC、HCFCは、大気中に放出されるとオゾン層まで到達して、オゾン層を破壊してしまいます。オゾン層の破壊が進んだ結果、南極上空では毎年オゾンホールが観測されるようになり、急激に拡大しました。

そこで、モントリオール議定書に基づき、CFC、HCFC等の生産・輸入の国際的な規制が行われています。同議定書を受けて、我が国では「特定物質の規制等によるオゾン層の保護に関する法律」（以下「オゾン層保護法」という。）に基づいて、CFC、HCFCの生産・輸入の規制が行われており、CFCは平成7（1995）年に全廃されており、HCFCは平成32（2020）年に全廃の予定です。このような規制の効果もあり、最近ではオゾンホールの規模は年々変動による増減はあるものの、長期的な拡大傾向は見られなくなっています。21世紀末にはオゾン層は1960年レベルに戻ると予測されています。

図6■オゾンホールの年最大面積の経年変化（中央折れ線グラフ）と南半球のオゾン量の分布（左右図）

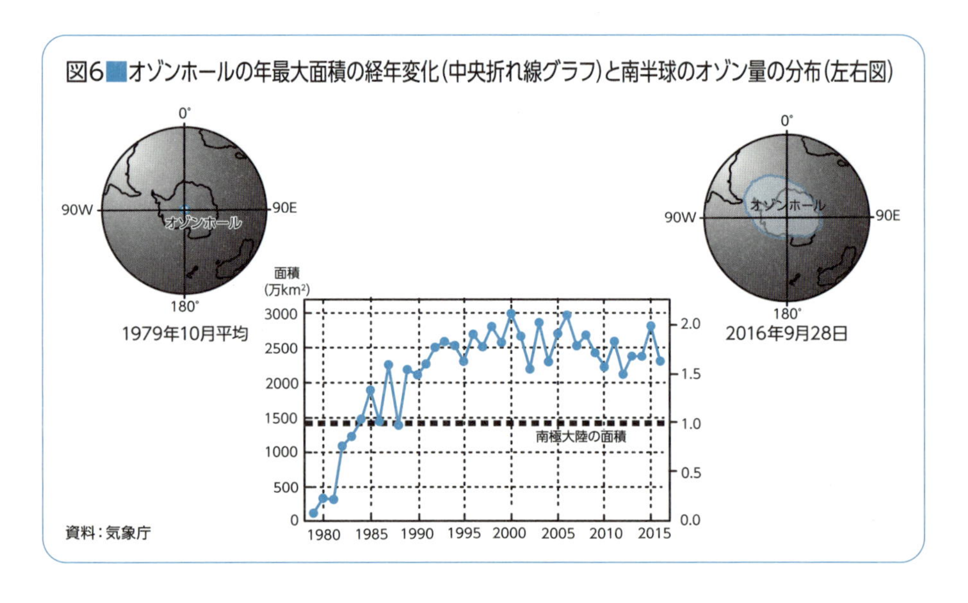

資料：気象庁

③ 地球温暖化への影響と対策

CFC、HCFCはオゾン層保護対策として生産・輸入が規制されていますが、温室効果も大きい物質です。CFC、HCFCの代替として、主にHFC（代替フロン）への転換が進められてきましたが、HFCは、オゾン層を破壊しないものの、二酸化炭素の100倍から1万倍以上の大きな温室効果があります。

図7■フロン類の地球温暖化係数

（二酸化炭素を1とした場合）

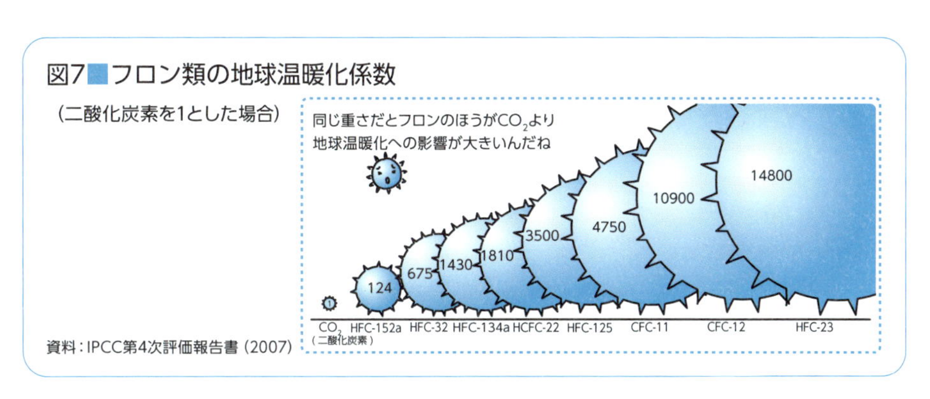

資料：IPCC第4次評価報告書（2007）

図8■フロン類の種類

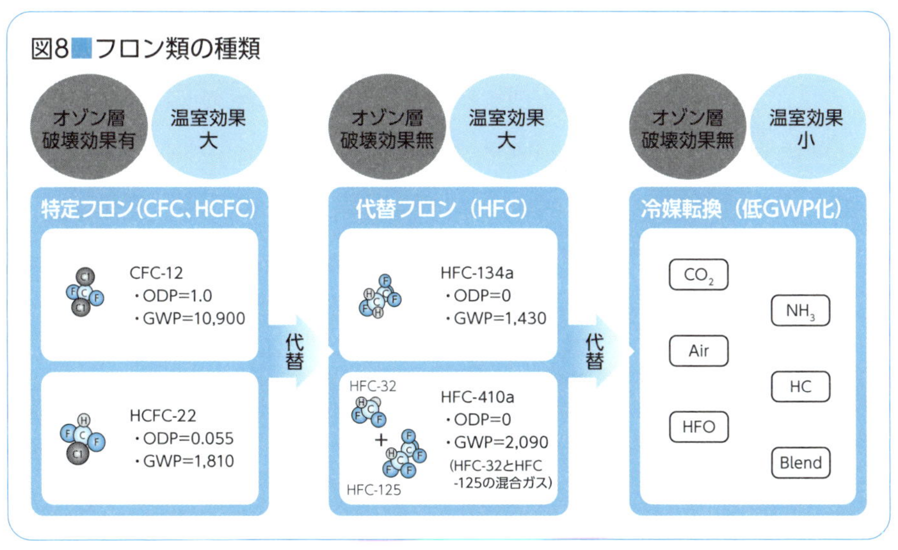

そのため、ノンフロン・低GWP (Global Warming Potential: 地球温暖化係数)化の推進や、既にフロン類（CFC、HCFC、HFC）が使われている製品からのフロン類の排出抑制が必要です。

図9■環境問題とフロン類の関係性

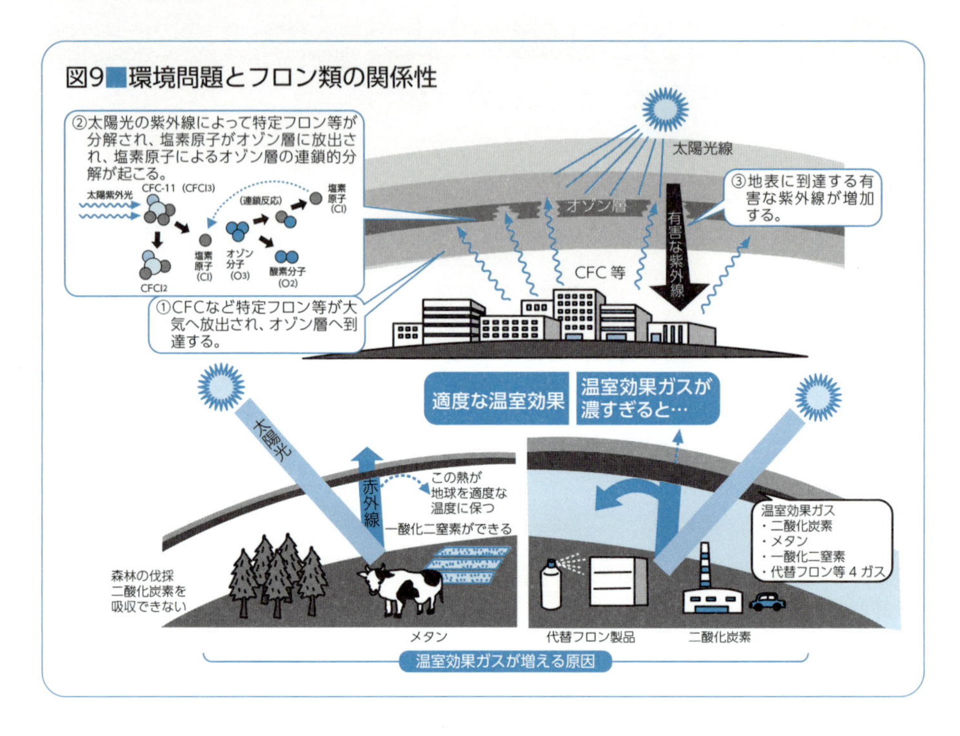

3. これまでのフロン対策とフロン排出抑制法の制定

① 特定フロンの生産規制

オゾン層保護のためのモントリオール議定書を受け、オゾン層保護法に基づき、特定フロン（CFC、HCFC）の製造・輸入に関する規制を行っています。CFCについては平成7（1995）年までに生産及び消費ともに全廃、HCFCについても、平成32（2020）年に全廃の予定です。ただし、モントリオール議定書は、HCFC使用機器の使用の中止を求めるものではなく、平成32（2020）年度以降もHCFCの再生品を利用する等して、HCFC機器を使用することは可能です。

図10■HCFCの生産基準及び生産許可量等の推移

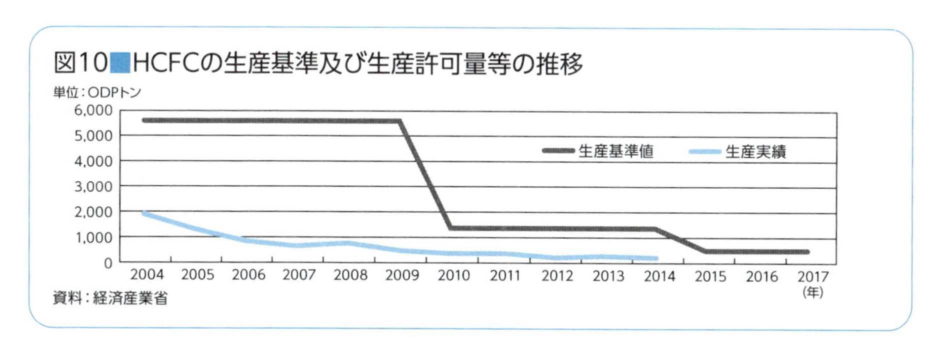

資料：経済産業省

さらに、平成28（2016）年10月にルワンダ・キガリにおいて、モントリオール議定書第28回締約国会合（MOP28）が開催され、HFCの生産及び消費量の段階的削減義務等を定める本議定書の改正（キガリ改正）が採択されました。改正議定書は、20か国以上の締結を条件に平成31（2019）年1月1日以降に発効されます。なお、HFCはオゾン層破壊物質ではありませんが、その代替として開発・使用されており、かつ温室効果が高いことから、本改正議定書の対象とされたものです。

HFCの生産及び消費量の段階的削減義務として、①先進国においては、2011－2013年の平均数量等を基準値として、平成31（2019）年から削減を開始し、平成48（2036）年までに85％分を段階的に削減、②開発途上国においては、㋐第１グループ（中国・東南アジア・中南米・アフリカ諸国・島嶼国等、第２グループ以外の開発途上国）は2020－2022年の平均数量等を基準値として、平成36（2024）年に削減を開始、平成57（2045）年までに80％分を段階的に削減、㋑

第2グループ（イラク、イラン、インド、パキスタン、湾岸諸国（オマーン、カタール、クウェート、サウジアラビア、バーレーン、UAE））は、2024－2026年の平均数量等を基準として、平成40（2028）年に削減を開始し、平成59（2047）年までに85％分を段階的に削減します。

表1 キガリ改正議定書におけるHFC生産・消費量の段階的削減スケジュール

	開発途上国第1グループ（注1）	開発途上国第2グループ（注2）	先進国（注3）
基準年	2020-2022年	2024-2026年	2011-2013年
基準値（CO_2換算）	各年のHFC量の平均＋HCFCの基準値の65％	各年のHFC量の平均＋HCFCの基準値の65％	各年のHFC量の平均＋HCFCの基準値の15％
凍結年	2024年	2028年（注4）	なし
第1段階	2029年▲10％	2032年▲10％	2019年▲10％
第2段階	2035年▲30％	2037年▲20％	2024年▲40％
第3段階	2040年▲50％	2042年▲30％	2029年▲70％
第4段階			2034年▲80％
最終削減	2045年▲80％	2047年▲85％	2036年▲85％

(注1)開発途上国第1グループ：開発途上国であって、第2グループに属さない国
(注2)開発途上国第2グループ：イラク、イラン、インド、パキスタン、湾岸諸国
(注3)先進国に属するベラルーシ、露、カザフスタン、タジキスタン、ウズベキスタンは、規制措置に差異を設ける（基準値について、HCFCの算入量を基準値の25％とし、削減スケジュールについて、第1段階は2020年に▲5％、第2段階は2025年に▲35％削減とする）。
(注4)開発途上国第2グループについて、凍結年（2028年）の4～5年前に技術評価を行い、凍結年を2年間猶予することを検討する。
(注5)全ての締約国について、2022年及びその後5年ごとに技術評価を実施する。

図11 HFCの削減スケジュール

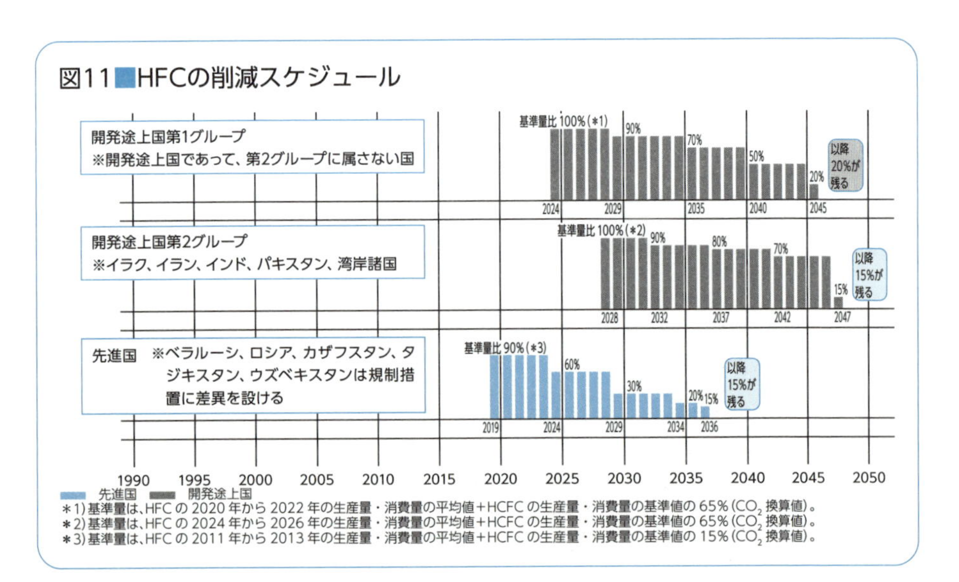

＊1)基準量は、HFCの2020年から2022年の生産量・消費量の平均値＋HCFCの生産量・消費量の基準値の65％（CO_2換算値）。
＊2)基準量は、HFCの2024年から2026年の生産量・消費量の平均値＋HCFCの生産量・消費量の基準値の65％（CO_2換算値）。
＊3)基準量は、HFCの2011年から2013年の生産量・消費量の平均値＋HCFCの生産量・消費量の基準値の15％（CO_2換算値）。

先進国と開発途上国の双方によるHFCの生産・消費の段階的削減を内容とする本議定書改正が採択されたことは、地球温暖化対策の観点から大きな進展です。このように、フロン対策の重要性が一層高まっており、我が国として、地球温暖化防止の観点からも、フロン類の大気中への排出量を抑制する等の取組みを推進する必要があります。

② フロン回収・破壊法の制定

フロン類（CFC、HCFC、HFC）は、オゾン層の破壊や地球温暖化の原因となることから、大気中への放出を抑制することが必要です。このため、平成13（2001）年に「特定製品に係るフロン類の回収及び破壊の実施の確保等に関する法律」（以

図12 フロン回収・破壊法の概要

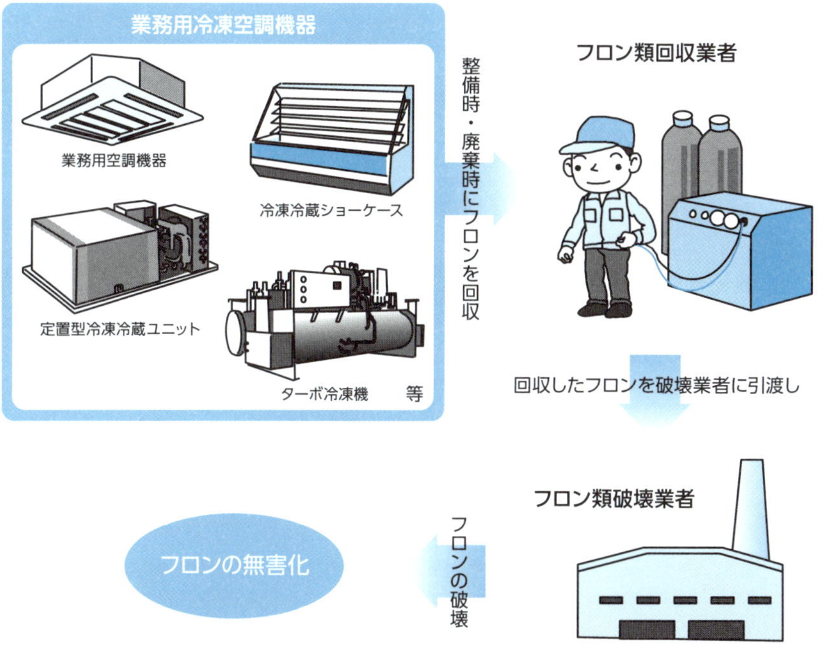

※みだりにフロン類を放出すると、50万円以下の罰金又は1年以下の懲役に処せられます（フロン排出抑制法にも引き継がれています）。

下「フロン回収・破壊法」という。）が制定され、業務用冷凍空調機器の廃棄時のフロン類の回収や回収されたフロン類の破壊等が進められてきました。また、平成18（2006）年の法改正により、業務用冷凍空調機器の整備時のフロン類の回収を対象に加え、さらに廃棄時のフロン類の流れを書面で管理する「行程管理制度」が導入されました（平成19（2007）年10月1日施行）。

③ フロン排出抑制法の制定

しかしながら、業務用冷凍空調機器の冷媒として用いられるフロン類について、特定フロン（CFC及びHCFC）から代替フロン（HFC）への転換が進み、HFC排出量が急増しています。

政府がとりまとめた温室効果ガスの排出量及び吸収量の報告によれば、平成26（2014）年のHFC排出量は、3,580万トン（二酸化炭素換算）であり、前年と比べて11.5%（370万トン）増加しています。また、平成17（2005）年と比べて180%（2,300万トン）増加、平成2（1990）年と比べて125%（1,990万トン）増加しています。前年及び平成17（2005）年からの増加は、オゾン層破壊物質であるHCFCからHFCへの代替に伴い、冷媒分野において排出量が増加（前年比12.3%増、平成17年比267%増）したこと等によります（表2）。このような状況を踏まえ、フロン排出抑制法に基づく対策の強化が急務となっています。

表2■HFCの排出量

	1990年〔シェア〕	2005年〔シェア〕	2013年〔シェア〕	前年からの変化率	2014年（2005年比）〔シェア〕
合計	15.9〔100%〕	12.8〔100%〕	32.1〔100%〕	→<+11.5%>→	35.8（+180%）〔100%〕
冷媒	排出なし	8.9〔69%〕	29.0〔90%〕	→<+12.3%>→	32.6（+267%）〔91%〕
発泡	0.001〔0.008%〕	0.9〔7%〕	2.2〔7%〕	→<+6.4%>→	2.4（+153%）〔7%〕
エアゾール・MDI（定量噴射剤）	排出なし	1.7〔13%〕	0.5〔2%〕	→<+2.9%>→	0.5（−70.3%）〔1%〕
HFCsの製造時の漏出	0.002〔0.009%〕	0.4〔4%〕	0.1〔0.4%〕	→<+23.3%>→	0.1（−77.6%）〔0.3%〕
半導体・液晶製品	0.001〔0.005%〕	0.2〔2%〕	0.1〔0.3%〕	→<+3.2%>→	0.1（−49.3%）〔0.3%〕
洗浄剤・溶剤	排出なし	0.004〔0.03%〕	0.1〔0.3%〕	→<+5.0%>→	0.1（+2782%）〔0.3%〕
HCFC22製造時の副生HFC23	15.9〔99.98%〕	0.6〔5%〕	0.02〔0.1%〕	→<+45.5%>→	0.02（−96.0%）〔0.1%〕
消化剤	排出なし	0.01〔0.06%〕	0.01〔0.03%〕	→<+2.9%>→	0.01（+23.4%）〔0.03%〕
金属生産	排出なし	排出なし	0.001〔0.004%〕	→<±0.0%>→	0.001〔0.004%〕

（単位：百万トンCO_2換算）

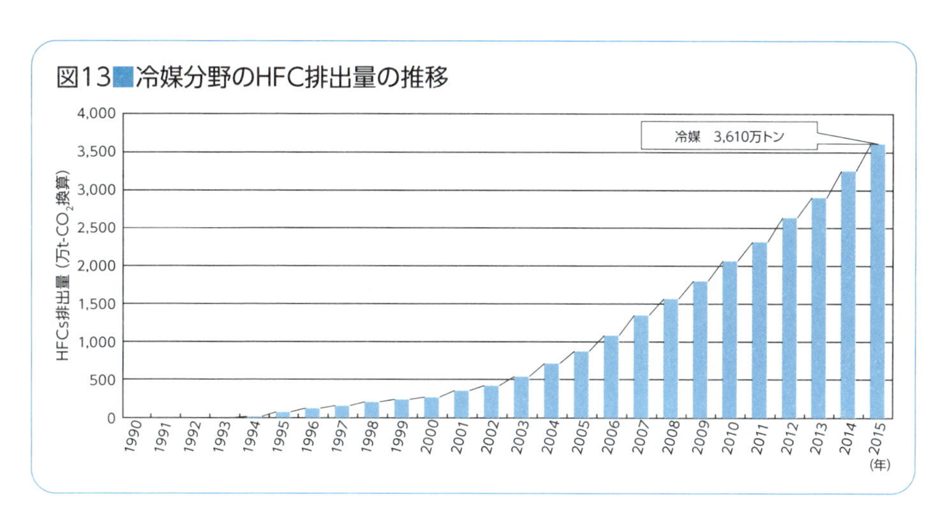

図13■冷媒分野のHFC排出量の推移

フロン類のストックについても、図14のとおり、BAU推計（Business As Usual、従来どおりの規制を行い特段の処置をとらなかった場合の想定。フロン分野の排出推計においては、現状の対策を継続した場合の推計を示す。）では、代替フロンが着実に増え続けると予測されています。さらに、経済産業省が把握するフロン類使用製品約26万サンプルを対象に行った調査により、業務用冷凍空調機器の設備不良や経年劣化等によって、これまでの想定以上に機器使用中の漏えいが判明しており、2020年排出予測（BAU推計）では使用時の漏えい量が廃棄時の漏えい量を上回るとされています（図15）。このような状況に加え、ノンフロン・低GWP製品の技術開発や商業化の進展、HFCの世界的な規制への動きといったフロン類を取り巻く状況も変化していました。

そのため、これまでのフロン類の回収・破壊に加え、フロン類の製造から廃棄までのライフサイクル全体にわたる包括的な対策が取られるよう、平成25（2013）年6月にフロン回収・破壊法が改正され、名称も「フロン類の使用の合理化及び管理の適正化に関する法律（フロン排出抑制法）」に改められました（平成27（2015）年4月1日施行）。

図14 冷凍空調機器における冷媒の市中ストック（BAU推計）

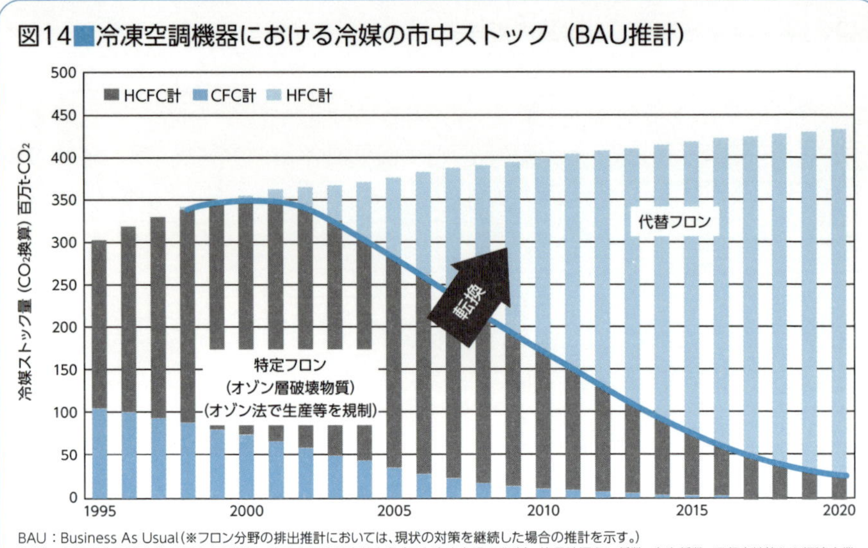

BAU：Business As Usual（※フロン分野の排出推計においては、現状の対策を継続した場合の推計を示す。）
資料：実績は政府発表値。2020年予測は、冷凍空調機器出荷台数（日本冷凍空調工業会）、使用時漏えい係数、廃棄係数、回収実績等から経済産業省試算。

図15 代替フロン等3ガス（京都議定書対象）の2020年排出予測（BAU）と機器使用時漏えい源の内訳

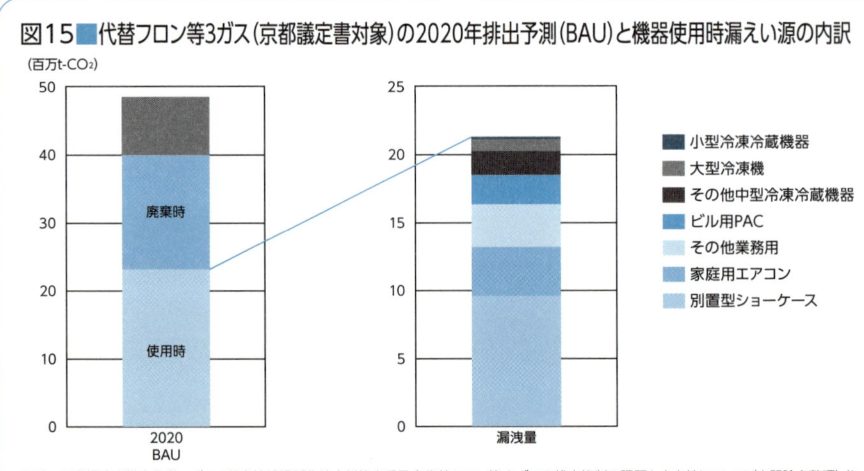

資料：産業構造審議会化学・バイオ部会地球温暖化防止対策小委員会代替フロン等3ガスの排出抑制の課題と方向性について（中間論点整理）参考資料より
※現在は代替フロン等4ガスが京都議定書の対象（3ガス：HFC、PFC、SF6　4ガス：3ガス+NF3）

4．フロン排出抑制法とは

フロン排出抑制法の目的は、オゾン層の保護及び地球温暖化の防止に積極的に取り組むことが重要であることに鑑み、フロン類の大気中への排出を抑制するため、フロン類の「使用の合理化」及び特定製品（第一種特定製品及び第二種特定製品）に使用されるフロン類の「管理の適正化」を進めることによって、現在・将来の国民の健康で文化的な生活の確保に寄与するとともに人類の福祉に貢献することです。

「使用の合理化」とは、フロン類に代替する物質であってオゾン層の破壊をもたらさず、かつ、地球温暖化に深刻な影響をもたらさないもの（フロン類代替物質）の製造等、フロン類使用製品に使用されるフロン類の量を低減させること等により、フロン類の使用を抑制することです。

「管理の適正化」とは、特定製品の使用等に際して使用されるフロン類の排出量の把握、充塡、回収、再生、破壊その他の行為が適正に行われるようにすることにより、当該フロン類の排出の抑制を図ることです。

法律の対象は、フロン類のライフサイクル全体にわたっており、主として以下の5つの事項について規定されています。

＜フロン類の使用の合理化に係る措置＞

○フロンメーカー

フロン類の製造業者等は、国が定める「フロン類の製造業者等の判断の基準となるべき事項」に従い、フロン類代替物質の製造等、フロン類の使用の合理化に取り組みます。

○製品メーカー

指定製品の製造業者等は、国が定める「指定製品の製造業者等の判断の基準となるべき事項」に基づき、指定製品に使用されるフロン類による環境影響度の低減に取り組みます（詳細は18.（→53頁）を参照）。

＜特定製品に使用されるフロン類の管理の適正化に係る措置＞

○第一種特定製品の管理者・整備者・廃棄等実施者

第一種特定製品の管理者は、「第一種特定製品の管理者の判断の基準となるべき事項」に基づき、管理する第一種特定製品について点検等を実施します。

管理者のうち一定以上（二酸化炭素換算で1,000トン以上）フロン類を漏えいさせた者は、算定漏えい量等を国に報告します。国はその算定漏えい量等を集計して公表します。

第一種特定製品の整備者や廃棄等実施者は、フロン類の充塡・回収や機器の廃棄等（廃棄・原材料や部品への利用を目的とした譲渡）が必要なときは、「第一種フロン類充塡回収業者」に対して、充塡・回収の委託やフロン類の引渡しをします。

「管理者」「整備者」「廃棄等実施者」については、**7.**（→22頁）及び**8.**（→24頁）を参照してください。

○第一種フロン類充塡回収業者

第一種特定製品に冷媒としてフロン類を充塡、回収することを業として行う者は、「第一種フロン類充塡回収業者」として、都道府県知事の登録を受ける必要があります。第一種フロン類充塡回収業者が充塡・回収を行うときは、充塡基準・回収基準（省令）に従います。また、回収したフロン類について、自ら再生しない場合は、第一種フロン類再生業者又はフロン類破壊業者へ引き渡します。

○第一種フロン類再生業者、フロン類破壊業者

第一種特定製品に冷媒として充塡されているフロン類の再生を業として行う者は、「第一種フロン類再生業者」として、国（環境大臣及び経済産業大臣）から許可を得る必要があります。また、第一種特定製品及び第二種特定製品に冷媒として充塡されているフロン類の破壊を業として行う者は、「フロン類破壊業者」として、国（環境大臣及び経済産業大臣）から許可を得る必要があります。第一種フロン類再生業者・フロン類破壊業者は、引き取ったフロン類について、フロン類の再生基準・破壊基準（省令）に従って再生・破壊します。

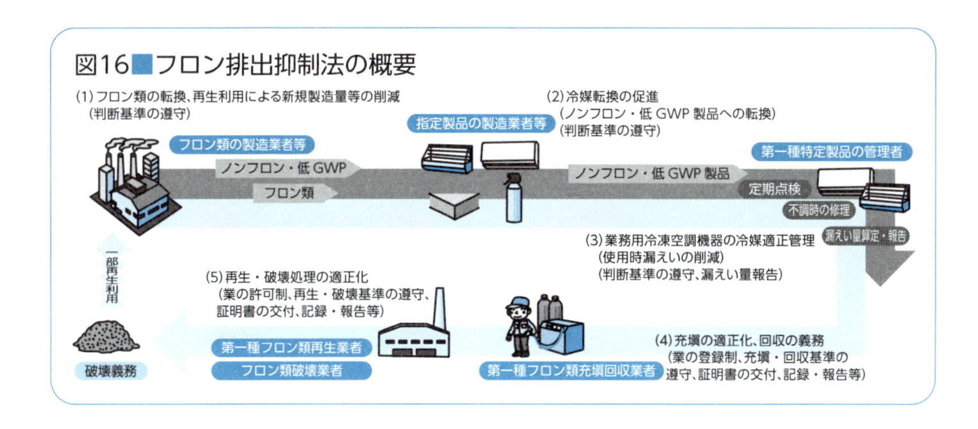
図16■フロン排出抑制法の概要
(1) フロン類の転換、再生利用による新規製造量等の削減
(判断基準の遵守)
フロン類の製造業者等
ノンフロン・低 GWP
フロン類
(2) 冷媒転換の促進
(ノンフロン・低 GWP 製品への転換)
(判断基準の遵守)
指定製品の製造業者等
ノンフロン・低 GWP 製品
第一種特定製品の管理者
定期点検
不調時の修理
漏えい量算定・報告
(3) 業務用冷凍空調機器の冷媒適正管理
(使用時漏えいの削減)
(判断基準の遵守、漏えい量報告)
(4) 充塡の適正化、回収の義務
(業の登録制、充塡・回収基準の
遵守、証明書の交付、記録・報告等)
第一種フロン類充塡回収業者
(5) 再生・破壊処理の適正化
(業の許可制、再生・破壊基準の遵守、
証明書の交付、記録・報告等)
第一種フロン類再生業者
フロン類破壊業者
破壊義務
一部再生利用

5．フロン類

フロン排出抑制法が対象とするフロン類とは、①オゾン層を破壊し、かつ、温室効果の非常に高いフロン（CFC及びHCFCのうち、オゾン層保護法で特定物質として規制されている物質）及び②オゾン層は破壊しないものの、温室効果の非常に高いフロン（HFCのうち、「地球温暖化対策の推進に関する法律」（地球温暖化対策推進法）において温室効果ガスとして規制されている物質）です。具体的には表3にあるCFC、HCFC及びHFCの3種類です。また、国際標準化機構（ISO）の規格817に基づくフロン類の冷媒番号別の種類と気候変動に関する政府間パネル（IPCC）の報告に基づくGWPについては、資料編の平成28年経済産業省・環境省告示第2号（→306頁）を参照してください。

表3 フロン類の種類

分類	名称	略称	ISOに基づく冷媒番号	分類	名称	略称	ISOに基づく冷媒番号
CFC	(一)トリクロロフルオロメタン	CFC-11	R-11	HCFC	(二〇)ペンタクロロフルオロプロパン	HCFC-231	R-231
	(二)ジクロロジフルオロメタン	CFC-12	R-12		(二一)テトラクロロジフルオロプロパン	HCFC-232	R-232
	(三)トリクロロトリフルオロエタン	CFC-113	R-113		(二二)トリクロロトリフルオロプロパン	HCFC-233	R-233
	(四)ジクロロテトラフルオロエタン	CFC-114	R-114		(二三)ジクロロテトラフルオロプロパン	HCFC-234	R-234
	(五)クロロペンタフルオロエタン	CFC-115	R-115		(二四)クロロペンタフルオロプロパン	HCFC-235	R-235
	(六)クロロトリフルオロメタン	CFC-13	R-13		(二五)テトラクロロフルオロプロパン	HCFC-241	R-241
	(七)ペンタクロロフルオロエタン	CFC-111	R-111		(二六)トリクロロジフルオロプロ版	HCFC-242	R-242
	(八)テトラクロロジフルオロエタン	CFC-112	R-112		(二七)ジクロロトリフルオロプロパン	HCFC-243	R-243
	(九)ヘプタクロロフルオロプロパン	CFC-211	R-211		(二八)クロロテトラフルオロプロパン	HCFC-244	R-244
	(一〇)ヘキサクロロジフルオロプロパン	CFC-212	R-212		(二九)トリクロロフルオロプロパン	HCFC-251	R-251
	(一一)ペンタクロロトリフルオロプロパン	CFC-213	R-213		(三〇)ジクロロジフルオロプロパン	HCFC-252	R-252
	(一二)テトラクロロテトラフルオロプロパン	CFC-214	R-214		(三一)クロロトリフルオロプロパン	HCFC-253	R-253
	(一三)トリクロロペンタフルオロプロパン	CFC-215	R-215		(三二)ジクロロフルオロプロパン	HCFC-261	R-261
	(一四)ジクロロヘキサフルオロプロパン	CFC-216	R-216		(三三)クロロジフルオロプロパン	HCFC-262	R-262
	(一五)クロロヘプタフルオロプロパン	CFC-217	R-217		(三四)クロロフルオロプロパン	HCFC-271	R-271
HCFC	(一)ジクロロフルオロメタン	HCFC-21	R-21	HFC	(一)トリフルオロメタン	HFC-23	R-23
	(二)クロロジフルオロメタン	HCFC-22	R-22		(二)ジフルオロメタン	HFC-32	R-32
	(三)クロロフルオロメタン	HCFC-31	R-31		(三)フルオロメタン	HFC-41	R-41
	(四)テトラクロロフルオロエタン	HCFC-121	R-121		(四)一・一・一・二・二―ペンタフルオロエタン	HFC-125	R-125
	(五)トリクロロジフルオロエタン	HCFC-122	R-122		(五)一・一・二・二―テトラフルオロエタン	HFC-134	R-134
	(六)ジクロロトリフルオロエタン	HCFC-123	R-123		(六)一・一・一・二―テトラフルオロエタン	HFC-134a	R-134a
	(七)クロロテトラフルオロエタン	HCFC-124	R-124		(七)一・一・二―トリフルオロエタン	HFC-143	R-143
	(八)トリクロロフルオロエタン	HCFC-131	R-131		(八)一・一・一―トリフルオロエタン	HFC-143a	R-143a
	(九)ジクロロジフルオロエタン	HCFC-132	R-132		(九)一・一―ジフルオロエタン	HFC-152a	R-152a
	(一〇)クロロトリフルオロエタン	HCFC-133	R-133		(一〇)一・一・一・二・三・三・三―ヘプタフルオロプロパン	HFC-227ea	R-227ea
	(一一)ジクロロフルオロエタン	HCFC-141	R-141		(一一)一・一・一・三・三・三―ヘキサフルオロプロパン	HFC-236fa	R-236fa
	(一二)クロロジフルオロエタン	HCFC-142	R-142		(一二)一・一・二・二・三―ペンタフルオロプロパン	HFC-245ca	R-245ca
	(一三)クロロフルオロエタン	HCFC-151	R-151		(一三)一・一・一・二・三・四・四・五・五・五―デカフルオロペンタン	HFC-43-10mee	R-43-10mee
	(一四)ヘキサクロロフルオロプロパン	HCFC-221	R-221	HFC※	一・二―ジフルオロエタン	HFC-152	R-152
	(一五)ペンタクロロジフルオロプロパン	HCFC-222	R-222		フルオロエタン	HFC-161	R-161
	(一六)テトラクロロトリフルオロプロパン	HCFC-223	R-223		一・一・一・二・二・三―ヘキサフルオロプロパン	HFC-236cd	R-236cd
	(一七)トリクロロテトラフルオロプロパン	HCFC-224	R-224		一・一・一・二・三・三―ヘキサフルオロプロパン	HFC-236ea	R-236ea
	(一八)ジクロロペンタフルオロプロパン	HCFC-225	R-225		一・一・一・三・三―ペンタフルオロプロパン	HFC-245fa	R-245fa
	(一九)クロロヘキサフルオロプロパン	HCFC-226	R-226		一・一・一・三・三―ペンタフルオロブタン	HFC-365mfc	R-365mfc

※平成27 年4月1日施行の地球温暖化対策法施行令改正で追加

6．第一種特定製品

第一種特定製品とは、業務用のエアコンディショナー及び冷蔵冷凍機器（冷蔵又は冷凍の機能を有する自動販売機を含む。）であって、冷媒としてフロン類が充塡されているもの（第二種特定製品を除く。）をいいます。この定義をそれぞれの要素に整理すると、以下の①～④のすべてに当てはまる機器のことを指します。

① エアコンディショナー又は冷凍冷蔵機器（冷凍冷蔵機能を有する自動販売機を含む。）である
② 業務用として製造・販売された機器である
③ 冷媒としてフロン類が充塡されている
④ 第二種特定製品ではない

なお、「業務用」とは、メーカーが業務用として製造・輸入している機器のことで、一般消費者が日常生活に使用するために製造・販売された機器以外の機器をいいます。使用等する機器が「業務用の機器」であるかどうかは、使用場所や使用用途ではなく、その機器が業務用として製造・販売されたかどうかで判断されます。例えば、一般住居で使用されている「業務用として製造、販売された機器」は第一種特定製品に該当し、オフィスで使用されている「家庭用として製造、販売された機器」は、第一種特定製品に該当しません。家庭用のエアコンディショナー、冷蔵機器及び冷凍機器については、特定家庭用機器再商品化法（家電リサイクル法）の対象となります（詳細は**21．**（→58頁）を参照）。使用目的が業務用であっても、メーカーが家庭用として販売している場合がありますので、メーカーにお問い合わせください。

また、第二種特定製品とは、自動車（使用済自動車の再資源化等に関する法律（自動車リサイクル法）の対象のものに限る。）に搭載されたエアコンディショナーのうち、乗車のために設備された場所の冷暖房の用に供するものをいいます。第二種特定製品に当たる場合は、その機器が業務用であったとしても、第一種特定製品には該当せず、フロン排出抑制法の対象外です。一方、自動車リサイクル法が適用されない建設機械等の大型・小型の特殊自動車、被牽引車等に設置されている乗員のための空調設備（カーエアコン）や冷凍・冷蔵車の荷室部分の冷蔵・冷凍ユニットは、第二種特定製品に該当しません。そのため、当該設備が業務用であって冷媒と

してフロン類が使用されている場合、第一種特定製品に該当し、フロン排出抑制法の対象になります（詳細は**21.** を参照）。

フロン排出抑制法に基づく第一種特定製品かどうかの見分け方としては、室外機の銘板、シールを確認してください。平成14（2002）年4月（フロン回収・破壊法の施行）以降に販売された業務用冷凍空調機器には表示義務があり、第一種特定製品であること、フロンの種類、量等が記載されています（31頁の図22を参照）。なお、それ以前に販売された業務用冷凍空調機器についても、業界の取組等により、表示（シールの貼付）が行われていることもあります。それでも分からない場合は、機器のメーカーや販売店に問い合わせし、確認してください。

図17 第一種特定製品

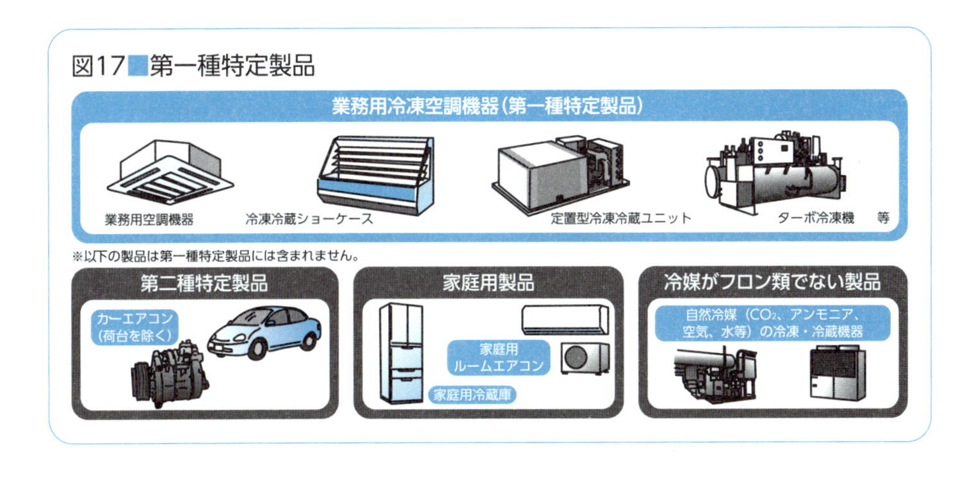

7. 管理者、第一種特定製品整備者、第一種特定製品廃棄等実施者

管理者とは、原則として、第一種特定製品の所有者が管理者となります。例外として、契約書等の書面において、保守・修繕の責務（法的責務を含む。）を所有者以外が負うこととされている場合は、請け負った者が管理者となります。また、保守点検、メンテナンス等の管理業務を委託している場合は、当該委託を行うことが保守・修繕の責務の遂行であるため、委託元が管理者に当たります（図18を参照）。

所有者と使用者のどちらが管理者にあたるか不明確な場合は、まず、現在の契約を所有者と使用者の間で相互に確認し、管理者がどちらに該当するのかを明確にすることが必要となります。機器、物件を共同所有している場合等、管理者にあたる者が複数いる場合、話し合い等を通じて管理者を1者に決める必要があります。

また、第一種特定製品の整備を行う者を「第一種特定製品整備者」といいます。第一種特定製品整備者には、専門業者として機器の整備を行う者だけでなく、機器の所有者や使用者であって、自ら整備を行う者も含まれます。冷凍・冷蔵倉庫や食品工場の製造プロセス等では、第一種特定製品の管理者自らが機器の整備を実施しているケースが多いと考えられるため、これらの場合、当該管理者自体が「第一種特定製品整備者」となります。

第一種特定製品整備者は、整備に際し、フロン類の充塡又は回収が必要な時は、第一種フロン類充塡回収業者に対して、第一種特定製品へのフロン類の充塡・回収の委託をする等、**15.**（→46頁）に詳述する対応を取る必要があります。

機器の整備とは、機器の設置から廃棄前までに行われる設備施工、保守・修繕等の作業をいいます。そのため、フロン排出抑制法が対象としている「整備時の充塡」には、工場生産時の冷媒充塡は含まれませんが、現場設置時の機器・配管等への冷媒充塡は含まれます。

また、第一種特定製品の廃棄等を行おうとする第一種特定製品の管理者を「第一種特定製品廃棄等実施者」といいます。廃棄等とは、次の2つのことをいいます。

① 機器そのものを廃棄すること

② 機器を「冷凍空調機器」として本来の目的では使用せず、当該機器の全部又は一部を原材料（鉄や銅、アルミ等の再利用）や部品その他製品の一部として利用（再資源化）することを目的として、リサイクル業者等に有償もしくは無償で譲渡すること

なお、機器を中古品としてそのまま再利用（リユース）する場合は廃棄等に該当しません。「第一種特定製品廃棄等実施者」として実施すべき措置の詳細については、**16.** （→49頁）を参照してください。

以上のとおり、管理者は第一種特定製品整備者や第一種特定製品廃棄等実施者となるケースがあるため、フロン排出抑制法に基づきそれぞれの主体が取り組むべき措置について、確認することが重要です。

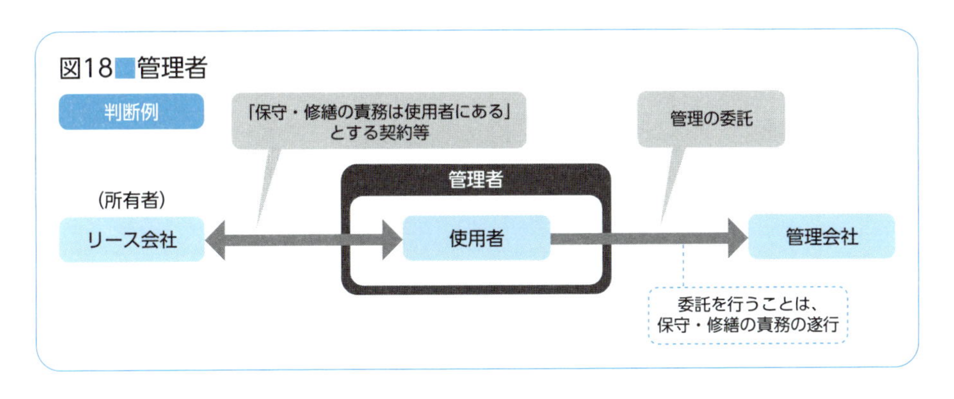

図18 管理者

8．その他の関係主体

① フロン類の製造業者等、指定製品の製造業者等

「フロン類の製造業者等」とは、フロン類の製造・輸入等を業として行う者をいいます。また、「指定製品の製造業者等」とは、指定製品の製造・輸入業を業として行う者をいいます（詳細は**18.**（→53頁）を参照）。フロン類の製造・輸入量の削減やフロン類使用製品のノンフロン・低GWP化の促進等の取組みが求められています。

② 第一種フロン類充塡回収業者

「第一種フロン類充塡回収業者」とは、第一種特定製品に対して、冷媒としてフロン類を充塡や回収することを業として行う者として、都道府県知事の登録を受けた者をいいます。

フロン回収・破壊法では、第一種フロン類回収業者としていましたが、フロン排出抑制法では、回収に加え、充塡行為についても一定の基準に基づいた取組みが行われるよう、業規制の範囲が拡大されました。

その背景は、業務用冷凍空調機器へのフロン類の充塡（補充）についても、専門知識を有しない者によって適正な充塡がなされない場合に、①充塡時にフロン類が大気中へ排出される、②適正量を超過した量の充塡（過充塡）を原因として製品の不具合・破損が生じ、フロン類が漏えいする、③必要な確認を怠り整備不良の状態の機器へ充塡することにより、結果として充塡フロン類が機器から漏えいする等の問題が発生しているためです。

③ 第一種フロン類引渡受託者

「第一種フロン類引渡受託者」とは、第一種特定製品廃棄等実施者から、第一種特定製品に冷媒として充塡されているフロン類を、第一種フロン類充塡回収業者へ引渡しすることを委託された者をいいます。具体的には、第一種特定製品の廃棄物としての処理や再生品としての譲渡を受けた、建物解体業者や廃棄物処理業者が該当します。

④ 特定解体工事元請業者

「特定解体工事元請業者」とは、建築物等の解体工事を発注しようとする管理者（特定解体工事発注者）から、直接当該解体工事を請け負う業者をいいます。

⑤ 第一種フロン類再生業者

「第一種フロン類再生業者」とは、第一種特定製品に冷媒として充塡されているフロン類の再生を業として行う者として、国（環境大臣及び経済産業大臣）から許可を得た者をいいます。

⑥ フロン類破壊業者

「フロン類破壊業者」とは、第一種特定製品及び第二種特定製品に冷媒として充塡されているフロン類の破壊を業として行う者として、国（環境大臣及び経済産業大臣）から許可を得た者をいいます。

⑦ 都道府県

都道府県は、第一種フロン類充塡回収業者の登録に関する事務を行っています。また、必要があると認めるときは、第一種特定製品の管理者、第一種フロン類充塡回収業者、第一種特定製品廃棄等実施者、特定解体工事元請業者等に対して、指導及び助言及び勧告・命令を行うことができます。このほか、第一種フロン類充塡回収業者からのフロン類の充塡量及び回収量の報告をとりまとめ、国への通知等を行っています。

⑧ 国（環境省、経済産業省）

国（環境省、経済産業省）は、第一種フロン類再生業者、フロン類破壊業者の許可に関する事務を行っています。また、必要があると認めるときは、これらの業者に対して、指導及び助言及び勧告・命令を行うことができます。また、国内のフロン類の処理実績（再生量、破壊量、充塡回収量等）やフロン類算定漏えい量について、集計・公表を行っています。

9. 管理者が取り組むべき措置（総論）

第一種特定製品の管理者（整備者として整備を行う場合や廃棄等実施者として廃棄等を実施する場合を含む。）は、以下の措置に取り組む必要があります。

図19■管理者が取り組むべき措置の流れ

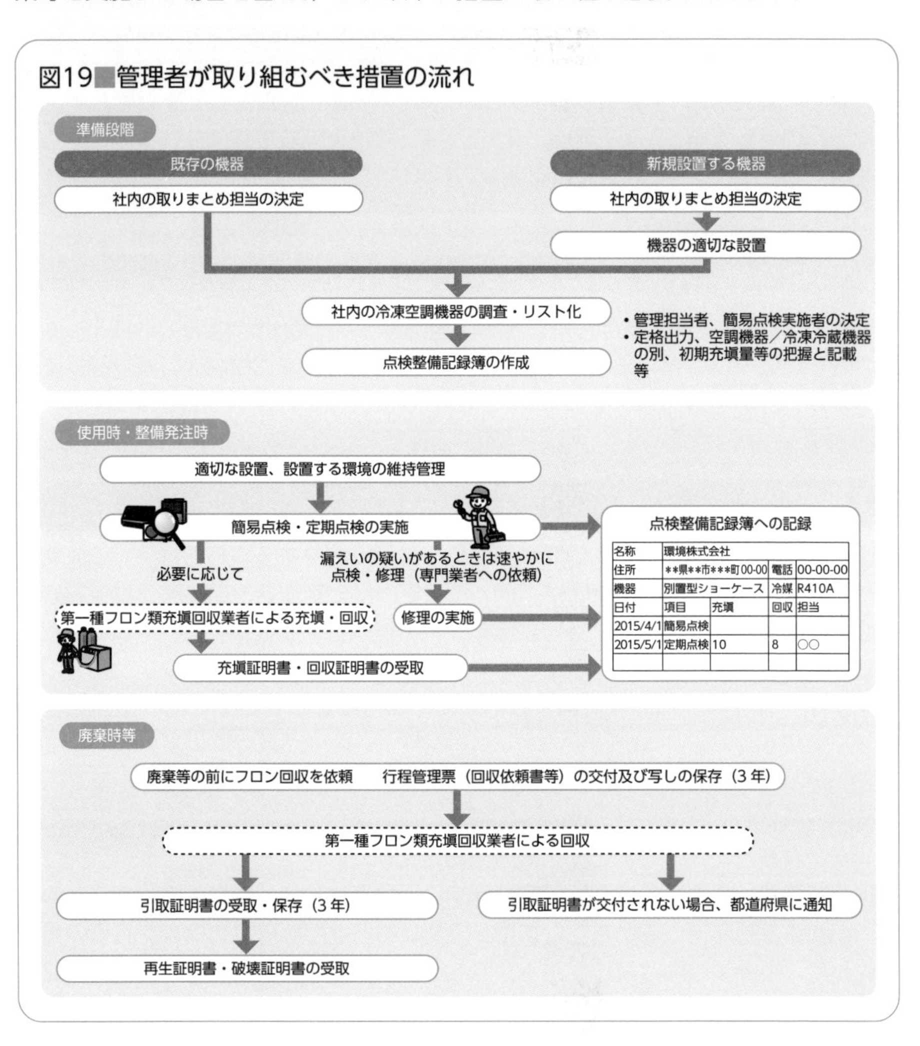

10. 管理者の判断基準　①設置・管理

第一種特定製品の管理者は、第一種特定製品の損傷等を防止するため、適切な場所への設置、設置する環境の維持・保全を図る必要があります。具体的には、振動源を周囲に設置しないこと、点検・修理のために必要な作業空間を確保すること、機器周辺の清掃を行うこと等に留意する必要があります。

さらに、管理者は社内の冷凍空調機器を調査・リスト化し、点検整備記録簿を作成する必要があります。

図20■適切な設置と設置する環境の維持・保全

機器に損傷をもたらすような振動源を
周囲に設置しないこと。

機器の周囲に点検・修理のために
必要な作業空間を確保すること。

※上記に加え、湿気の影響が懸念される場所、水はけが悪い場所は避けることが適当。

11．管理者の判断基準　②簡易点検

すべての第一種特定製品について、3か月に1回以上の簡易点検（外観、音による点検）を行う必要があります。実施者の具体的な限定はありません。表4の点検項目をすべて実施するのが基本ですが、機器の設置場所の周囲の状況や管理者の技術的能力により、可能な範囲で行うことも可能です。簡易点検により漏えい又は故障等を確認した場合には可能な限り速やかに専門的な点検を行うこととされています。

なお、休止中の機器であっても冷媒が封入されている限り、経年変化等により漏えいのリスクがあることから、簡易点検を実施する必要があります。ただし、簡易点検のために再起動（電源を入れてわざわざ稼働）させる必要はなく、油のにじみや腐食等の目視点検でかまいません。

※法定の簡易点検実施頻度は3か月に1回以上ですが、早期に異常を察知する観点からは、それ以上の頻度で実施することが効果的です。

表4 管理する第一種特定製品の種類と検査を行う事項

管理する第一種特定製品の種類	検査を行う事項
エアコンディショナー	・管理する第一種特定製品からの異常音 ・管理する第一種特定製品の外観の損傷、摩耗、腐食及びさびその他の劣化、油漏れ ・熱交換器への霜の付着の有無
冷蔵機器及び冷凍機器	・管理する第一種特定製品からの異常音 ・管理する第一種特定製品の外観の損傷、摩耗、腐食及びさびその他の劣化、油漏れ ・熱交換器への霜の付着の有無 ・管理する第一種特定製品により冷蔵又は冷凍の用に供されている倉庫、陳列棚その他の設備における貯蔵又は陳列する場所の温度

図21 簡易点検の点検項目

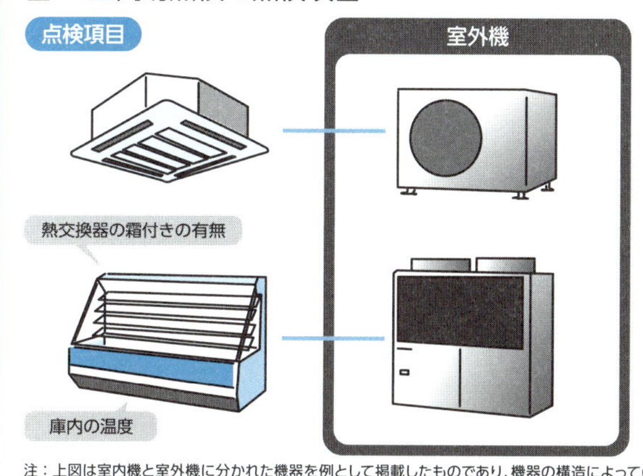

熱交換器及び目視検査で確認可能な配管部分等の異音・異常振動、製品外観の損傷、腐食、錆び、油にじみなど

室外機の油にじみ

室外機の腐食

損傷・異音・異常振動の有無の確認

注：上図は室内機と室外機に分かれた機器を例として掲載したものであり、機器の構造によって点検箇所が異なる。

12. 管理者の判断基準 ③定期点検

① 定期点検の内容について

第一種特定製品のうち、圧縮機に用いられる電動機の定格出力が7.5kW以上の機器について、1年に1回以上（50kW未満の空調機器は3年に1回以上）の定期点検を義務付けています。圧縮機の電動機の定格出力が7.5kW・50kW以上であるか否かは、機器の室外機の銘板に「定格出力」、「呼称出力」又は「電動機出力・圧縮機」と記載されている箇所をご確認ください（図22を参照）。なお、複数の圧縮機がある機器の場合は、冷媒系統がつながっていれば合算して判断し、独立していれば単独で判断します。不明の場合は、当該機器のメーカーや販売店にお問い合わせください。

定期点検では、以下の内容を実施する必要があります。

・管理する第一種特定製品からの異常音の有無についての検査
・管理する第一種特定製品の外観の損傷、摩耗、腐食及びさびその他の劣化、油漏れ並びに熱交換器への霜の付着の有無についての目視による検査
・直接法、間接法又はこれらを組み合わせた方法による検査

直接法とは、発泡液の塗布、冷媒漏えい検知器を用いた測定、蛍光剤や窒素ガス等を第一種特定製品に充塡して直接第一種特定製品からの漏えいを検知する等の方法があります。間接法とは、蒸発器の圧力、圧縮器を駆動する電動機の電圧又は電流その他第一種特定製品の状態を把握するために必要な事項を計測し、当該計測の結果が定期的に計測して得られた値に照らして、異常がないことを確認する方法をいいます（図23を参照）。

表5■定期点検の対象機器と点検頻度

	圧縮機の定格出力	頻度
エアコンディショナー	(ア)7.5kW以上50kW未満	3年に1回以上
	(イ)50kW以上	1年に1回以上
冷蔵機器及び冷凍機器	(ウ)7.5kW以上	1年に1回以上

図22■定格出力の確認方法

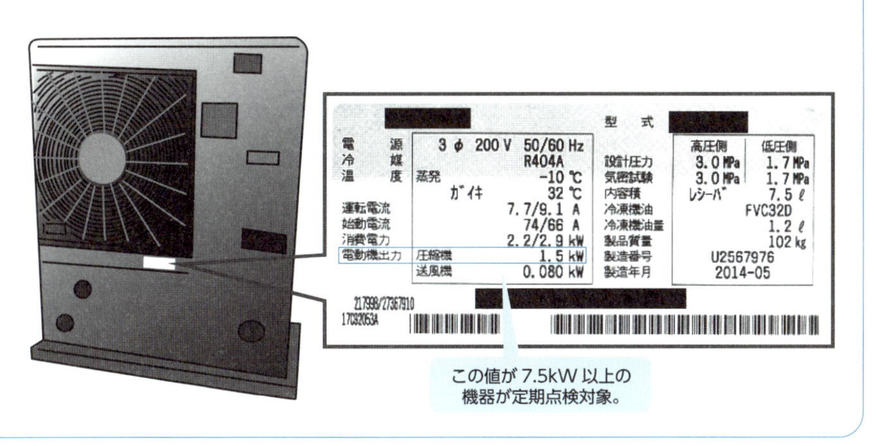

図23■直接法と間接法

直接法

発泡液法　　漏えい検知機を用いた方式

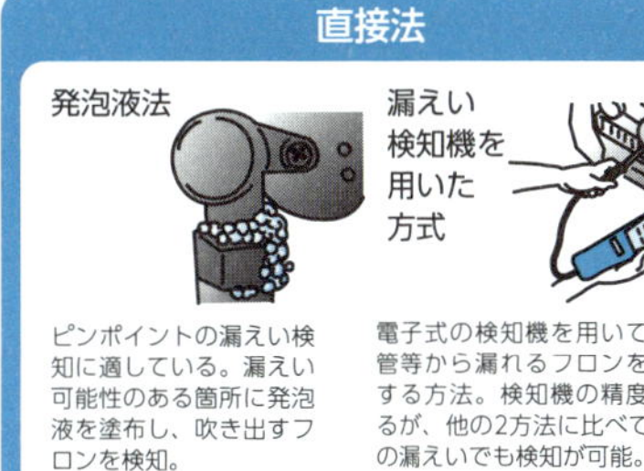

ピンポイントの漏えい検知に適している。漏えい可能性のある箇所に発泡液を塗布し、吹き出すフロンを検知。

電子式の検知機を用いて、配管等から漏れるフロンを検知する方法。検知機の精度によるが、他の2方法に比べて微量の漏えいでも検知が可能。

蛍光剤法

配管内に蛍光剤を注入し、漏えい箇所から漏れ出た蛍光剤を紫外線等のランプを用いて漏えい箇所を特定。
※蛍光剤の成分によっては機器に不具合を生ずるおそれがあることから、機器メーカーの了承を得た上で実施することが必要

間接法

下記チェックシートなどを用いて、稼働中の機器の運転値が日常値とずれていないか確認し、漏れの有無を診断。

出典：フルオロカーボン漏えい点検・修理ガイドライン(日本冷凍空調設備工業連合会)

② 定期点検の実施者について

定期点検は「十分な知見を有する者」が実施する又は立ち会う必要があります。「十分な知見を有する者」に求められる知識とは、表6に示す知識となります。

表6■定期点検時に必要となる知識の主な内容

項目	主な内容
冷凍空調の基礎	✔ 冷凍、空調基礎用語（例：過熱度、過冷却、高圧、低圧、飽和圧力、成績係数・常用圧力等） ✔ p-h線図、冷媒の物性、冷凍サイクル、圧力（耐圧、設計、運転、ゲージ、気密試験、漏れ試験）、潤滑油の物性、運転制御　など
使用機器の構造・機能	✔ 圧縮機・電動機、潤滑装置、容量制御装置、蒸発器、凝縮器、付属機器類、安全装置などの構造や機能　など
冷媒配管	✔ 配管設計（温度、振動、腐食環境）、配管施工（加工・工具類取扱）、切断・溶接・ろう付け作業、配管支持作業、保冷・防湿作業 ✔ 冷媒系統部品（弁、フレア等継ぎ手類）など
運転・診断	✔ 運転調整の方法、漏えい検知器の取扱い方法、運転漏えい診断、適正充塡量の判断方法　など
漏えい点検・修理	✔ システム漏えい点検方法、間接法による漏えい点検方法、直接法による漏えい点検、定期漏えい点検の頻度、定期漏えい点検の作業手順 ✔ 加圧漏えい試験・真空検査 ✔ ろう付け作業 ✔ 漏えい修理作業、漏えい点検・修理記録簿 ✔ 回収装置、回収容器の取扱・運転手順 ✔ 冷媒充塡作業 ✔ 安全で効率的な冷媒回収作業　など
漏えい予防保全（漏らさない技術）	✔ 点検・整備（故障の診断、原因、漏えい防止方法） ✔ 交換部品（耐用年数、設置環境） ✔ 漏えい防止の予知診断方法 ✔ 稼働時漏えい防止ノウハウ ✔ 漏えい事例
冷媒設備に係る法規	✔ 高圧ガス保安法 ✔ フロン排出抑制法 ✔ その他関係法令
フロン類による地球環境問題（必須ではないが望ましい）	✔ オゾン層破壊問題 ✔ 地球温暖化問題 ✔ 回収・再利用の重要性

上記の知識を持ち、フロン類の定期点検に関して十分な知見を有する者にあたる者の水準の例としては、具体的には、以下のA～Cが考えられます。

A. 冷媒フロン類取扱技術者

冷媒フロン類取扱技術者は、第一種と第二種が存在し、第一種は、（一社）日本冷凍空調設備工業連合会が、第二種は、（一財）日本冷媒・環境保全機構が認定する民間の資格で、フロン排出抑制法の施行に合わせ、設置された資格です。なお、第二種は、取り扱える機器の対象に限定（エアコンディショナーは圧縮機電動機又は動力源エンジンの定格出力25kW以下の機器。冷凍冷蔵機器は圧縮機電動機又は動力源エンジンの定格出力15kW以下の機器）があることに留意する必要があります。

B. 一定の資格等を有し、かつ、点検に必要となる知識等の習得を伴う講習を受講した者

一定の資格等としては、例えば、以下の資格があげられます。

・冷凍空調技士（日本冷凍空調学会）
・高圧ガス製造保安責任者：冷凍機械（高圧ガス保安協会）
・上記保安責任者（冷凍機械以外）であって、第一種特定製品の製造又は管理に関する業務に5年以上従事した者
・冷凍空気調和機器施工技能士（中央職業能力開発協会）
・高圧ガス保安協会冷凍空調施設工事事業所の保安管理者
・自動車電気装置整備士（対象は、自動車に搭載された第一種特定製品に限る。）（ただし、平成20（2008）年3月以降の国土交通省検定登録試験により当該資格を取得した者、又は平成20年3月以前に当該資格を取得し、各都道府県の電装品整備商工組合が主催するフロン回収に関する講習会を受講した者に限る。）
・1級～5級海技士（機関）（対象は、船舶に搭載された第一種特定製品に限る。）

また、定期点検に必要となる知識等の習得を伴う講習とは、表6に掲げる内容についての講義及び考査を指します。ここで、当該講習については、一定の水準に達している必要があるため、その適正性は環境省及び経済産業省に照会することで、随時確認されます。

C. 十分な実務経験を有し、かつ、点検に必要となる知識等の習得を伴う講習を受講した者

十分な実務経験とは、例えば、日常の業務において、日常的に業務用冷凍空調機器の整備や点検に3年以上携わってきた技術者であって、これまで高圧ガス保安法やフロン排出抑制法（フロン回収・破壊法を含む。）を遵守し、違反したことがない技術者を指します。

また、定期点検に必要となる知識等の習得を伴う講習とは、表6に掲げる内容についての講義及び考査を指します。ここで、当該講習については、一定の水準に達している必要があるため、その適正性は環境省及び経済産業省に照会することで、随時確認されます。

表7■「十分な知見を有する者」を担保するための講習

平成29年2月現在

本資料は、環境省及び経済産業省において、講習の内容を確認し、「十分な知見を有する者」を担保するための講習として、その適正性を確認した講習を示すものです。ただし、本資料に記載のある講習以外にも、該当する講習はあり得ます。

適正性が確認された講習名	区分 (B又はC)	定期点検に関する十分な知見	充塡に関する十分な知見	C区分の場合には、対象となる機器の上限値	備考
【講習名】 デンソー冷凍機研修 (標準講習、特別講習) 【実施団体】 株式会社デンソー 【連絡先】 1.講習会の内容について 株式会社デンソー アフターマーケット事業部 カスタマーサービス室 TEL:0566-61-6874 2.講習会の受講要領について 株式会社デンソーセールス サービス事業部 TEL:03-5478-7796	C	○	○	①輸送用冷凍・冷蔵ユニット(トラック用冷凍機、海上コンテナ用冷凍機) ②自動車用エアコンディショナー(自動車リサイクル法の対象製品は除く。) ③鉄道車両用エアコンディショナー ④その他輸送機械用エアコンディショナーであって、圧縮機に用いられる原動機の定格出力が30kW以下のもの	以下の者が受講可能 【標準講習】 業務用冷凍空調機器の保守サービスの実務3年以上の経験を保有する者 【特別講習】 業務用冷凍空調機器の保守サービスの実務3年以上の経験を保有し、かつ、過去にデンソーのサービス研修所による「冷凍機コース」を受講して合格した者
【講習名】 冷媒フロン類取扱知見者講習 【実施団体】 (一社)日本冷蔵倉庫協会 【連絡先】 (一社)日本冷蔵倉庫協会技術部 TEL:03-3536-1030	B、C (開催スケジュールによる)	○	○	講習修了者が勤務する事業所が所有又は管理する原動機等の定格出力が75kW以下の空調機器・冷凍冷蔵機器	日本冷蔵倉庫協会が提示する知識を有し、下記①又は②に該当する者が受講可能 ①高圧ガス製造又は管理の1年以上の実務経験を有し、高圧ガス製造保安責任者(第1・2・3種冷凍機械)免状を保有している者 ②冷凍冷蔵設備の運転や点検・整備の3年以上の実務経験のある技術者で、高圧ガス保安法並びにフロン回収・破壊法及びフロン排出抑制法に違反したことのない者
【講習名】 群馬県フロン類充塡回収技術講習会 【実施団体】 群馬県、(一社)群馬県フロン回収事業協会 【連絡先】 (一社)群馬県フロン回収事業協会 群馬県前橋市紅雲町一丁目7番12号 住宅公社ビル4F TEL:027-260-8234	C	○	○	空調機器については圧縮機電動機又は動力源エンジンの定格出力25kW以下の機器、冷凍冷蔵機器については圧縮機電動機又は電動源エンジンの定格出力15kW以下の機器	下記①～③の条件を満たす者が受講可能 ①平成12年から平成26年までに群馬県フロン回収促進協議会及び群馬県フロン回収事業協会が実施した「群馬県フロン回収技術講習会」を受講、講習後の修了試験に合格し、群馬県知事の修了証を交付された者 ②日常の業務において、日常的に冷凍空調機器の整備

					や点検及び冷媒の充塡に3年以上の実務経験を有する技術者であって、これまで高圧ガス保安法やフロン回収・破壊法（フロン排出抑制法）を遵守し、違反したことがない者 ③上記修了証を交付された者のうち、現在及び今後にわたり冷媒フロンの充塡作業等に携わる予定のある者
【講習名】 静岡県フロン類取扱・管理技術者講習会 【実施団体】 （一社）静岡県フロン回収事業協会 【連絡先】 （一社）静岡県フロン回収事業協会 〒422-8067 静岡県静岡市駿河区南町6番1号 南町第1ビル TEL:054-289-3666	C	○	○	空調機器については圧縮機電動機又は動力源エンジンの定格出力25kW以下の機器、冷凍冷蔵機器については圧縮機電動機又は電動源エンジンの定格出力15kW以下の機器	以下の者が受講可能 日常の業務において、日常的に業務用冷凍空調機器の保守サービスの実務経験を3年以上有し、これまで高圧ガス保安法やフロン回収・破壊法（フロン排出抑制法）を遵守し、違反したことがない者
【講習名】 海技者のためのフロン類取扱技術者講習 【実施団体】 （独）海技教育機構 【連絡先】 （独）海技教育機構 〒231-0003 神奈川県横浜市中区北仲通5-57 横浜第2合同庁舎 TEL:045-212-0005	B	○	○		以下の者が受講可能 一級～五級海技士（機関）のいずれかの海技免状を取得している者

※これらの講習については、法の内容への適合性は確認していますが、受講料や講習の開催日時等の個別の内容については各実施団体にお問い合わせ下さい。

※区分のB又はCは、33頁のB、Cを指します。

③ 漏えい発見時の対応について

漏えいが確認された場合は、可能な限り速やかに冷媒漏えい箇所を特定し、充塡回収業者に充塡を依頼する前に、漏えい防止のための修理等を行わなければなりません。やむを得ない場合を除き、下記の手順を経ずに充塡を繰り返すことは禁止されています。やむを得ない場合とは、①漏えい箇所の特定又は修理の実施が著しく困難な場所にある場合、又は②応急的に充塡が必要で、かつ60日以内に修理を確実に行える場合のことです。この場合、1回に限り充塡を委託することができます。

図24■フロン類の漏えい時の適切な対応

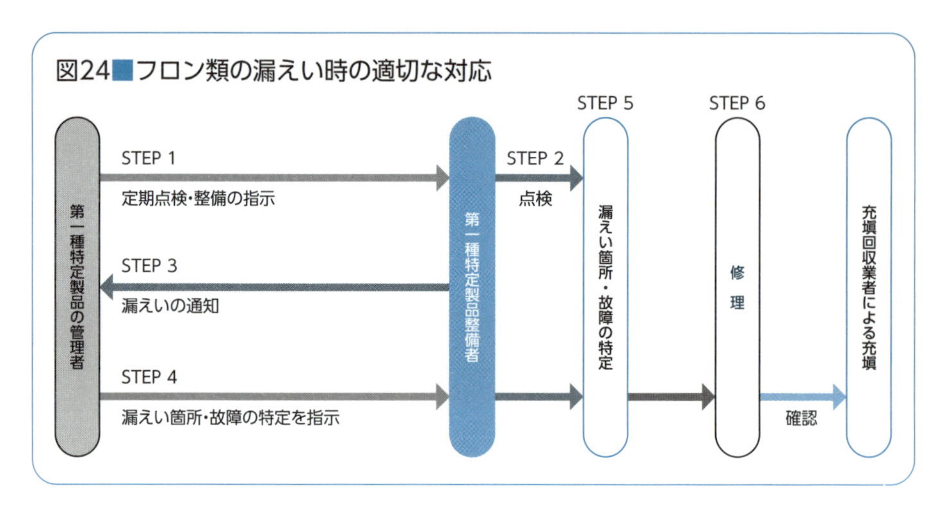

13. 管理者の判断基準　④記録の作成・保存

適切な機器管理を行うため、機器の点検・修理、冷媒の充塡・回収等の履歴について、機器ごとに記録簿に記録し、廃棄まで記録簿を保存する必要があります。また、機器整備の際に、整備業者等の求めに応じて当該記録を開示する必要があります。なお、当該記録は、紙形式、電子形式のいずれであっても可能であり、管理者判断基準に定められた記録すべき事項（点検を行った旨、実施年月日等）が含まれていれば様式は自由です。

図25■点検記録簿の記録事項（作成例）

①基本情報
・管理者名称
・機器の所在　等

基本情報					
(1)	管理者の氏名又は名称	環境ストア			
	実際に管理に従事する者の氏名（法人の場合）	空調一郎			
(2)	管理第一種特定製品の所在	東京都千代田区霞が関1-2-2			
	管理第一種特定製品を特定するための情報				
	製品種類	用途	型式・型番	No.	
	別置型冷蔵ショーケース	冷凍冷蔵	AA0000　BB0000	1号機	
(3)	管理第一種特定製品に冷媒として充塡されているフロン類の種類及び初期充塡量				
	種類（冷媒番号）	R-410A	充塡量（kg）	15	

点検、修理等の記録

実施年月日	実施事項	実施者の氏名等	充塡／回収したフロン類 種類（冷媒番号）	充塡／回収したフロン類 量（kg）
2015/04/07	設置充塡	（株）ケイザイ電機工業（冷凍二郎）	R-410A	15
2015/06/13	簡易点検			
2015/08/19	簡易点検			
2015/08/20	修理	（株）サンギョウ電機設備（整備三郎）		
2015/08/20	回収	（株）サンギョウ電機設備（整備三郎）	R-410A	12
2015/08/20	充塡	（株）サンギョウ電機設備（整備三郎）	R-410A	15

②点検に関する記録
・簡易点検実施日
・定期点検実施日
・定期点検実施結果　等

③整備に関する記録
・フロンの充塡量・回収量
・充塡・回収実施日　等

参考様式入手先：http://www.env.go.jp/earth/ozone/cfc/law/kaisei_h27/youshiki.html

14. フロン類算定漏えい量の報告

① フロン類算定漏えい量報告・公表制度の概要

フロン類の使用時の漏えいを抑制するためには、まず各事業者自らが管理する機器からのフロン類の漏えい量を把握することが重要です。フロン排出抑制法では、フロン類漏えい量を算定した結果、一定以上（年間二酸化炭素換算1,000トン以上）の漏えい量の場合には、事業者は国へ漏えい量を報告しなければなりません。国はそれを集計・公表することとなっています。これにより事業者による排出抑制の自発的取組みを高め、環境に配慮した事業活動を促進します。

図26■フロン類算定漏えい量報告・公表制度の概要

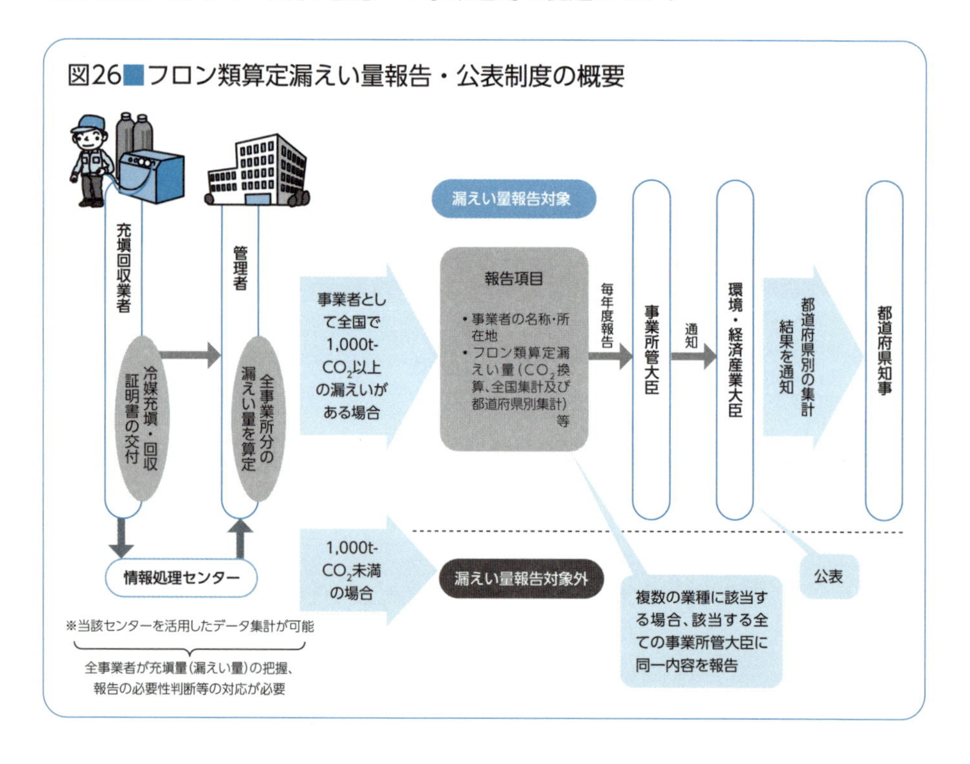

報告は、翌年度の7月末日までに営んでいる事業を所管する大臣に対して行います。各事業所管大臣が所管する事業はおおむね表8のとおりです。複数の事業を行っている場合には、すべての事業所管大臣に提出する必要があります。複数の大臣が共管する事業を行っている場合も、すべての事業所管大臣に提出する必要があります。具体的な提出先は表9をご参照ください。

また、報告対象となる事業者の事業所であって、1つの事業所からの算定漏えい量が1,000 t $-CO_2$以上の事業所についても併せて報告する必要があります。

連鎖化事業者（フランチャイズチェーン事業者）の場合、保守・修繕の責務を契約書等で加盟店にあることとしていれば管理者は加盟店となりますが、下記①又は②の条件を契約書等で定めていた場合は、報告義務は連鎖化事業者になるという特例が生じます。

①第一種特定製品の機種、性能又は使用等の管理の方法の指定

②当該管理第一種特定製品についての使用等の管理の状況の報告

表8■事業別所管大臣の一覧

事業所管大臣		所管する事業
内閣総理大臣	警察庁	●自動車運転教習所 ●警備保障 ●風俗営業(事業内容により経済産業大臣、厚生労働大臣または農林水産大臣と共管) ●質屋 ●中古品の売買
	金融庁	●特定目的会社(SPC) ●銀行、信託、証券、保険、貸金その他の金融業 →労働金庫、労働金庫連合会は厚生労働大臣と共管 ●投資コンサルタント※　→投資顧問業は内閣総理大臣(金融庁)専管 ●クレジットカード(キャッシング・サービスを含むものに限る。)※ →キャッシング・サービスを含まない場合は経済産業大臣専管
総務大臣		●信書便事業(主として信書便物として差し出された物の引受、取集・区分及び配達を行う事業) ●放送業 ●電気通信に関する事業(電信電話回線を利用する事業を含む。) ●通信工事(国土交通大臣と共管) ●宝くじの販売
財務大臣		●酒類、たばこ又は塩の製造、売買または輸出入※ ●通関業※
文部科学大臣		●出版業※　→印刷物の企画、製作は出版に該当しない。 ●著作権に関する事業 ●出版物の製造、製作 ●学校、英会話教室、料理教室等(教材販売を行うものは経済産業大臣と共管) →文化センター、カルチャーセンター等広く個人を対象とする教育を行うのは文部科学大臣所管、企業内教育の研究、開発、企画、実施、企業内セミナー、社員研修講座の企画、実施は文部科学大臣は不要 ●宗教団体、宗教団体事務所 ●学術・文化団体 ●スポーツ振興投票券(スポーツくじ)の販売 ●廃棄物処理業(事業内容により経済産業大臣、環境大臣と共管)
厚生労働大臣		●次に掲げるものの製造、売買、リース※、輸出入※ ・医薬品(動、植物用を除く。) ・医薬品の原材料、薬草(栽培等は農林水産大臣と共管) ・医薬部外品　・食品添加物(農林水産大臣と共管) ・化粧品(研究開発に限る。)※　・食肉加工製品(農林水産大臣と共管) ・栄養食品(農林水産大臣と共管)　・健康食品(農林水産大臣と共管) ・医療・衛生用ゴム製品(製造についても※) ・医療用機器(動物用を除く。製造、売買、リースとも※) ・眼鏡、コンタクトレンズ　・健康維持用品※ ●飲食店(農林水産大臣と共管、風俗営業は内閣総理大臣とも共管) ●旅館、ホテル(国際観光旅館、ホテル(国際観光ホテルに基づく登録を受けているもの)を除く。) ●洗濯 ●理容 ●美容 ●公衆、特殊浴場 ●映画館※ ●劇場 ●興行場 ●臨床検査 ●社会保険、社会福祉事業(更生保護事業を含まない。) ●上水道業 ●情報・調査その他保健、医療、衛生に関する事業 ●労働金庫、労働金庫連合会(内閣総理大臣(金融庁)と共管) ●民営職業紹介事業 ●労働者派遣事業　→船員については国土交通大臣専管

事業所管大臣	所管する事業
農林水産大臣	●農林水産（畜産を含む。） ●農林水産物（畜産物を含む。）の売買、輸出入※ ●次に掲げるものの製造（機器、加工真珠、木材チップまたは、たる・おけ材は※）、売買（機器、加工真珠または木材チップは※）、または輸出入※、リース※ ・食料品、飲料（酒類は含まない。）（飲食店は厚生労働大臣と共管、風俗営業は内閣総理大臣とも共管） ・食用アミノ酸　・グルタミン酸ソーダ ・イーストまたは酵母剤　・動植物油脂 ・飼料　・氷 ・肥料※　・農薬（環境大臣と共管） ・動植物用医薬品　・動植物用医療機器 ・農機具※　・温室 ・園芸用品　・生糸 ・麻のねん糸　・木材 ・木製品（木材チップ、たる・おけ材を含み、塗装した単板・合板を含まない。） →塗装した単板・合板は経済産業大臣専管 ・真珠（養殖・加工剤を含む。） ・装身具（真珠を含む場合に限る。）※　→装身具（真珠を含まない場合）は経済産業大臣専管 ・栄養食品（厚生労働大臣と共管）　・健康食品（厚生労働大臣と共管） ・なめし前の皮※　→なめし皮は経済産業大臣専管 ・精洗前の羽毛※ →精洗後の羽毛は経済産業大臣専管。羽毛の製造は「農林水産業」には含まれないが、農林水産大臣所管となる。 ・食品添加物（厚生労働大臣と共管） ・食肉加工製品（厚生労働大臣と共管） ●農林園芸用施設の資材の製造販売 ●木材薬品処理業※ ●造園業 ●給食販売取次ぎ（厚生労働大臣は不要） ●動物血清・血液の輸出入、精製、加工（厚生労働大臣、経済産業大臣と共管） ●競馬場
経済産業大臣	●輸出入、売買、リースその他貨物の流通、生産、エネルギーの生産、流通、役務、工業所有権等に関する事業で、他の大臣の専管または他の大臣間の共管の事業以外の事業 このうち経済産業大臣と他の大臣との共管となる事業については、基本的に他の大臣の所管事業の項に掲げてありますので、そちらを参照してください。 経済産業大臣の専管となる事業は、例えば以下の事業です（以下に掲げるものが経済産業大臣の専管となる事業のすべてではありません。） ・航空機（製造、卸売、輸出入）　・自動車（製造、卸売、輸出入） ・武器（製造、売買、輸出入）　・塗装した単板・合板（製造、売買、輸出入） ・フィルム（製造、売買、輸出入）　・貴金属（アクセサリー）の加工 ・新聞業　・印刷業 ・総合リース業 ・クレジットカード業　→キャッシング・サービスが含まれる場合は内閣総理大臣（金融庁）と共管 ・娯楽場、遊戯場　→風俗営業は内閣総理大臣と共管、飲食店併設のものは厚生労働大臣、農林水産大臣とも共管、競技場の運営は厚生労働大臣不要 ・運動場、ゴルフ場、ゴルフ練習場、テニスクラブ、アスレチック・クラブ、プール、ボーリング場または競輪場 →飲食店併設のものは厚生労働大臣、農林水産大臣と共管 ・健康開発事業　→健康開発に必要な施設の経営は厚生労働大臣不要 ・スポーツ・プロモーション　・興信所 ・広告、宣伝　・経営コンサルタント業 ・コンピューター要員の研修（経済産業大臣専管）　・集金代行 ・競輪・オートレース場 －原油、石油の販売、輸出入業は石油業に該当しますが、販売、輸出入の取次ぎ、仲介は石油業に含まれません。 －原油、石油の貯蔵、同貯蔵施設の貸与は経済産業大臣専管 －油脂は石油に含まれません。 －加工は製造に含まれます。

事業所管大臣	所管する事業
国土交通大臣	●運送（自己の貨物の運搬のみ（白ナンバー）であっても、定款に運搬を掲げていれば国土交通大臣所管） ●梱包※ ●鉄道業 ●港湾運送関連事業 ●船舶仲立（貸渡・売買・運航委託の斡旋） ●廃油処理（船舶廃油、海上廃油のみ。スラッジ廃油の処理（加工）、それから得られるものの販売には重油も含まれる。） ●サルベージ ●海事業務（検数・検量・鑑定等） ●船舶の製造及び修繕（ヨット、ボート等を含む。）、舶用機器の製造（船舶専用でないものは※）、売買※、輸出入※またはリース※ ●鉄道車両、同部品、レールその他の陸運機器（コンテナーを含み、自動車または原動機付自転車を除く。）の製造、売買※またはリース※ ●自動車の小売※、リース※ ●自動車の整備 ●自動車ターミナル　→自動車用部品の製造、売買等は経済産業大臣専管。海上航路標識の製造、売買等は経済産業大臣専管、自動車損害賠償保障法に基づく自動車損害賠償責任保険の代理業は内閣総理大臣（金融庁）専管 ●航空機の整備 ●旅行業 ●国際観光旅館、ホテル（国際観光ホテル整備法に基づく登録を受けているもの） ●倉庫業 ●自動車の競走場 ●モーターボート競艇場 ●遊園地 ●気象観測・予報等 ●自動車道事業 ●建設業 ●測量業 ●下水道業 ●建築士 ●不動産業　→J-REIT（日本版不動産投資信託）は内閣総理大臣（金融庁）所管
環境大臣	●廃棄物処理業（事業内容により経済産業大臣、文部科学大臣と共管） ●温泉供給業 ●ペット・ペット用品小売業※　→ペット小売業は環境大臣・経済産業大臣の共管、ペット用品小売業は経済産業大臣の専管

(注1) ※印があるものは経済産業大臣と共管になります。
(注2) 学術・開発研究機関については、事業所管大臣は、主たる研究対象に最も近い事業を所管する大臣となります。
(注3) 国、地方公共団体、独立行政法人等の公的主体については、事業所管大臣は、原則として報告等を行う事業所又は特定漏えい者における主たる事業の内容によって判断します。
ただし、教育委員会及び都道府県警察本部については、下表の右欄に掲げる大臣を主たる事業を所管する大臣とします。

1	教育委員会（事務局、学校等の算定漏えい量）	文部科学大臣
2	都道府県警察本部	内閣総理大臣（警察庁）

また、事業内容の判断が困難である場合には、以下のとおりとなります。

1	国の機関（官庁のオフィス等の算定漏えい量）	当該機関の属する府省の長たる大臣
2	独立行政法人等	当該独立行政法人等を所管する大臣
3	地方公共団体（県庁等のオフィスの算定漏えい量） ※地方自治法（昭和22年法律第67号）第244条に規定される公の施設のうち、指定管理者を定めている施設に関する算定漏えい量の算定・報告を行う主体は、当該施設を設置する地方公共団体となります。	環境大臣・経済産業大臣
4	地方公営企業（地方財政法施行令（昭和23年政令第267号）第46条に規定する公営企業のうち次の事業 水道事業、工業用水道事業、交通事業、電気事業、ガス事業、簡易水道事業、病院事業、市場事業、と畜場事業、観光施設事業、宅地造成事業（臨海土地造成事業を除く）、公共下水道事業）	当該地方公営企業に係る事業を所管する大臣

表９ フロン類算定漏えい量報告・公表制度に基づく報告書の提出窓口一覧

省庁名	担当局部課	所在地	連絡先
内閣官房	内閣総務官室	〒100-8968 千代田区永田町1-6-1	TEL：03-5253-2111（内線85130） FAX：03-3581-7238
内閣府	大臣官房企画調整課	〒100-8914 千代田区永田町1-6-1	TEL：03-5253-2111（内線38110） FAX：03-3581-4839
宮内庁	長官官房秘書課	〒100-8111 千代田区千代田1-1	TEL：03-3213-1111（内線3495） FAX：03-3211-1260
警察庁	長官官房総務課	〒100-8974 千代田区霞が関2-1-2	TEL：03-3581-0141（内線2147） FAX：03-3581-0559
金融庁	総務企画局政策課（照会先） ※提出先は金融庁各監督担当課まで	〒100-8967 千代田区霞が関3-2-1	TEL：03-3506-6000（内線3161） FAX：03-3506-6267
総務省	大臣官房企画課	〒100-8926 千代田区霞が関2-1-2	TEL：03-5253-5111（内線5158） FAX：03-5253-5160
法務省	大臣官房秘書課	〒100-8977 千代田区霞が関1-1-1	TEL：03-3580-4111（内線2086） FAX：03-5511-7200
外務省	大臣官房会計課	〒100-8919 千代田区霞が関2-2-1	TEL：03-5501-8000（内線2250） FAX：03-5501-8103
財務省	理財局総務課 たばこ塩事業室	〒100-8940 千代田区霞が関3-1-1	TEL：03-3581-4111 FAX：03-5251-2239
国税庁	酒税課	〒100-8978 千代田区霞が関3-1-1	TEL：03-3581-4161（内線3306）
文部科学省	大臣官房文教施設企画部 参事官（技術担当）付	〒100-8959 千代田区霞が関3-2-2	TEL：03-6734-4111（内線2326・3696） FAX：03-6734-3695
厚生労働省	政策統括官付労働政策担当参事官室 政策第二係	〒100-8916 千代田区霞が関1-2-2	TEL：03-5253-1111（内線7723） FAX：03-3502-5395
農林水産省	大臣官房政策課環境政策室	〒100-8950 千代田区霞が関1-2-1	TEL：03-3502-8111（内線3292） FAX：03-3591-6640
経済産業省	製造産業局化学物質管理課 オゾン層保護等推進室	〒100-8901 千代田区霞が関1-3-1	TEL：03-3501-1511（内線3711） FAX：03-3501-6604
国土交通省	土地建設産業局不動産業課 ※不動産業（貸事務所業、不動産管理業）	〒100-8918 千代田区霞が関2-1-3	TEL：03-5253-8111（内線：(25126・25129) FAX：03-5253-1553
国土交通省	土地建設産業局建設業課 ※建設業	〒100-8918 千代田区霞が関2-1-3	TEL：03-5253-8111（内線：24755） FAX：03-5253-1557
国土交通省	自動車局貨物課 ※貨物自動車運送事業	〒100-8918 千代田区霞が関2-1-3	TEL：03-5253-8111（内線：41323） FAX：03-5253-1637
国土交通省	総合政策局物流政策課 ※倉庫業、冷蔵倉庫業	〒100-8918 千代田区霞が関2-1-3	TEL：03-5253-8111（内線：25323） FAX：03-5253-1559
国土交通省	港湾局経済課 ※港湾運送業	〒100-8918 千代田区霞が関2-1-3	TEL：03-5253-8111（内線：46834） FAX：03-5253-8937
国土交通省	鉄道局施設課環境対策室 ※鉄道業	〒100-8918 千代田区霞が関2-1-3	TEL：03-5253-8111（内線：40832） FAX：03-5253-1634
国土交通省	鉄道局技術企画課　車両工業企画室 ※鉄道車両工業	〒100-8918 千代田区霞が関2-1-3	TEL：03-5253-8111（内線：57864） FAX：03-5253-1634
国土交通省	航空局航空戦略課 ※航空運送業、航空機整備業、飛行場業	〒100-8918 千代田区霞が関2-1-3	TEL：03-5253-8111（内線：48175） FAX：03-5253-1656
国土交通省	下水道部下水道企画課 ※下水道業、下水道管理者（地方公営企業に限る。）	〒100-8918 千代田区霞が関2-1-3	TEL：03-5253-8111（内線：34123） FAX：03-5253-1596
国土交通省	上記以外の事業を所管する課	〒100-8918 千代田区霞が関2-1-3	TEL：03-5253-8111（代表）
環境省	地球環境局地球温暖化対策課 フロン対策室	〒100-0013 千代田区霞が関1-4-2	TEL：03-3581-3351（内線6753） FAX：03-3581-3348
防衛省	大臣官房文書課環境対策室	〒162-8801 新宿区市谷本村町5-1	TEL：03-3268-3111（内線20904） FAX：03-5229-2134

※平成29年２月現在

② 算定漏えい量の計算方法

第一種特定製品から漏えいしたフロン類の量は直接には把握ができないことから、算定漏えい量は整備時に第一種フロン類充塡回収業者が交付する充塡証明書及び回収証明書から算出することになります。（設置時充塡は対象外。廃棄時の回収も対象外。）また、年度で区切っての計算となる点と、実際に漏えいした年度ではなく充塡・回収証明書の交付年度で計算する点に注意が必要です。具体的な算定漏えい量の算定方法は、以下のとおりです。

図27■算定漏えい量の計算方法

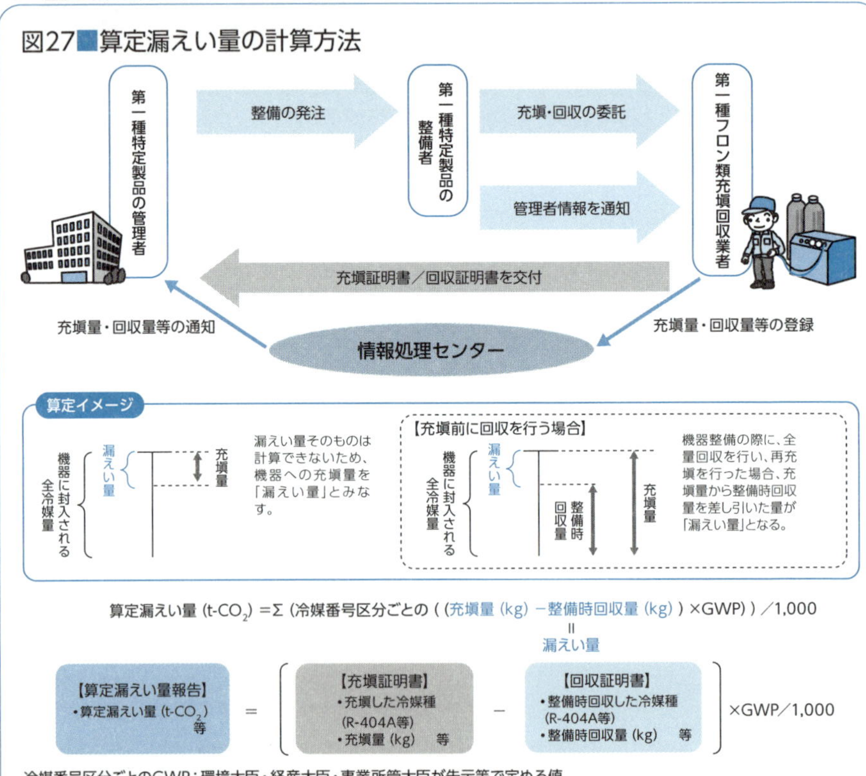

冷媒番号区分ごとのGWP：環境大臣・経産大臣・事業所管大臣が告示等で定める値

※算定にあたっては、管理者の全ての管理第一種特定製品について交付された充塡証明書及び回収証明書の値から算出する必要がある。

冷媒番号区分ごとのGWP（主なもの）

冷媒番号	R-22	R-32	R-404A	R-410A
GWP	1,810	675	3,920	2,090
1,000t-CO_2に相当する量（kg）	553	1,482	256	479

③ 管理者向け報告書作成支援ツール

フロン類算定漏えい量報告・公表制度報告書作成支援ツールは、フロン類の漏えい量を報告する必要がある事業者（特定漏えい者）の報告書作成を支援するためのツールです。充塡証明書に記載された充塡量等の必要事項を入力するだけで、年間の漏えい量を計算し、事業所管大臣宛に提出する報告書を作成します。作成した報告書は、印刷しそのまま事業所管省庁に提出できるほか、フロン法電子報告システム（※）を利用して提出することができます。また、事業所ごとにデータを作成し、それらを統合して報告書を作成することも可能です。

※　フロン法電子報告システムとは、フロン類算定漏えい量報告・公表制度に関する各種報告書を受け付けることのできる全省庁共通の電子報告システムです。電子報告に関して、費用負担はありませんので、積極的にご利用ください。

図28■報告書作成支援ツール

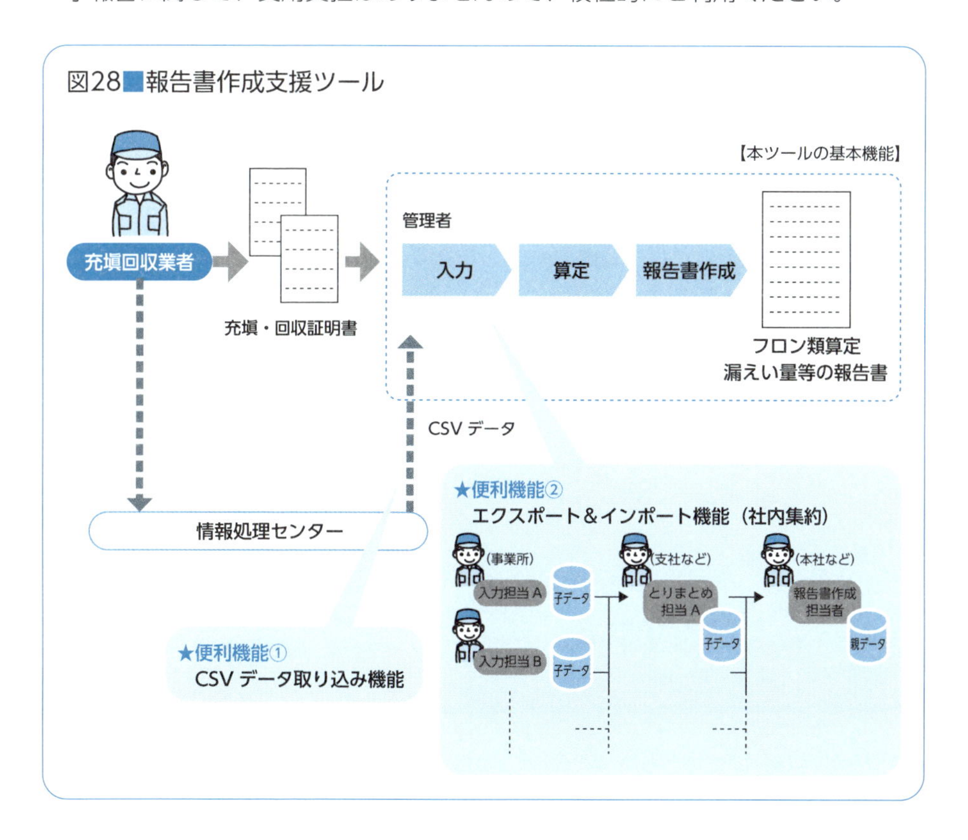

15. フロン類の充塡・回収（整備時）

第一種特定製品の整備時におけるフロン類の充塡・回収は、第一種フロン類充塡回収業者に委託することが必要です。フロン回収・破壊法では、自己所有の機器がガス漏れしていた場合、自ら充塡することが可能でしたが、フロン排出抑制法においては、充塡のみを行う場合でも都道府県知事の登録を受ける必要がありますので、注意してください。第一種フロン類充塡回収業者からは、フロン類算定漏えい量の算定に必要となる充塡・回収証明書が発行されます。情報処理センターを活用する場合は、充塡・回収情報の登録が行われます。

図29■機器整備時におけるフロン類の引渡しの流れ

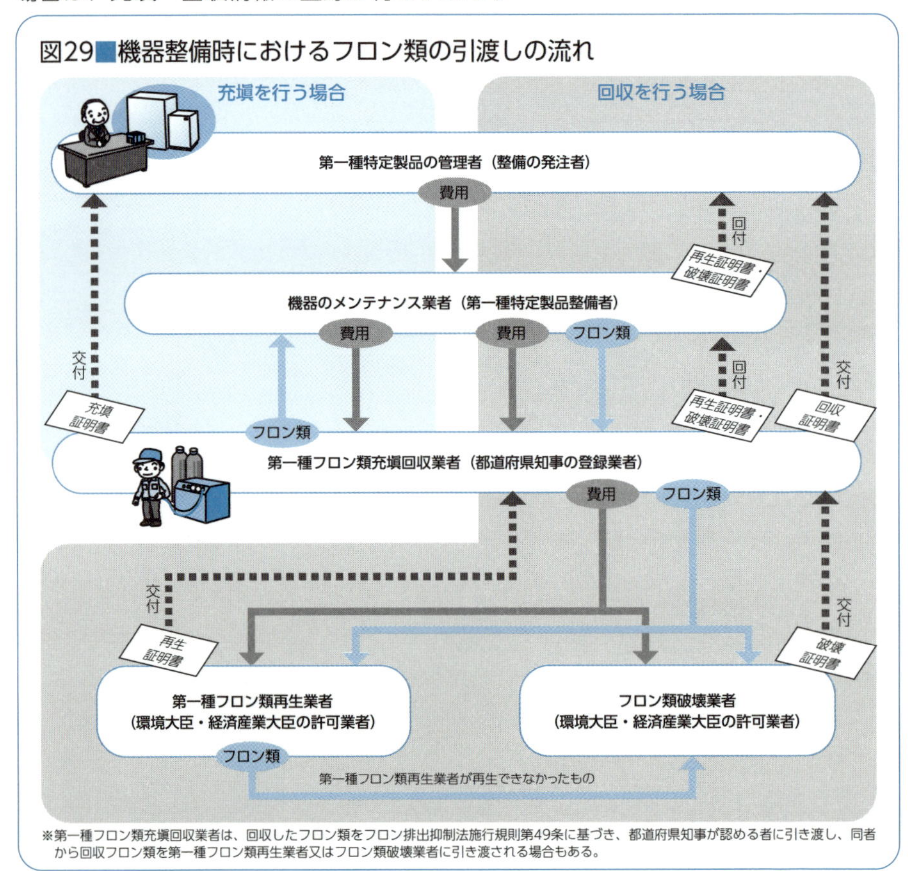

※第一種フロン類充塡回収業者は、回収したフロン類をフロン排出抑制法施行規則第49条に基づき、都道府県知事が認める者に引き渡し、同者から回収フロン類を第一種フロン類再生業者又はフロン類破壊業者に引き渡される場合もある。

（参考）機器整備時の各主体の役割

○第一種特定製品の管理者（整備の発注者）

▶回収・運搬・再生・破壊に要する料金の支払い

▶充塡証明書・回収証明書に記載された充塡量・回収量の記録・保存（点検整備記録簿）、それをもとにした算定漏えい量の計算

○機器のメンテナンス業者（第一種特定製品整備者）

▶フロン類の充塡又は回収を行うには、第一種フロン類充塡回収業者として都道府県知事への登録が必要。または、フロン類の充塡又は回収を第一種フロン類充塡回収業者に委託し、管理者情報を第一種フロン類充塡回収業者に通知

▶第一種フロン類充塡回収業者から回付された再生証明書・破壊証明書の回付、写しの保存（3年）（回収・運搬・再生・破壊に要する料金は機器の整備の発注者が支払う）

○第一種フロン類充塡回収業者（都道府県知事の登録業者）

▶正当な理由がない場合を除き、フロン類を引き取る義務（回収時）

▶充塡・回収・運搬に関する基準に従って、フロン類を充塡・回収・運搬

▶充塡証明書・回収証明書を第一種特定製品の管理者（整備の発注者）に交付

▶自ら再生する場合等を除き、フロン類を第一種フロン類再生業者又はフロン類破壊業者に引き渡し

▶フロン類の充塡量・回収量等の記録を行い、都道府県知事に報告

▶第一種フロン類再生業者又はフロン類破壊業者から交付された再生証明書・破壊証明書の回付、写しの保存（3年）

▶求めに応じたフロン類の回収等の費用に関する料金等の説明

※回収したフロン類をフロン排出抑制法施行規則第49条に基づき、都道府県知事が認める者に引き渡し、同者から回収フロン類を第一種フロン類再生業者又はフロン類破壊業者に引き渡される場合もある。

○第一種フロン類再生業者（環境大臣・経済産業大臣の許可業者）

▶再生基準に従ってフロン類を再生

▶フロン類を再生した際、再生証明書を交付し、写しを保存（3年）

▶再生できなかったフロン類をフロン破壊業者に引き渡し

○フロン類破壊業者（環境大臣・経済産業大臣の許可業者）

▶破壊基準に従ってフロン類を破壊

▶フロン類を破壊した際、破壊証明書を交付し、写しを保存（3年）

表10 整備時の主な罰則

義務者	フロン排出抑制法の義務	指導助言・勧告公表命令・罰則
すべての者	特定製品の冷媒フロン類のみだり放出禁止(86条)	1年以下の懲役又は50万円以下の罰金
第一種特定製品の管理者	管理者判断基準の遵守(16条①)	指導助言、勧告公表命令の対象(都道府県) 50万円以下の罰金(命令違反の場合)
	フロン類算定漏えい量等の報告(19条①)	10万円以下の過料
第一種特定製品整備者	充塡・回収委託義務(37条①、39条①)	指導助言、勧告命令の対象(都道府県) 50万円以下の罰金(命令違反の場合)
	再充塡以外のフロン類の引渡義務(39条④)	
	充塡・回収委託時の管理者名称等の通知(37条②、39条②)	勧告命令の対象(都道府県) 50万円以下の罰金(命令違反の場合)
	フロン類回収等の料金支払(74条③)	
	再生・破壊証明書の回付・保存(59条③、70条)	勧告命令の対象(国) 50万円以下の罰金(命令違反の場合)
第一種フロン類充塡回収業者	充塡回収業の登録(27条①)、更新(30条①)	1年以下の懲役又は50万円以下の罰金
	充塡回収業の登録変更の届出(31条①)	30万円以下の罰金
	充塡回収業の廃業等の届出(33条①)	10万円以下の過料
	充塡回収業の登録の取消し等(35条①)	1年以下の懲役又は50万円以下の罰金
	充塡・回収基準の遵守(37条③、39条③、44条②)	勧告命令の対象(都道府県) 50万円以下の罰金(命令違反の場合)
	充塡・回収証明書の交付(37条④、39条⑥)	
	情報処理センターへの充塡・回収情報登録(38条①、40条①)	
	引取証明書の交付・写しの保存(45条①・②)	
	回収フロン引取義務(39条⑤、44条①)	指導助言、勧告命令の対象(都道府県) 50万円以下の罰金(命令違反の場合)
	フロン類引渡義務(46条①)	
	充塡量・回収量等に関する記録の保存、報告(47条①③)	20万円以下の罰金
	省令に基づく第一種フロン類再生業(50条①)	1年以下の懲役又は50万円以下の罰金
	再生・破壊証明書の回付・保存(59条②、70条)	勧告命令の対象(国) 50万円以下の罰金(命令違反の場合)
第一種フロン類再生業者 フロン類破壊業者	再生・破壊業の許可(50条①、63条①)、更新(52条①、65条①)	1年以下の懲役又は50万円以下の罰金
	変更の許可(53条①、66条①)	
	変更の届出(53条③、66条③)	30万円以下の罰金
	廃業等の届出(54条①、68条)	10万円以下の過料
	許可の取消し等(55条、67条)	1年以下の懲役又は50万円以下の罰金
	再生されなかったフロン類の破壊業者への引渡し(58条②)	指導助言、勧告命令の対象(国) 50万円以下の罰金(命令違反の場合)
	再生・破壊基準の遵守(58条①、69条④)	勧告命令の対象(国) 50万円以下の罰金(命令違反の場合)
	再生・破壊証明書の交付、写しの保存(59条①、70条①)	
	再生・破壊量等の記録、報告(60条①③71条①③)	20万円以下の罰金
第一種フロン類再生業者(委託先含む。)	運搬基準の遵守(58条③)	勧告命令の対象(国) 50万円以下の罰金(命令違反の場合)
フロン類破壊業者	フロン類の引取り・受託義務・破壊の実施(69条①～④)	指導助言、勧告命令の対象(国) 50万円以下の罰金(命令違反の場合)

16. フロン類の回収（廃棄時）

第一種特定製品の廃棄時等（廃棄・原材料又は製品の一部としての譲渡）におけるフロン類の回収は、第一種フロン類充塡回収業者に引き渡す又は引き渡しを委託することが必要です。引き渡し又は引き渡しの委託の際、第一種特定製品廃棄等実施者は回収依頼書又は委託確認書を交付することが必要です。第一種フロン類充塡回収業者に引き渡された後には引取証明書が第一種特定製品廃棄等実施者に交付されます。さらにフロン類が再生、破壊された場合、再生証明書、破壊証明書が機器のユーザー（第一種特定製品廃棄等実施者）に回付されます。

図30■機器廃棄時におけるフロン類の引き渡しの流れ

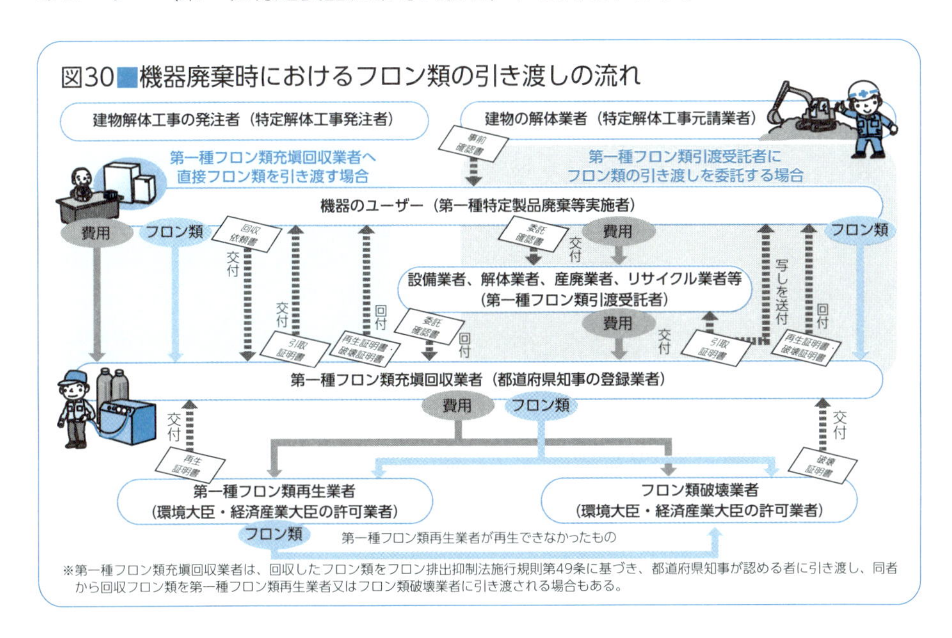

（参考）機器廃棄時の各主体の役割

○建物解体工事の発注者（特定解体工事発注者）

▶特定解体工事請負業者が行う第一種特定製品の設置の有無についての確認に協力

○建物の解体業者（特定解体工事元請業者）

▶建物の解体工事の際には、事前に機器の設置の有無を確認し、発注者に書面（事前確認書）で説明

○機器のユーザー（第一種特定製品廃棄等実施者）
▶機器の廃棄等の際は、フロン類を第一種フロン類充塡回収業者に引き渡し
▶回収・運搬・再生・破壊に要する料金の支払い
▶機器の廃棄等の際に回収依頼書又は委託確認書を交付し、写しを保存（3年）
▶第一種フロン類充塡回収業者が交付する引取証明書（又はその写し）の保存（3年）
▶第一種フロン類充塡回収業者からの引取証明書（又はその写し）の一定期間内の未受領、虚偽記載に関する都道府県への報告（回収依頼書／委託確認書の交付日から30日以内（解体工事の契約に伴い委託確認書を交付する場合は交付日から90日以内））
▶再委託承諾書を交付した場合の当該承諾書の写しの保存（3年）
○設備業者、解体業者、産廃業者、リサイクル業者等（第一種フロン類引渡受託者）
▶第一種特定製品廃棄等実施者から交付された委託確認書の回付、写しの保存（3年）
▶引取証明書の保存（3年）
▶フロン類の引き渡しを他者に再委託する場合は、再委託承諾書の事前受領・保存（3年）
○第一種フロン類充塡回収業者（都道府県知事の登録業者）
▶正当な理由がない場合を除き、フロン類を引き取る義務
▶回収・運搬に関する基準に従ってフロン類を回収・運搬
▶自ら再生する場合等を除き、フロン類を第一種フロン類再生業者又はフロン類破壊業者に引き渡し
▶フロン類回収量等の記録を行い、都道府県知事に報告
▶機器の廃棄時等にフロン類を引き取った際に、引取証明書を交付し、写しを保存（3年）
▶第一種フロン類再生業者又はフロン類破壊業者から交付された再生証明書/破壊証明書の回付、写しの保存（3年）
▶求めに応じたフロン類の回収等の費用に関する料金等の説明
※回収したフロン類をフロン排出抑制法施行規則第49条に基づき、都道府県知事が認める者に引き渡し、同者から回収フロン類を第一種フロン類再生業者又はフロン類破壊業者に引き渡される場合もある。
○第一種フロン類再生業者（環境大臣・経済産業大臣の許可業者）
▶再生基準に従ってフロン類を再生
▶フロン類を再生した際、再生証明書を交付し、写しを保存（3年）
○フロン類破壊業者（環境大臣・経済産業大臣の許可業者）

▶破壊基準に従ってフロン類を破壊

▶フロン類を破壊した際、破壊証明書を交付し、写しを保存（3年）

表11 廃棄時の主な罰則

義務者	フロン排出抑制法の義務	指導助言・勧告公表命令・罰則
すべての者	特定製品の冷媒フロン類のみだり放出禁止(86条)	1年以下の懲役又は50万円以下の罰金
第一種特定製品の管理者	管理者判断基準の遵守(16条①)	指導助言、勧告公表命令の対象(都道府県) 50万円以下の罰金(命令違反の場合)
	フロン類算定漏えい量等の報告(19条①)	10万円以下の過料
第一種フロン類充塡回収業者	充塡回収業の登録(27条①)、更新(30条①)	1年以下の懲役又は50万円以下の罰金
	充塡回収業の登録変更の届出(31条①)	30万円以下の罰金
	充塡回収業の廃業等の届出(33条①)	10万円以下の過料
	充塡回収業の登録の取消し等(35条①)	1年以下の懲役又は50万円以下の罰金
	充塡・回収基準の遵守(37条③、39条③、44条②)	勧告命令の対象(都道府県) 50万円以下の罰金(命令違反の場合)
	充塡・回収証明書の交付(37条④、39条⑥)	
	情報処理センターへの充塡・回収情報登録(38条①、40条①)	
	引取証明書の交付・写しの保存(45条①・②)	
	回収フロン引取義務(39条⑤、44条①)	指導助言、勧告命令の対象(都道府県) 50万円以下の罰金(命令違反の場合)
	フロン類引渡義務(46条①)	
	充塡量・回収量等に関する記録の保存、報告(47条①③)	20万円以下の罰金
	省令に基づく第一種フロン類再生業(50条①)	1年以下の懲役又は50万円以下の罰金
	再生・破壊証明書の回付・保存(59条②、70条)	勧告命令の対象(国) 50万円以下の罰金(命令違反の場合)
第一種特定製品廃棄等実施者	フロン類引渡義務(41条)	指導助言、勧告命令の対象(都道府県) 50万円以下の罰金(命令違反の場合)
	回収依頼書／委託確認書の交付・保存(43条①～③)	勧告命令の対象(都道府県) 50万円以下の罰金(命令違反の場合)
	引取証明書(又は写し)の保存(45条③)	
	引取証明書の未受領・虚偽記載に関する報告(45条④)	
特定解体工事元請業者	設置有無の確認・説明(42条①)	指導助言の対象(都道府県)
第一種フロン類引渡受託者	再委託承諾書の事前受領(43条④)	勧告命令の対象(都道府県) 50万円以下の罰金(命令違反の場合)
	委託確認書の回付・保存(43条⑤～⑦)	
	引取証明書の保存(45条⑤)	
第一種フロン類再生業者フロン類破壊業者	再生・破壊業の許可(50条①、63条①)、更新(52条①、65条①)	1年以下の懲役又は50万円以下の罰金
	変更の許可(53条①、66条①)	
	変更の届出(53条③、66条③)	30万円以下の罰金
	廃業等の届出(54条①、68条)	10万円以下の過料
	許可の取消し等(55条、67条)	1年以下の懲役又は50万円以下の罰金
	再生されなかったフロン類の破壊業者への引渡し(58条②)	指導助言、勧告命令の対象(国) 50万円以下の罰金(命令違反の場合)
	再生・破壊基準の遵守(58条①、69条④)	勧告命令の対象(国) 50万円以下の罰金(命令違反の場合)
	再生・破壊証明書の交付、写しの保存(59条①、70条①)	
	再生・破壊量等の記録、報告(60条①③71条①③)	20万円以下の罰金
第一種フロン類再生業者(委託先含む。)	運搬基準の遵守(58条③)	勧告命令の対象(国) 50万円以下の罰金(命令違反の場合)
フロン類破壊業者	フロン類の引取り・受託義務・破壊の実施(69条①～④)	指導助言、勧告命令の対象(国) 50万円以下の罰金(命令違反の場合)

17. みだり放出の禁止

第一種特定製品の廃棄等を行おうとする管理者（第一種特定製品廃棄等実施者）は、当該機器に充填されているフロン類を第一種フロン類充填回収業者に引き渡す義務があります。また、解体工事の際にも、管理者は解体業者を通じて第一種特定製品の設置の有無を事前に確認し、第一種フロン類充填回収業者にフロン類を引き渡す義務があります。フロン類をみだりに放出した場合、1年以下の懲役又は50万円以下の罰金が科せられます。フロン類を適正に回収するために、上記で示した義務を行う必要があります。

18. ノンフロン・低GWP製品の選択

フロン類を使用する製品の製造・輸入を行っている製品メーカー等には、ノンフロン・低GWP化を目指すために、7つの製品区分ごとに目標値と目標年度を定め、目標達成を求める「指定製品制度」が導入されています。業務用冷凍空調機器の導入に際しては、このような制度も参考にしつつ、ノンフロン・低GWP製品を選択することが望まれます。指定対象外の製品についても、要件が整い次第、随時指定を検討することとしており、目標値・目標年度の見直しも随時行っています。

表12■指定製品制度

指定製品の区分	現在使用されている主な冷媒及びGWP	GWPの目標値	目標年度
家庭用エアコンディショナー (壁貫通型等を除く)	R410A(2090) R32(675)	750	2018
店舗・オフィス用エアコンディショナー (床置型等を除く)	R410A(2090)	750	2020
自動車用エアコンディショナー (乗用自動車(定員11人以上のものを除く)に掲載されるものに限る)	R134a(1430)	150	2023
コンデンシングユニット及び定置式冷凍冷蔵ユニット (圧縮機の定格出力が1.5kW以下のもの等を除く)	R404A(3920) R410A(2090) R407C(1770) CO_2(1)	1500	2025
中央方式冷凍冷蔵機器 (5万m³以上の新設冷凍冷蔵倉庫向けに出荷されるものに限る)	R404A(3920) アンモニア(一桁)	100	2019
硬質ウレタンフォームを用いた断熱材 (現場発泡用のうち住宅建材用に限る)	HFC-245fa(1030) HFC-365mfc(794)	100	2020
専ら噴射剤のみを充填した噴霧器 (不燃性を要する用途のものを除く)	HFC-134a(1430) HFC-152a(124) CO_2(1)、DME(1)	10	2019

フロンラベル(任意表示)

●消費者が容易にノンフロン・低GWP製品を選択できるようにするために、地球環境への影響(環境影響度)をアルファベットで表示した「フロンラベル」がスタートしました。(本ラベリング制度のJIS規格は平成27年7月21日に公表)

【フルセット版】

【簡易版】

なお、環境省は、フロン類を使用しない自然冷媒（二酸化炭素、アンモニア、空気等）への転換が求められる冷凍冷蔵倉庫等の省エネ型自然冷媒機器に対して、導入を補助する事業を行っています。既存機器の自然冷媒機器への転換を促進することによって、ノンフロン化・低GWP化を目指しています。詳細は環境省のホームページをご覧ください。

図31■使用するフロン類の環境影響度の目標値及び目標年度が定められる指定製品の表示

表示事項

(1)当該指定製品の目標値・目標年度
(2)当該製品に使用されるフロン類等(いわゆる自然冷媒、HFO等も含む。)の種類、数量、GWP値
(3)当該製品の形名・製造事業者など氏名又は名称

表示イメージ（家庭用エアコンディショナー）

本体表示

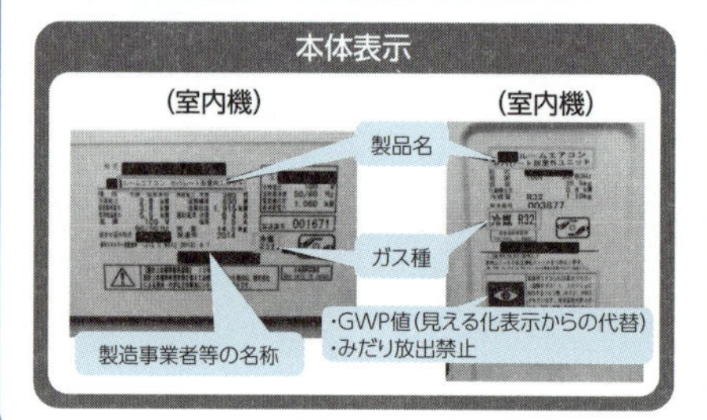

カタログ表示

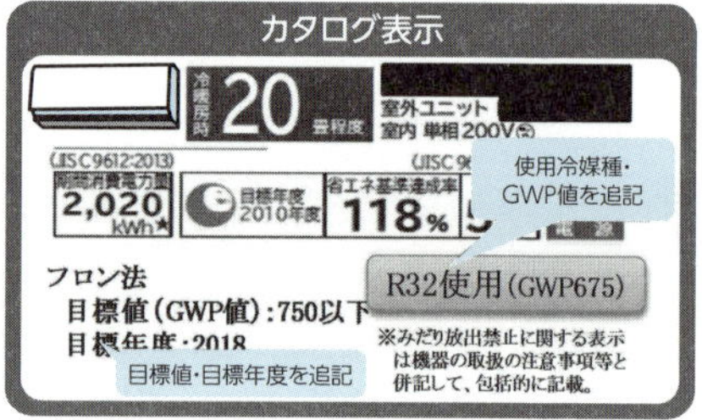

19. 情報処理センターの利用等

フロン排出抑制法に基づく情報処理センターの指定を受け、（一財）日本冷媒・環境保全機構がホームページ上に冷媒管理システムを構築しています。管理者及び充塡回収業者の双方が本システムの機能を使うことで、紙で交付が必要な充塡証明書・回収証明書を電子的なやりとりで登録・通知することが可能となり、充塡・回収証明書の交付先である管理者は、電子的にデータの管理・集計を行うことができます。

図32■情報処理センターの冷媒管理システム

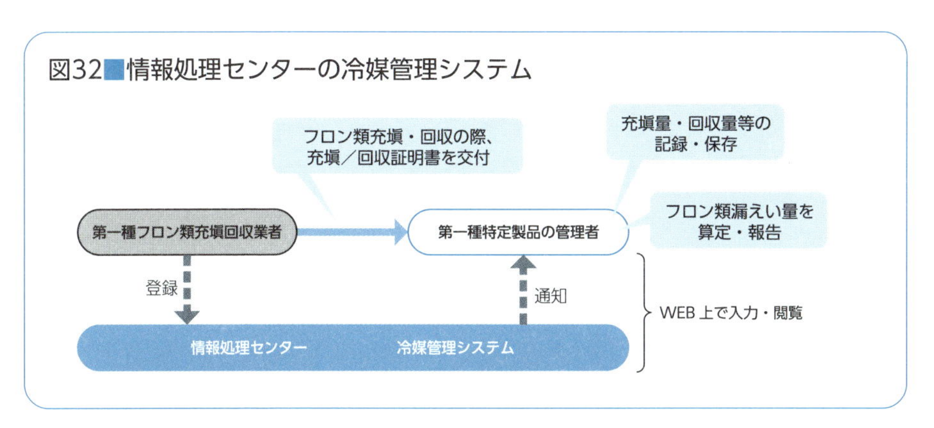

その他管理者向けの関連機能としては、事業所、支社、本社等をシステムでひも付けた場合は情報の連携ができます。例えば、複数の事業所、支社を抱えている会社の場合、本社の管理者で集約することができます（本社・支社・事業所間のデータの連携集約）。また、冷媒管理システムで点検整備の記録作成や保存をすることで、機器廃棄までの記録が電子的にできます（ログブック管理、行程管理）。なお、一部機能については有料であり、詳しくは（一財）日本冷媒・環境保全機構（http://www.jreco.or.jp　TEL：03-5733-5311）へお問い合わせください。

20. 指定冷媒以外への入れ替えに係る注意喚起

最近、冷凍空調機器やフロン類に関して、以下の事例が確認されています。

・「環境省・経済産業省の指示により、エアコンディショナーに使用されているフロン類の入れ替えが必要だ」として、エアコンディショナーの買い換えや使用中のエアコンディショナーに充塡されているフロン類の入れ替えを勧誘する。

・「環境省・経済産業省の指示により、エアコンディショナーの点検調査に来た」として、点検契約を結ぼうとする。

フロン排出抑制法は、機器の買い換えや冷媒の入れ替えを強制する法律ではなく、環境省・経済産業省として、現在使用されているエアコンディショナーに冷媒として充塡されているフロン類を、フロン類以外のものに入れ替えるよう指示していることはありません。また、環境省・経済産業省が機器の点検調査を事業者に委託していることもありません。このような勧誘を行う企業は、環境省・経済産業省との関係は一切ありませんので、ご注意ください。

指定以外の冷媒を封入することに関しては、(一社) 日本冷凍空調工業会から注意喚起がなされています。

ご不明な点等がありましたら、冷媒を入れ替える前、点検契約を結ぶ前に、国 (環境省・経済産業省)・都道府県・メーカー等とよく相談してください。

これらの注意喚起は環境省・経済産業省のホームページにも掲載していますので、ご確認ください。

＜環境省ホームページ＞

http://www.env.go.jp/info/notice_scam140710.html

＜経済産業省ホームページ＞

http://www.meti.go.jp/policy/chemical_management/ozone/kanki.html

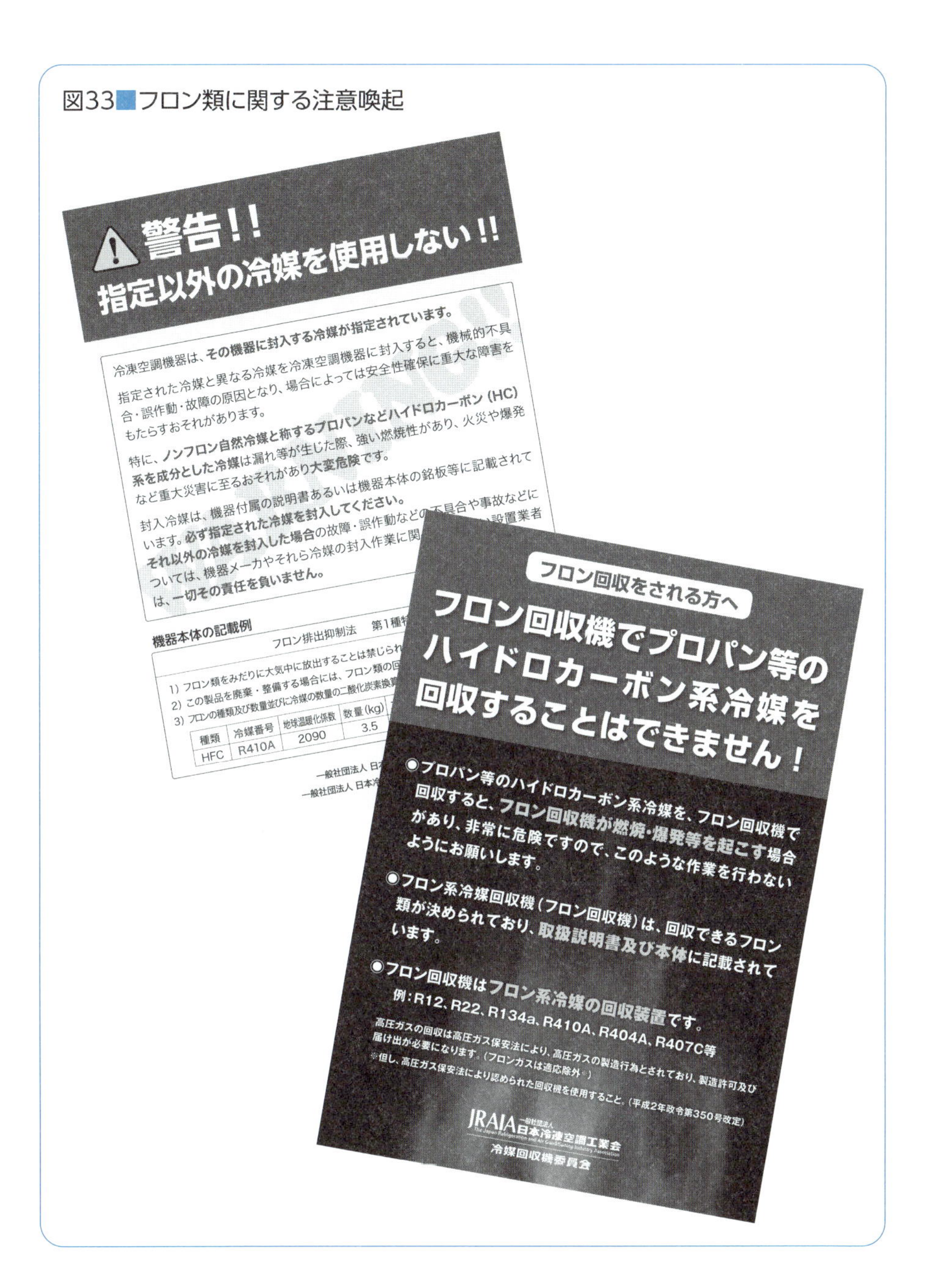

図33■フロン類に関する注意喚起

21. 他法令との関係

① 使用済自動車の再資源化等に関する法律（自動車リサイクル法）

乗用車のカーエアコンディショナー、冷凍車・冷蔵車の乗員用のカーエアコンディショナー、バスのエアコンディショナー等の空調機器（第二種特定製品）に使用されているフロン類については、「使用済自動車の再資源化等に関する法律」（自動車リサイクル法）が平成17（2005）年1月に施行され、フロン回収・破壊法から自動車リサイクル法に移行し、同法に基づくフロン類の回収が必要となります。

一方、自動車リサイクル法が適用されない大型特殊自動車、小型特殊自動車、被牽引車等については、乗員用のカーエアコンディショナーについても、フロン排出抑制法が適用される第一種特定製品であり、機器の点検等の適正管理及び第一種フロン類充塡回収業者によるフロン類の回収が必要となります。

② 特定家庭用機器再商品化法（家電リサイクル法）

家庭用のエアコンディショナー・冷蔵庫に使用されているフロン類については、「特定家庭用機器再商品化法」（家電リサイクル法）の適用を受け、同法に基づくフロン類の回収が必要となります。家庭用と業務用の差異は、当該製品が家庭用又は業務用のどちらの型式で製造・販売されているかによるものであり、実際の使用場所や用途を問いません。オフィスや店舗等で家庭用のエアコンディショナー・冷蔵庫が使用される場合もあり、また、業務用冷凍空調機器が一般家庭等で利用されることもあるので、それぞれ適用される法令について確認する必要があります。

③ 建設工事に係る資材の再資源化等に関する法律（建設リサイクル法）

「建設工事に係る資材の再資源化等に関する法律」（建設リサイクル法）では、同法第10条で、解体工事に着手する7日前までに都道府県知事へ届け出る事前届出制度が規定されています。このような届出を行う工事の場合は、フロン排出抑制法上の第一種特定製品が設置されていることが想定されるので、フロン類の回収が適切に行われるよう留意する必要があります。

また、同法第12条第1項で、対象工事を発注しようとする者から直接工事を請け負おうとする建設業を営む者は、当該発注しようとする者に対し、所定の事項（解体工事である場合は解体する建築物等の構造、新築工事等である場合は使用する特定建設資材の種類 、工事着手の時期及び工程の概要等）を記載した書面を交付して説明する義務が課されています。フロン排出抑制法においても同法第42条第1項に、「第一種特定製品の設置の有無の確認」という規定が設けられています。両規定は独立していますが、事業者が現場で調査、説明を行ううえでは、一体的に運用されることが効率的です。

④ 廃棄物の処理及び清掃に関する法律（廃棄物処理法）

第一種特定製品の廃棄の際には、フロン類の回収についてはフロン排出抑制法の適用を受け、機器そのものの廃棄については、「廃棄物の処理及び清掃に関する法律」（廃棄物処理法）の適用を受けます。廃棄物処理法において、産業廃棄物については、すでにマニフェスト制度（産業廃棄物管理票）の規定があり適用されています。廃棄物処理法に基づくマニフェストをフロン排出抑制法に基づく行程管理制度に活用することについては、フロン排出抑制法の規定を充足し、かつ、産業廃棄物と処理の流れが同じであれば、産業廃棄物管理票に必要事項を記載することで、フロン排出抑制法の要件を満たすと考えられますが、基本的には、両制度は異なるものであるため、適用については検討が必要です。

⑤ 地球温暖化対策の推進に関する法律（地球温暖化対策推進法）

「地球温暖化対策の推進に関する法律」（地球温暖化対策推進法）においては、温室効果ガス排出量の算定・報告・公表制度が設けられており、温室効果ガスを相当程度多く排出する者（特定排出者）に、自らの温室効果ガスの排出量を算定し、国に報告することが義務付けられています。

温室効果ガスにはHFCも含まれ、①HCFCの製造時の副生HFCの発生、②HFCの製造時、③冷凍空調機器の製造時、④業務用冷凍空調機器の設置時・整備時、⑤冷凍空調機器の回収時、⑥発泡剤としてのHFCの使用時、⑦噴霧器・消火剤の製造時、⑧噴霧器の使用時、⑨ドライエッチング等でのHFCの使用時、⑩溶剤用途等でのHFCの使用時におけるHFCの排出量が対象となります。フロン排出抑制法の算定漏えい量の報告・公表制度が対象とする業務用冷凍空調機器の使用時の漏えい排出量については算定対象外となっており、両法における重複はありません。

⑥ 高圧ガス保安法

フロン類を充塡した容器、回収機、冷凍機等は、「高圧ガス保安法」の適用を受けます。一般高圧ガス保安規則、冷凍保安規則、容器保安規則の諸規定があり、移動（運搬）、貯蔵等の技術基準も定められています。フロン類の回収機の一部（小型のもの）については、高圧ガス保安法施行令関係告示（平成9年3月24日通商産業省告示第139号）により、適用除外とされているものがありますが、容器を回収機から取り外せば容器保安規則の適用を受けること、適用除外回収機であっても移動（運搬）、貯蔵等の技術基準が適用されることに留意する必要があります。冷凍保安規則では、規模により高圧ガス製造の許可、届出が必要であり、また、フロン類の販売も高圧ガスの販売届出が必要です。

22. 問い合わせ先

都道府県、環境省、経済産業省の担当部局課室は下記のとおりです。

表13 問い合わせ先

都道府県の担当部局課室

都道府県	担当部局課室	電話番号
北海道	環境生活部環境局低炭素社会推進室	011-204-5190
青森県	環境生活部環境政策課	017-734-9249
岩手県	環境生活部環境保全課	019-629-5356
宮城県	環境生活部環境政策課	022-211-2661
秋田県	生活環境部環境管理課	018-860-1603
山形県	環境エネルギー部水大気環境課	023-630-2339
福島県	生活環境部水・大気環境課	024-521-7261
茨城県	生活環境部環境対策課	029-301-2961
栃木県	環境森林部環境保全課	028-623-3188
群馬県	環境森林部環境保全課	027-226-2832
埼玉県	環境部大気環境課	048-830-3058
千葉県	環境生活部廃棄物指導課	043-223-4658
東京都	環境局環境改善部環境保安課	03-5388-3471
神奈川県	環境農政局環境保全部大気水質課	045-210-4111
新潟県	県民生活・環境部環境企画課	025-280-5150
富山県	生活環境文化部環境政策課	076-444-8727
石川県	環境部環境政策課	076-225-1463
福井県	安全環境部環境政策課	0776-20-0303
山梨県	森林環境部環境整備課	055-223-1515
長野県	環境部資源循環推進課	026-235-7164
岐阜県	環境生活部環境管理課	058-272-8232
静岡県	くらし・環境部環境局環境政策課	054-221-3781
愛知県	環境部大気環境課	052-954-6215
三重県	環境生活部地球温暖化対策課	059-224-2366
滋賀県	琵琶湖環境部環境政策課	077-528-3357
京都府	環境部環境管理課	075-414-4709
大阪府	環境農林水産部循環型社会推進室産業廃棄物指導課	06-6210-9570
兵庫県	農政環境部環境管理局水大気課	078-362-3285
奈良県	くらし創造部景観・環境局環境政策課	0742-27-8734
和歌山県	環境生活部環境政策局環境管理課	073-441-2688
鳥取県	生活環境部循環型社会推進課	0857-26-7198
島根県	環境生活部環境政策課	0852-22-6555
岡山県	環境文化部環境企画課	086-226-7299
広島県	環境県民局環境保全課	082-513-2917
山口県	環境生活部環境政策課	083-933-3034
徳島県	県民環境部環境指導課	088-621-2267
香川県	環境森林部環境管理課	087-832-3219
愛媛県	県民環境部環境局環境政策課	089-912-2347
高知県	林業振興・環境部環境対策課	088-821-4524
福岡県	環境部環境保全課	092-643-3360
佐賀県	くらし環境本部環境課	0952-25-7774
長崎県	環境部地域環境課	095-895-2356
熊本県	環境生活部環境局廃棄物対策課	096-333-2278
大分県	生活環境部うつくし作戦推進課	097-506-3124
宮崎県	環境森林部環境管理課	0985-26-7085
鹿児島	環境林務部廃棄物・リサイクル対策課	099-286-2594
沖縄県	環境部環境保全課	098-866-2236

問い合わせ先

フロン排出抑制法全般

環境省
地球環境局　地球温暖化対策課フロン対策室
〒100-0013　東京都千代田区霞が関１丁目４番２号
【電話】03-3581-3351（代表）
【URL】http://www.env.go.jp/seisaku/list/ozone.html

経済産業省
製造産業局　化学物質管理課オゾン層保護等推進室
〒100-8901　東京都千代田区霞が関１丁目３番１号
【電話】03-3501-1511（代表）
【URL】http://www.meti.go.jp/policy/chemical_manegement/ozone/index.html

資料編

1. 用語の定義

CFC	クロロフルオロカーボン
HCFC	ハイドロクロロフルオロカーボン
HFC	ハイドロフルオロカーボン
フロン類	フロン排出抑制法の対象となるCFC、HCFC、HFC
GWP	地球温暖化係数（CO_2を１とした場合の温暖化影響を表す値）
HFO	ハイドロフルオロオレフィン
ノンフロン	NH_3（アンモニア）、CO_2（二酸化炭素）、HC（炭化水素）、水、空気、HFOなど、フロン排出抑制法対象外の物質
フロン排出抑制法	フロン類の使用の合理化及び管理の適正化に関する法律（平成13年６月22日法律第64号） (特にことわりのない限り、「法」又は「改正法」とは、フロン排出抑制法を指す。)
フロン回収・破壊法	特定製品に係るフロン類の回収及び破壊の実施の確保等に関する法律（平成25年改正（平成27年４月１日施行）以前の法律名）
漏えい量省令	フロン類算定漏えい量等の報告等に関する命令（平成26年12月10日内閣府、総務省、法務省、外務省、財務省、文部科学省、厚生労働省、農林水産省、経済産業省、国土交通省、環境省、防衛省令第２号）
施行規則	フロン類の使用の合理化及び管理の適正化に関する法律施行規則（平成26年12月10日経済産業省、環境省令第７号）
特定解体工事時書面記載事項省令	特定解体工事元請業者が特定解体工事発注者に交付する書面に記載する事項を定める省令（平成18年12月18日経済産業省、国土交通省、環境省令第３号）
管理者判断基準	第一種特定製品の管理者の判断の基準となるべき事項（平成26年12月10日経済産業省、環境省告示第13号）
オゾン層保護法	特定物質の規制等によるオゾン層の保護に関する法律（昭和63年５月20日法律第53号）
自動車リサイクル法	使用済自動車の再資源化等に関する法律（平成14年７月12日法律第87号）
家電リサイクル法	特定家庭用機器再商品化法（平成10年６月５日法律第97号）
第一種特定製品	業務用のエアコンディショナー並びに冷蔵機器及び冷凍機器であって、冷媒としてフロン類が充塡されているもの
冷凍空調機器	エアコンディショナー並びに冷蔵機器及び冷凍機器
空調機器	エアコンディショナー
冷凍冷蔵機器	冷蔵機器及び冷凍機器

2. フロン排出抑制法Q&A集（平成28年7月20日　第3版）

〔環境省、経済産業省〕

No.	大分類	小分類	質問	回答
1	全般	法対象機器	機器ユーザーが管理する機器のうち、フロン排出抑制法に基づく冷媒漏えい対策や整備・廃棄時におけるフロン類の回収等が義務となる機器はどのようなものか。	業務用のエアコン（空調機器）及び冷凍冷蔵機器であって、冷媒としてフロン類が使用されているものが対象です（法律で「第一種特定製品」と呼んでいます。）。 なお、家庭用のエアコン、冷蔵庫及び衣類乾燥機並びに使用を終了した自動車に搭載されているカーエアコンは本法に基づく回収義務はありません（それぞれ、家電リサイクル法、自動車リサイクル法でフロン類の回収が義務付けられています。）。
2	全般	法対象機器	冷凍空調機器について家庭用の機器と業務用の機器の区別はどのようにしたらよいのか。	家庭用の機器との見分け方については、 ①室外機の銘板、シールを確認する（平成14年4月（フロン回収・破壊法の施行）以降に販売された機器には表示義務があり、第一種特定製品であること、フロンの種類、量などが記載されています。また、それ以前に販売された機器についても、業界の取組等により、表示（シールの貼付）が行われています。）。 ②機器のメーカーや販売店に問い合わせる。 等の方法があります。

No.	大分類	小分類	質問	回答
3	全般	法対象機器	家庭用の製品（エアコン及び冷凍冷蔵機器など）についても充塡の基準を遵守する必要があるか。	家庭用の製品（エアコン及び冷凍冷蔵機器など）は第一種特定製品ではないため、フロン排出抑制法の充塡の基準は適用されません。
4	全般	法対象機器	業務用途として使用している家庭用エアコンは第一種特定製品か。	家庭用として製造・販売されたエアコンは、第一種特定製品ではありません（使用場所や使用用途ではなく、その機器が業務用として製造・販売されたかどうかで判断されます。）。
5	全般	法対象機器	フロン類を使用した、自動販売機、ウォータークーラー、液体を計る特殊な試験装置、リーファーコンテナなどは第一種特定製品になるのか。	フロン類を冷媒として使用し、冷凍・冷蔵又は空調を目的とする業務用として製造・販売された機器であれば第一種特定製品となります。**別紙1**（→108頁）（運用の手引き（管理者編）p.13の抜粋）（※）に第一種特定製品の主な例を示します。
6	全般	法対象機器	自社で試作した機器を、社内にて試験用途のみに使用している場合、当該機器は「第一種特定製品」に該当するか。	業務用として製造・販売された機器ではないため、「第一種特定製品」には該当しません。 ただし、試験実施期間の途中で、当該製品が市販された場合には、市販のタイミングをもって、フロン排出抑制法の対象となります。
7	全般	法対象機器	自動車に搭載されたエアコンは第一種特定製品か。	自動車（自動車リサイクル法の対象のものに限る。）に搭載されているエアコンで乗車のために設備された場所の冷房の用に供するものは、第二種特定製品であ

No.	大分類	小分類	質問	回答
				るため、本法の対象外です。一方、建設機械等の大型・小型の特殊自動車、被牽引車に設置されているエアコンや、冷凍冷蔵車の荷室部分の冷凍冷蔵ユニットは第一種特定製品であり、点検、記録、漏えい量報告等の対象となります。
8	全般	法対象機器	業務用冷凍冷蔵機器、空調機器以外でフロン類を使用している機器も簡易点検・定期点検、漏えい量報告の対象となるのか。	フロン排出抑制法に基づく簡易点検・定期点検、漏えい量報告の対象機器は、第一種特定製品のみとなります。
9	全般	法対象機器	冷凍空調機器が海外の事業所に所在する場合でも、日本法人が所有していれば法の規制対象となるのか。	日本の法令が適用されない場所に所在する冷凍空調機器は本法の対象外です。反対に、日本の法令が適用される場所において、海外法人が業務用冷凍空調機器を使用している場合は本法の対象になります。
10	全般	法対象機器	外航船（海外の港間や国内と海外の港間を航行する船舶）や領海外で操業する漁船（遠洋漁業船や沖合漁業船）に設置されている第一種特定製品についても、法の規制対象になるのか。	外航船や領海外で操業する漁業船については、国内外を移動する業務の性質に鑑み、当該業務に従事している間は管理者に対する義務規定は適用されません。 また、国内で第一種特定製品を廃棄する場合の廃棄等実施者としての義務規定やフロン類をみだりに放出することの禁止規定など、管理者としての義務以外の規定は原則通り適用されます。
11	全般	法対象機器	外航船や領海外で操業する漁船が、内航海運事業	No.10の回答のとおり、外航船や領海外で操業する漁

No.	大分類	小分類	質問	回答
			を営んだり、沿岸漁業を行っている場合、当該船舶に設置されている第一種特定製品についても、法の規制対象となるのか。	業船については、国内外を移動する業務の性質に鑑み、当該業務に従事している間は管理者に対する義務規定は適用されませんが、同一の船舶が、これらの業務を離れ、領海内で内航海運事業や沿岸漁業を営む場合には、当該規定も適用されます。 このような法適用関係の有無を明らかにするため、航海日誌、操業日誌、船舶検査証書等の資料の検査が求められる場合があります。
12	全般	法対象機器	「第一種特定製品」の範囲は、平成27年4月施行の改正前後で異なるか。	改正前後で「第一種特定製品」の範囲は変わっていません。改正前において「第一種特定製品」とされていた機器は、改正後でも「第一種特定製品」です。
13	全般	特定製品への表示	機器を製造工場から出荷する際のフロン類の充塡に加え、現場設置時に追加充塡がある場合、機器銘板への表示はどのように対応すればよいか。	第一種特定製品への表示義務については、当該特定製品を販売するときまでに充塡されていたフロン類の数量を表示してください（販売時点が、工場出荷時であれば、工場出荷時の充塡量）。 また、販売時の表示に記載されていない、例えば、現場設置時の追加充塡量がある場合には、点検整備記録簿の初期充塡量として記載してください。別途、出荷後の追加充塡量を機器に表示いただく必要はありません。
14	全般	罰則	フロン類を漏えいした場	故意に特定製品に冷媒とし

No.	大分類	小分類	質問	回答
			合に罰則はあるか。	て充塡されているフロン類を放出した場合、法律で禁じられている「みだり放出」に該当するため、1年以下の懲役又は50万円以下の罰金に処されます。
15	管理者判断基準	管理者の定義	「管理者」とは、具体的には誰を指すのか。	原則として、当該製品の所有権を有する者（所有者）が管理者となります。 ただし、例外として、契約書等の書面において、保守・修繕の責務を所有者以外が負うこととされているリース契約等の場合は、責務を負うものが管理者となります。 なお、所有者や使用者が保守・修繕等の管理業務を管理会社等に委託している場合は、当該所有者や使用者が管理者に当たります。
16	管理者判断基準	管理者の定義	法人として所有する機器についての「管理者」とは、代表取締役社長などのことを指すのか、又は法人のことを指すのか。	法人が「管理者」になります。
17	管理者判断基準	管理者の定義	リース契約、レンタル契約のそれぞれについて、管理者は、所有者、使用者のどちらになるのか。	前述の「管理者の定義」に照らして判断いただく必要がありますが、一般的に、リース（ファイナンス・リース、オペレーティング・リース）による機器の保守・修繕の責務は、使用者側にあるとされているため、使用者が管理者に当たる場合が多いと考えられます。

No.	大分類	小分類	質問	回答
				一方、レンタルにおける物件の保守・修繕の責務は、一般的には所有者側にあるとされているため、所有者が管理者に当たる場合が多いと考えられます。
18	管理者判断基準	管理者の定義	割賦販売における管理者は、所有者、使用者のどちらになるのか。	前述の「管理者の定義」に照らして判断いただく必要がありますが、割賦販売における物件の保守・修繕の責務は、売買契約と同様とみなされることから、使用者側が管理者に当たる場合が多いと考えられます。
19	管理者判断基準	管理者の定義	ビルのテナントスペースにある機器の管理者は誰か。	テナントの事業者が所有し、当該事業者が持ち込んだ機器はテナントが管理者となります。
20	管理者判断基準	管理者の定義	不動産の信託において、第一種特定製品が信託財産に含まれる場合については、誰が管理者に当たるか。	原則として、第一種特定製品の所有者が管理者に当たりますが、不動産の信託においては、契約書等の書面に基づき信託財産の管理にかかる指図権を有している者（特定目的会社、不動産投資法人、合同会社等）が保守・修繕の責務を有すると考えられるため、当該指図権者が第一種特定製品の管理者に当たります。なお、第一種特定製品が信託財産に含まれない場合は、第一種特定製品の所有者（テナント等）が管理者に当たります。
21	管理者判断基準	管理者の定義	管理者の定義に照らした場合、ビルの管理組合が	この法において、管理者が法人格を有していなければ

No.	大分類	小分類	質問	回答
			管理者に当たるが、当該組合が法人格を有していない場合、誰が管理者に当たるか。	ならないという規定はないため、当該組合が理事会方式の場合は当該管理組合の理事長が、管理者方式の場合は管理規約上の管理者が、管理者に該当します。
22	管理者判断基準	管理者の定義	船舶に設置されている第一種特定製品は、船舶所有者、海運事業者等のうち誰が管理者に当たるか。	第一種特定製品が設置されている船舶の所有者（裸傭船者を含む。）が管理者となることが多いと考えられますが、No.16の「管理者の定義」に照らしてご判断ください。
23	管理者判断基準	管理者の定義	航空機に設置されている第一種特定製品は、エアライン、製造会社等のうち誰が管理者に当たるか。	Cargo Refrigiration UnitとSupplemental Cooling Unitは製造会社が、Air Chillerはエアラインが管理者となることが多いと考えられますが、No.16の「管理者の定義」に照らしてご判断ください。
24	管理者判断基準	管理者の定義	都道府県が管理者となる範囲はどこまでか（県立学校、警察本部、県立病院、県立美術館等）。	前述の「管理者の定義」に照らして判断いただく必要がありますが、一般的に、地方公営企業、学校（教育委員会）、警察（公安委員会）等は、それぞれが保守・修繕の責務を含む管理責任を有し、当該都道府県（知事部局）とは独立した管理者に当たる場合が多いと考えられます。
25	管理者判断基準	管理者の定義	建物・機器の所有者と入居者の間において、空調機器等の室外機と室内機の所有権が分かれている場合、管理者となるのは	建物・機器の所有者と入居者の間において締結されている契約等において、冷凍空調機器の保守・修繕の責務が帰属している者が管理

No.	大分類	小分類	質問	回答
			誰か。	者となります。万一、保守・修繕の責務も分けられている場合には、室外機の保守・修繕の責務を有する者を管理者とします。
26	管理者判断基準	管理者の定義	設備業者等に簡易点検も含めて管理を委託しているのだが、この場合は、どのような扱いになるのか。	簡易点検の管理業務を委託することは可能ですが、その場合は、当該委託を行った者が管理者に当たります。
27	管理者判断基準	管理者の定義	機器、物件を共同所有している場合等、管理者に当たる者が複数いる場合、誰が管理者に当たるか。	話し合い等を通じて管理者を1者に決めてください。
28	管理者判断基準	管理者の定義	機器の所有者と実際の機器の使用者の契約の書面において、保守・修繕の責務の「一部のみ」が使用者が有するものとされていた場合、管理者は所有者と使用者のどちらになるのか。 (具体的な例としては、日常管理の責務は所有者が有しており、事故等の突発的な事情による修理の責務は使用者が有している場合など)	話し合い等を通じて管理者を1者に決めていただくことが原則です。保守・修繕の責務の一部のみ(例えば事故等の突発的な事情による修理のみなど)が使用者に帰属している場合は、所有者を管理者とすることが考えられます。
29	管理者判断基準	管理者の定義	所有者と使用者の契約書等の書面には明文化されていないが、これまで実体的に使用者が保守・修繕の責務を全面的に有してきた場合は、新たにこれを明文化させることで、使用者を管理者と考	可能です。

No.	大分類	小分類	質問	回答
			えることは可能か。	
30	管理者判断基準	適用範囲	点検は既設の機器も対象か。	法施行日（平成27年4月1日）より前に設置された機器も対象となります。
31	管理者判断基準	適用範囲	業務用の冷凍空調機器を、販売促進を目的として稼働させる（デモ）場合は、第一種特定製品の使用に当たるか。	デモで稼働する場合であっても、第一種特定製品の使用に当たります。
32	管理者判断基準	適用範囲	第一種特定製品の整備に当たり当該製品の中に入っているユニット（フロン系統）を丸ごと取り替え、新品のユニットを新たに製品に設置することで製品の整備が終了する場合、どのような取扱いになるか。	第一種特定製品の一部を取り替える場合は、原則として「第一種特定製品の整備」に当たりますが、“冷媒系統が完結している冷凍ユニット”の交換を伴う整備の場合は、例外的に、当該冷凍ユニットの交換を「第一種特定製品の廃棄等」とみなします。 具体的には、元の管理者が廃棄等実施者として、回収依頼書の交付等、行程管理制度に従ってください。一方、充填証明書・回収証明書は、整備時に交付されるものであるため、交付されません。
33	管理者判断基準	簡易点検・定期点検	法施行後（平成27年4月1日）以降の点検（簡易点検3月に1回、定期点検1年に1回等）において、第1回目の実施はいつに設定すればよいのか。	法施行日から、それぞれ定められた期間（簡易点検なら3か月、定期点検であれば1年もしくは3年）以内に、最初の点検を実施してください。また、次の点検については、前点検日の翌日を起算日として、それぞれ定められた期間以内に行ってください。

No.	大分類	小分類	質問	回答
34	管理者判断基準	簡易点検	定期点検をすれば、それをもって簡易点検を兼ねることは認められるか。	兼ねることができます。
35	管理者判断基準	簡易点検	簡易点検は3か月に1回行うが、義務ではないのか。	簡易点検の実施等の「管理者の判断の基準」の遵守は法に基づく義務です。また、違反した場合には、都道府県による指導・助言、さらに定期点検対象機器を所有している場合は、勧告・命令・罰則の対象となる場合があります。
36	管理者判断基準	簡易点検	簡易点検の実施に当たり、室外機が屋根の上にある場合や、脚立を使わないと確認できない等、簡易点検を行うことが困難な場合は、どのように点検を実施すればよいか。	判断基準では、「周辺の状況や技術的能力により難しい場合にはこの限りではない。この場合には可能な範囲で点検をすること。」とされており、ご指摘のような場合には、室外機と同じ冷媒系統の室内機等、確実に点検可能な箇所を重点的に点検することが考えられます。
37	管理者判断基準	簡易点検	第一種特定製品が無人の施設に設置されている場合（雪山の頂上の観測所に設置された第一種特定製品、離島に所在する発電所に設置された第一種特定製品等）について、簡易点検のためだけに人員を派遣しなければならないためにその実施が難しい場合、どのように簡易点検を行うべきか。	従業員が別の用件があって設置場所に立ち入る場合に入念に点検する等、可能な範囲で簡易点検を実施してください。 なお、管理者から使用者などに簡易点検等を委託している場合は、管理者による簡易点検の実施とみなすことができます。
38	管理者判断基準	簡易点検	一体型の空調機器や冷水器等、鍵を開けて機器の	機器の外観や冷水器の温度を確認する等、可能な範囲

No.	大分類	小分類	質問	回答
			中を確認しなければ点検ができず、設置場所の従業員にとって簡易点検の実施が難しい場合、どのように簡易点検を行うべきか。	で簡易点検を実施してください。
39	管理者判断基準	簡易点検	「簡易点検の手引き」に書いてある点検項目は法で決められた内容か。	簡易点検の内容は、法第16条に基づく告示（管理者の判断の基準）で定めており、「簡易点検の手引き」はこの内容について、具体的に例示・解説したものです。
40	管理者判断基準	簡易点検	高圧ガス保安法、労働安全衛生法又は食品衛生法の点検を行っている場合においても、それとは別に簡易点検は必要なのか。	それらの点検が、判断基準に規定する内容を満たしているのであれば、その点検をもって簡易点検とみなすことができます。
41	管理者判断基準	簡易点検	エアラインが、航空機搭載機器について毎便実施しているモニターにより、簡易点検は実施されていることになるのか。	実施されていることになります。
42	管理者判断基準	簡易点検	機器が設置され、使用できる状態になってから、実際に当該機器を使用するまでに期間が空く場合（例えば、ショッピングモール等において、店舗に機器の設置が完了し、所有権が移転してから、半年後にショッピングモールがオープンする場合等）、簡易点検義務は、いつから発生するのか。また、工期が長い工事で順次機器の設置、冷媒配管施工、試運転が行われ	基本的には設置日ですが、試運転等の冷媒系統の試験的稼働が行われていない場合は、当該試験的稼働が行われた日を点検の起算とします。したがって、実際に店舗がオープンしていなくても、試験的稼働が行われた日以降は3か月以内に1回以上の簡易点検義務があります。また、点検整備記録簿の備え付けについても同様に義務となります。

No.	大分類	小分類	質問	回答
			る場合、簡易点検義務はどの時点から適用されるか。	
43	管理者判断基準	定期点検	定期点検の対象となる「圧縮機の電動機の定格出力が7.5kW以上」であるか否かは、どうすればわかるのか。	機器の室外機の銘板に「定格出力」、「呼称出力」又は「電動機出力・圧縮機」と記載されている箇所を見てください。さらに不明の場合は、当該機器のメーカーや販売店に問い合わせてください。
44	管理者判断基準	定期点検	複数の圧縮機がある機器の場合、定期点検対象となる「7.5kW」はどのように判断したらよいか。	冷媒系統が同じであれば合算して判断することになります。なお、機器の銘板に「●kW＋●kW」のように記載されているものは、一般的にはその合計値で判断しますが、機器によって冷媒系統が分かれている場合もあるので不明な場合は機器メーカーにお問い合わせください。
45	管理者判断基準	定期点検	定格出力のないインバーター製品についてはどのように判断したらよいか。	定格出力が定められていない機器にあっては、圧縮機の電動機の最大出力が7.5kW以上のものが対象となります。
46	管理者判断基準	定期点検	２つの冷媒を使った二元系冷凍機の場合、定期点検対象となるかどのように判断したらよいのか。	二元系の冷凍機については、２つの冷媒回路があることによって冷凍サイクルが成立している機器ですが、２つの圧縮機の合計値によって出力が決まるものではないため、圧縮機の原動機の定格出力の高い方が7.5kW以上となるかどうかで判断してください。

No.	大分類	小分類	質問	回答
47	管理者判断基準	定期点検	自然循環型の冷却の場合、定期点検対象となるかどのように判断したらよいか。	当該機器を構成する冷凍サイクルにおいて、圧縮機を有する場合には電動機その他の原動機の定格出力が7.5kW以上のものが対象になります。 したがって、自然循環型であって、チラー等の圧縮機を使用する機器が存在しない場合は、定期点検の対象外となります（ただし、フロンを冷媒として使用しているという観点から、フロン排出抑制法に基づく簡易点検の対象にはなります。）。 なお、自然循環型であって、チラー等の圧縮機を使用する機器が存在している場合には、圧縮機の定格出力を確認の上、定期点検の必要性の有無をご判断ください。
48	管理者判断基準	点検頻度	冷凍冷蔵機器とエアコンディショナーの点検頻度の差はどういった理由なのか。	経済産業省の調査の結果、冷凍冷蔵機器に比べてエアコンディショナーからの使用時漏えい量は少ないことを踏まえ、点検頻度に差を設けています。
49	管理者判断基準	点検頻度	定格出力が7.5kW以上50kW未満のエアコンディショナーの定期点検の頻度は、３年に１回とされていますが、業界でのガイドラインでは１年に２回となっている。どちらが正しいか。	フロン排出抑制法に基づく義務としては、圧縮機の原動機の定格出力が7.5kW以上50kW未満のエアコンディショナーの点検頻度は３年に１回以上としています（同50kW以上の機器は１年に１回以上。）。
50	管理者判断基準	点検頻度	「簡易点検の手引き」には、点検頻度が「１日に	フロン排出抑制法に基づく義務としては、簡易点検は

No.	大分類	小分類	質問	回答
			1回」となっているものと、「3か月に1回」となっているものの記載があるが、どのように理解すればよいのか。	3か月に1回以上行うこととされています。「1日に1回」の点検頻度は推奨する頻度であって、義務ではありません。
51	管理者判断基準	点検頻度	第一種特定製品の管理者が売却や譲渡などによって変わる場合、簡易点検・定期点検の起算はどのように考えるべきか。	前の管理者から第一種特定製品を購入・譲渡された際に、点検整備記録簿が付いている場合は当該記録簿に記載のある前回の点検実施日から起算してください。当該記録簿が付いていない場合は、購入・譲渡された日を起算日としてください。
52	管理者判断基準	点検方法	遠隔で間接法の内容を運転監視しているが、遠隔監視を間接法として適用できないのか。	遠隔監視が漏えい防止のための内容を備えているのであれば、間接法に該当すると考えますが、定期点検は間接法のみならず、機器の外観検査を行うことも求めているため、遠隔監視のみで定期点検を完了とすることはできません。
53	管理者判断基準	知見を有する者	定期点検の基準において、「フロン類及び第一種特定製品の専門点検の方法について十分な知見を有する者が、検査を自ら行い又は検査に立ち会うこと。」とされているが、具体的にはどのような要件か。	定期点検は、「直接法」や「間接法」といった、法令で定められた方法に従って行う必要があります。そのため、点検実施者は、基準に沿った点検方法に関する知識を有している必要があります。詳細は別紙2（→109頁）（運用の手引き（管理者編）p.36の抜粋）（※）を参照してください。
54	管理者判断基準	知見を有する者	十分な知見を有する者とは、「資格者」のことを指すのか。	上記のとおり、「十分な知見を有する者」とは、法令で定められた点検方法に関

No.	大分類	小分類	質問	回答
				する知識を有する者を指しますので、必ずしも「資格」を有することは求められません。ただし、定期点検の発注者や指導を行う都道府県が、知見の有無を明確に判断できるよう、別紙2に例示した資格等を取得いただくことが望ましいです。
55	管理者判断基準	知見を有する者	別紙2において、資格や実務経験だけではなく講習の受講についても言及されているが、具体的にどのような講習が想定されているのか。	【再掲（No.136)】 現時点で環境省・経済産業省が内容を確認した講習は5件です。詳しくは、WEBサイトをご確認ください。 URL：http://www.meti.go.jp/policy/chemical_management/ozone/jyubun_chiken.html
56	管理者判断基準	使用していない機器の扱い	機器の使用を一時的に中断している場合（デモ製品を保管する場合等)は、点検は必要か。	機器を使用しない期間であっても冷媒が封入されている場合は、3か月に1回以上の頻度で簡易点検を実施することが必要です。ただし、簡易点検のために再起動（電源を入れてわざわざ稼働）させる必要はなく、油のにじみや腐食等の目視点検だけで構いません。また、当該機器の定期点検を行うべき期間を超える場合、当該使用しない期間の定期点検は不要ですが、再度使用する前に定期点検を行ってください。
57	管理者判断基準	使用していない機器の扱い	機器を使用しない期間、冷媒を抜いて保管している場合、簡易点検や定期	フロン類が充塡されていない機器については、点検は不要です。

No.	大分類	小分類	質問	回答
			点検を実施する必要があるか。	
58	管理者判断基準	点検記録簿	点検記録簿の様式は運用の手引きに記載されるのか。また、様式はどこからダウンロードできるのか。	法令（管理者判断基準　第四）において、記載事項のみが定められているため、様式については、自由様式です（項目については、手引きp.43, 44参照）(※)が、環境省のホームページから参考様式がダウンロードできます。http://www.env.go.jp/earth/ozone/cfc/law/kaisei_h27/youshiki.html また、日本冷凍空調設備工業連合会が作成した様式も同連合会のホームページからダウンロードできます。http://www.jarac.or.jp/kirokubo/index.html
59	管理者判断基準	点検記録簿	点検記録簿の記録で、フロンの初期充塡量は、平成27年４月１日以降新設のものが対象で、既設のものについて、フロンの初期充塡量の記載は必要ないか。	点検記録簿の作成義務は、平成27年４月１日以前に設置された機器も対象となります。既存の機器については、銘板又は推計等により把握可能な範囲において、初期充塡量等の情報を記入・作成してください。
60	管理者判断基準	点検記録簿	点検記録簿にある修理実施者の氏名は、実施作業した人の氏名なのか、立ち会った人の氏名なのか。また、資格も記載する必要があるか。	点検記録簿には、点検等を実施した者（作業者）の氏名を記入することとしています。保有する資格等を記入する必要はありません。
61	管理者判断基準	点検記録簿	「簡易点検の手引き」p.13, 14（空調機器編）、p.22, 23(冷凍冷蔵機器編)(※)	簡易点検の手引きに掲載しているチェックシートは、点検の「実施の有無」を記

No.	大分類	小分類	質問	回答
			に掲載されているチェックシートは、具体的に何を記載すればよいか(「異常の有無」を記載するのか。)。	載するための参考様式として掲載しています。
62	管理者判断基準	点検記録簿	複数の機器の点検整備記録を、1つの表にまとめて記録・保存することは可能か。 また、1つの機器の点検整備記録について、簡易点検とそれ以外の記録を別々の用紙に記録・保存する等、複数の媒体に分けてそれぞれ保存することは可能か。	法令で定められた項目を網羅していれば、複数の機器の点検整備情報を集約して記録・保存したり、逆に1つの機器の点検整備記録を別々の媒体で保存することは可能です。 なお､その場合であっても、都道府県や設備業者から該当機器の点検整備記録の提示を求められた場合には速やかに応じ、売却時には当該機器の点検整備記録を売却先に引き継ぐ必要があります。
63	管理者判断基準	点検記録簿	簡易点検は3か月に1回ということだが、その記録も機器を廃棄するまで保存しなければならないのか。	簡易点検については、点検を行ったこと及び点検を行った日を記録する必要があります。これらについても点検記録簿の記載の一部であり、機器を廃棄するまで保存する必要があります。
64	管理者判断基準	点検記録簿	第一種特定製品を売却譲渡した場合、「点検記録簿」の引き渡しは売却元の責務か売却先の責務か。	売却元の責務となります。
65	管理者判断基準	点検記録簿	第一種特定製品（機器）を譲渡する場合、点検記録簿を引き渡すこととされているが、廃棄する場合、点検記録簿を引き渡す必要はあるか。	廃棄の際に引き渡す必要はありません。

No.	大分類	小分類	質問	回答
66	管理者判断基準	点検記録簿	自販機が故障すると代わりの自販機と機器ごと交換する。引き上げた自販機は、工場で修理をして異なる販売店に設置することがあるが、この場合には点検記録簿はどうしたらよいか。	点検記録簿は機器毎に作成することとなっているため、当該機器が次の販売店に移動される際には、当該点検記録簿も一緒に引き継いでください。
67	管理者判断基準	点検記録簿	点検の結果については、国や都道府県への報告が必要か。	報告の必要はありませんが、管理者に対する指導や命令等は都道府県知事が行うこととしており、都道府県が管理者に対して報告徴収、立入検査等を行う際に、点検記録簿を確認し、点検実施の有無を検査することがあります。 また、第一種フロン類充塡回収業者は、充塡基準に従って、フロン類の充塡の前に、点検整備記録簿を確認する等により、漏えい状況を確認することとされています。そのため、第一種フロン類充塡回収業者の求めに応じて、管理者は速やかに提示する必要があります。
68	管理者判断基準	点検記録簿	リース会社は第一種特定製品の所有者として、産業廃棄物処分業者に当該特定製品の処分を委託するとともに、第一種フロン類充塡回収業者にフロン類を引き渡しする際に、点検記録簿を引き渡す必要があるのか。	第一種特定製品を産業廃棄物として処分する場合、第一種特定製品の廃棄に当たるため、第一種フロン類充塡回収業者に点検記録簿を引き渡す必要はありません。ただし、行程管理制度に従い、フロン類の回収を依頼する場合には書面の交

No.	大分類	小分類	質問	回答
				付等が必要となります。
69	管理者判断基準	点検記録簿	フロン排出抑制法の告示において、「第一種特定製品を他者に売却する場合、点検記録簿又はその写しを第一種特定製品と合わせて売却の相手方に引き渡すこと」とされているが、リース会社が中古業者に第一種特定製品を売却する場合、当該製品を使用していたユーザー企業から点検記録簿又はその写しを徴収して中古業者に引き渡す必要があるのか。	リース会社が中古業者に第一種特定製品を売却する場合、リース会社が当該特定製品の管理者として、当該製品を使用していたユーザー企業から点検記録簿又はその写しを徴収して中古業者に引き渡す必要があります。この場合、ユーザー企業（前の管理者）の個人情報の部分についてマスキング（電子媒体であれば氏名等を削除する。）などの処理を行った上で、中古業者に引き渡すことが望ましいです。
70	管理者判断基準	点検記録簿	リース製品を使用していたユーザー企業から点検記録簿又はその写しを徴収して中古業者に引き渡す必要があるとされていますが、ユーザー企業の倒産等の事由により、ユーザー企業から点検記録簿又はその写しを徴収することができない場合に、リース会社はどのように対応すればよいか。	ユーザー企業(前の管理者)から当該製品に係る点検記録簿又はその写しを徴収することができない場合には、新たな管理者となったリース会社が、管理者となった時点以降の点検記録を記した点検記録簿を新たに作成し、過去の点検記録が記載されていない理由を付し、中古業者に引き渡すことになります。これにより、リース会社は、第一種特定製品の管理が適正に行われているものと判断されます。また、点検記録簿の作成を第三者に委託することもできます。
71	管理者判断基準	点検記録簿	リース会社は、リース期間終了後、ユーザー企業の希望により、例外として、リース物件をユー	ユーザー企業が継続して第一種特定製品の管理者となることから、リース会社は第一種特定製品の管理者に

No.	大分類	小分類	質問	回答
			ザー企業に売却することがある。この場合、リース期間中の第一種特定製品の管理者はユーザー企業であり、リース物件売却後も、当該ユーザー企業が当該特定製品の管理者となることから、リース会社は点検記録簿又はその写しを添えずに、当該ユーザー企業に第一種特定製品を売却することができるのか。	該当することはありません。したがって、リース会社はユーザー企業への売却（所有権移転）に際して、点検記録簿又はその写しを添えずに、当該ユーザー企業に第一種特定製品を売却することができます。
72	管理者判断基準	点検記録簿	エアラインには、航空機に搭載されている第一種特定製品について毎便モニターを実施していること、航空法等により当該機器を自ら修理することができないことなどの特殊性があるが、点検記録簿はどのように作成すればよいか。	簡易点検の記録方法としては、点検を実施した機器を特定する情報を明示し、機器毎に簡易点検を行った旨及び点検実施日を記録することで要件が満たされます。点検実施日については、毎便モニターが実施されている実態に鑑み、モニターが実施されなかった日を除く日を点検実施日として記録することも認められます。また、修理や充塡回収等の記録については、整備会社から資料を取り寄せる体制を整えることで、点検記録簿の記録及び保存を実施していることとみなされます。
73	管理者判断基準	機器の修理	機器に異常が見つかった場合、どうすればよいか。	機器からの冷媒の漏えいを確認した場合は、速やかに修理を行うこととしています。
74	管理者判断基準	充塡のやむを得ない場	冷媒の充塡における、『やむを得ない場合』の基準	『やむを得ない場合』とは、漏えい箇所を特定し、又は

No.	大分類	小分類	質問	回答
		合	は何か。	修理を行うことが著しく困難な場所に漏えいが生じている場合のことを言います。
75	管理者判断基準	充塡のやむを得ない場合	冷媒の充塡における、『1回限りの応急的な充塡』の基準は何か。	冷凍機能が維持できずに飲食物等の管理に支障が生じる等の人の健康を損なう事態や、事業への著しい損害が生じないよう、応急的にフロン類を充塡する必要があり、かつ、漏えいを確認した日から60日以内に当該漏えい箇所の修理を行うことが確実なときは、1回に限り充塡することができることとしています。
76	管理者判断基準	充塡前の修理	冷媒系統中にメカニカルシールを利用しており、製品の機能上冷媒系統を密閉にすることができない第一種特定製品について、冷媒フロン類の漏えい又は機器の故障が確認された場合、「修理せずに充塡してはならない」という規定はどのように適用されるのか。	リークディテクターや発泡液等により漏えいの可能性のある箇所を全て検査し、また、必要に応じて、メカニカルシールやパッキン等を交換（修理）することで、通常使用時の水準まで漏えい防止措置が講じられたことが確認されていれば、管理者判断基準第三にいう「点検」及び「修理」を行ったと判断できるため、再度充塡することは可能です。
77	管理者判断基準	その他	点検などの管理者の判断基準は法令上の義務か。	点検などの管理者の判断基準の遵守は、法令で定められた義務です。違反した場合、都道府県の指導・助言・勧告・命令・罰金の対象となる場合があります。
78	算定漏えい量報告	報告対象	年間の漏えい量は事業所単位なのか。	法人単位での報告となります。ただし、1事業所において1,000トン-CO_2以上の

No.	大分類	小分類	質問	回答
				漏えいを生じた場合は、当該事業所に関する漏えい量について法人単位のものと併せて報告を行う必要があります。
79	算定漏えい量報告	報告対象	算定漏えい量報告は子会社等を含めたグループ全体で報告してもよいか。	報告は法人単位で行うこととしており、資本関係の有無によることはないため、子会社等のグループ関係があったとしても法人別に報告する必要があります。 なお、一定の要件を満たすフランチャイズチェーン（連鎖化事業者）は、加盟している全事業所における事業活動をフランチャイズチェーンの事業活動とみなして報告を行うこととなります。
80	算定漏えい量報告	報告対象	都道府県知事が漏えい者として報告する場合、報告先の事業所管大臣はどこになるのか。	都道府県（知事部局）が管理者となる場合は、環境大臣・経済産業大臣の双方に報告してください（算定漏えい量マニュアル　Ⅲ-33）（※）。
81	算定漏えい量報告	連鎖化事業者	算定漏えい量に関して、チェーン店の場合は合算されるのか。	地球温暖化対策の推進に関する法律に基づく温室効果ガス排出量算定・報告・公表制度の場合と同様に、一定の要件を満たすフランチャイズチェーン（連鎖化事業者）は、加盟している全事業所における事業活動をフランチャイズチェーンの事業活動とみなして報告を行うこととなります。
82	算定漏えい	連鎖化事業者	A社がフランチャイズ	フランチャイズチェーンX

No.	大分類	小分類	質問	回答
	量報告		チェーンXの加盟店を運営しており、A社が運営する加盟店で管理する機器からの漏えい量が1,000トン-CO_2以上となる場合、加盟店分についてフランチャイズチェーンXとして報告する他に、A社としても報告しなければならないか。	として報告する部分についてはA社の報告対象から除外してください。それらを除外した上でA社が、フランチャイズチェーンXの管理外で、独自に、管理する機器での漏えい量が年間1,000トン-CO_2以上となる場合にはA社として、独自に報告義務があります。
83	算定漏えい量報告	連鎖化事業者	加盟店によってはエアコン・ショーケースを自ら導入している。それらの機器の運用については本部でマニュアルを作成し、管理している。 この場合、報告義務は加盟店と連鎖化事業者のどちらにあるか。	加盟店が独自に導入した第一種特定製品の管理者は加盟店であると考えられますが、フランチャイズチェーン事業者と加盟店の間の約款、契約書、行動規範、マニュアル等において、 ①第一種特定製品の機種、性能又は使用等の管理の方法の指定 又は ②当該管理第一種特定製品についての使用等の管理の状況の報告 が定められている場合、フランチャイズチェーン事業者に報告義務が発生します（フロン類算定漏えい量報告マニュアルII編3.4をご参照ください。）（※）。
84	算定漏えい量報告	連鎖化事業者	フランチャイズチェーン本部が店舗で使用するエアコン・ショーケース等を所有し、加盟店に貸与しており、維持管理については加盟店が責任を持つことをFC契約書に規	所有者（本部）と使用者（加盟店）との間で契約書等の書面において、保守・修繕の責務を加盟店が負うことを規定していることから、管理者は加盟店であるものと考えます。

No.	大分類	小分類	質問	回答
			定している。 加盟店は、エアコン・ショーケースの保守業者と保守契約を締結し、年3回以上の保守点検を実施しているが、保守点検の結果を報告することをFC契約書で定めている。この場合の報告者は誰か。	ただし、フランチャイズチェーン本部が加盟店に保守点検の結果を報告することを定めているため、報告義務はフランチャイズチェーン事業者側にあることとなります（フロン類算定漏えい量報告マニュアルII編3.4をご参照ください。）（※）。
85	算定漏えい量報告	連鎖化事業者	エアコンにおいては、出店の多くがビルに入居しており、ビルに備え付けの設備を使用する場合が多く、本部側では一部の機器しか把握できていない。このような機器の場合、報告義務はあるか。	加盟店が入居するビル備え付けの機器は、当該ビルのオーナーが管理者であると考えられるため、その場合は当該機器に関しては連鎖化事業者の報告対象とはなりません。
86	算定漏えい量報告	裾きり基準	1,000トン-CO_2とは、R-22では何キロに当たるのか。	R-22の温暖化係数（GWP値）は1,810のため、約500kgとなります（計算方法：GWP値1,810×質量552.5kg＝約1,000トン-CO_2）。 なお、係数となるGWP値は告示（フロン類の種類ごとに地球の温暖化をもたらす程度の二酸化炭素に係る当該程度に対する比を示す数値として国際的に認められた知見に基づき環境大臣及び経済産業大臣が定める係数）（→306頁）を参照してください。
87	算定漏えい量報告	算定方法	算定漏えい量の計算の対象となる機器は何か。	管理する全ての第一種特定製品です。
88	算定漏えい量報告	算定方法	7.5kW以上の第一種特定製品が定期点検実施対象	算定漏えい量報告の算定においては、定期点検の対象

No.	大分類	小分類	質問	回答
			となっているが、算定漏えい報告の算定対象となるのは定期点検の対象となる第一種特定製品という認識でよいか。	機器のみならず、管理者が管理する全ての第一種特定製品からの漏えい量を合計して算定する必要があります。
89	算定漏えい量報告	算定方法	充填だけしている（回収はできない）機器の場合、算定漏えい量の算定方法は「充填量－回収量」となっているが、その場合はどう計算するのか。	回収を行っていない場合は回収量をゼロとして計算することとなるため、充填量そのものが「算定漏えい量」となります。
90	算定漏えい量報告	算定方法	算定漏えい量は充填証明書及び回収証明書から漏えい量を計算するとのことだが、機器の初期充填量を元にしないでよいのか。	整備時の充填量及び回収量から算定漏えい量を計算することとされています。初期充填量を算定に用いる必要はありません。 ただし、設置時の充填はフロン類算定漏えい量の算定対象外です。
91	算定漏えい量報告	算定方法	算定漏えい量報告は、毎年度、全ての機器について漏えいした量を残存量などから計算しなければならないのか。	報告すべき漏えい量は、当該年度に実施された整備時充填・整備時回収の際に第一種フロン類充填回収業者から発行される充填・回収証明書から算定することとしています。 そのため、残存量などを確認する等、上記以外の方法により漏えい量を算定する必要はありません。
92	算定漏えい量報告	算定方法	機器整備時において、第一種フロン類充填回収業者が法改正前（～H27.3.31）にフロン類を回収し、法改正後（H27.4.1～）に充填を行った場合には管	第一種フロン類充填回収業者が回収証明書又は充填証明書を交付する義務が係るのは法改正後となりますので、質問の場合には充填証明書だけ管理者に交付され

No.	大分類	小分類	質問	回答
			理者に対し回収証明書及び充塡証明書は交付されるのか。また、その場合における漏えい量の算定はどのように行うのか。	ます。 漏えい量の算定は漏えい量省令第２条に基づいて行うこととされていますが、回収証明書及び充塡証明書のどちらかが交付されていない場合でも当該方法で漏えい量を算定してください（質問の場合には回収量ゼロとして算定）。
93	算定漏えい量報告	算定方法	算定漏えい量について、回収を当該年度に行い、翌年度に充塡を行った場合、どのように処理すればよいのか。	算定漏えい量の計算方法に基づき、それぞれ年度毎に集計してください。そのため、整備時に年度をまたいで回収と充塡が行われた場合は、回収時に算定漏えい量としてマイナス計上され、充塡時に全量が漏えい量として計上されます。
94	算定漏えい量報告	算定の考え方	機器の一時的な保管を目的に、充塡されているフロン類を回収し、当該年度内に再稼働を行わない場合、算定漏えい量の計算上どのように処理すればよいか。	保管することを目的に、フロン類を回収する行為は、法で定める「廃棄等」には該当しないため、当該行為に伴うフロン類の回収は算定漏えい量の計算の対象となります。したがって、冷媒を回収した年度はその分マイナスとして計算してください。なお、再稼働に伴い、充塡した年度については、充塡量を全量漏えいとして計算してください。
95	算定漏えい量報告	算定の考え方	整備作業中に漏えいが発生してしまった場合、充塡証明書への記載量は、「充塡量全量（作業の途	充塡証明書に「充塡量全量（作業の途中で漏えいしてしまった量＋機器に実際に充塡した量）」を記載し、

No.	大分類	小分類	質問	回答
			中で漏えいしてしまった量＋機器に実際に充塡した量)」を記載するのか。それとも、機器に充塡された量（＝回収量）とし、漏えい量分は第一種フロン類充塡回収業者の算定漏えい量として、処理するのか。	管理者の漏えいとして計算します。ただし、漏えい量増加理由等を記載する様式2に、当該計算理由について記述することが可能です。
96	算定漏えい量報告	報告方法	算定漏えい量報告の報告様式はあるのか。	省令（「漏えい量省令」）において様式を定めています。
97	算定漏えい量報告	報告方法	算定漏えい量報告の具体的な報告窓口や報告方法は決まっているか。	算定漏えい量報告は事業所管大臣に報告することとしており、各省庁が窓口となります。具体的な報告窓口や報告方法は、算定漏えい量報告のマニュアルをご確認ください。
98	算定漏えい量報告	報告方法	算定漏えい量報告は、毎年度算定し、報告する必要があるのか。	報告対象（年度内の算定漏えい量が1,000トン-CO_2以上）かどうかを判定する必要があるため、毎年度、算定漏えい量を算定していただく必要があります。 また、その報告は、前年度における算定漏えい量が1,000トン以上の場合に報告を行う必要があります。
99	算定漏えい量報告	報告方法	車などの移動体の冷媒の充塡・回収は、当該移動体を管理している場所とは異なる場所で行う場合もあるが、その際、どの事業所分・都道府県分として報告するのか。	移動体を管理している事業所及びその事業所の属する都道府県における漏えいとみなすものとします。

No.	大分類	小分類	質問	回答
100	算定漏えい量報告	報告方法	船舶などの移動体を管理する事業所が海外に所在する場合、当該船舶からの算定漏えい量はどの都道府県分として登録するのか。	海外に所在する事業所からの算定漏えい量は報告の対象外となります。
101	算定漏えい量報告	報告方法	エアラインでは、航空機に搭載されている第一種特定製品について、航空法等により当該機器を自ら修理することができず、海外に所在する製造会社において充塡・回収が行われる場合があるが、どの都道府県分として登録するのか。	海外に所在する法人において充塡・回収が行われる場合、当該法人の算定漏えい量報告の対象外となります。
102	算定漏えい量報告	報告方法	廃棄物処理法における電子マニフェスト制度のように、情報処理センターに充塡回収量が登録された時点で、報告義務が満たされるのか。	情報処理センターへの登録のみでは、報告がされたものとはみなされません。 情報処理センターへ登録された充塡・回収量は登録の後に各事業者に通知され、各事業者は通知された充塡・回収量を用いて、漏えい量を算定し、報告する必要があります。
103	算定漏えい量報告	機器の移設	特定製品を同一工場内で移設する場合（管理者の変更を伴わない）、移設に伴う充塡・回収量は、算定漏えい量の対象となるのか。	管理者の変更を伴わない移設の場合は、機器の「整備」の一環とみなすことができるため、当該移設作業に伴うフロン類の回収及び再設置時の充塡は、「整備」時と同様、算定漏えい量の計算の対象となります。
104	算定漏えい量報告	機器の移設	特定製品を譲渡し移設する場合（管理者の変更を	管理者の変更を伴う移設の場合は、機器の設置時の一

No.	大分類	小分類	質問	回答
			伴う)、移設に伴う充塡・回収量は、算定漏えい量の対象となるのか。	環とみなすことができるため、機器移動時の冷媒回収及び設置時充塡については、算定漏えい量の計算の対象外となります。ただし、機器は引き続き使用されることから、点検整備記録簿の譲渡は必要となります。(なお、第一種フロン類充塡回収業者の都道府県への報告は、整備時回収と設置時充塡とします。)
105	算定漏えい量報告	算定漏えい量報告	工場を空調機器ごと譲渡する場合、過去の整備時における算定漏えい量(譲渡前の漏えい量)は、誰がいつ報告するのか。譲渡先に、その年度分を全て報告してもらってよいか。	法令上は管理者の義務として年度毎の第一種特定製品の算定漏えい量を報告することになっています(1,000トン-CO_2以上の漏えいの場合)。したがって譲渡前漏えい分と譲渡後漏えい分をそれぞれの管理者が報告する必要があります。
106	算定漏えい量報告	機器の廃棄	廃棄の依頼がありフロンを回収しようとしたら冷媒が全て抜けていた。行程管理制度に則った処理が必要か。	管理者は機器廃棄時に行程管理制度に則して回収依頼書または委託確認書を交付する義務があります。第一種フロン類充塡回収業者は冷媒が全て抜けていても「回収量ゼロ」と記載して引取証明書を交付してください。
107	算定漏えい量報告	指定製品の追加	指定製品が追加された場合、管理者の義務に変更はあるのか。	管理者の義務は第一種特定製品に関するものであることから、変更はありません。なお、指定製品の規制は、指定製品の製造業者等に係るものです。

No.	大分類	小分類	質問	回答
108	第一種フロン類充填回収業	充塡回収業者への委託義務	自社で機械を整備する場合、第一種フロン類充塡回収業者に依頼しないといけないのか。	自社の設備であっても、冷媒を充塡又は回収する場合は、第一種フロン類充塡回収業者に委託する必要があります。ただし、自らが第一種フロン類充塡回収業者として都道府県知事の登録を受けた場合は、自ら実施することが可能です。
109	第一種フロン類充塡回収業	充塡回収業者への委託義務	機器に充塡されている冷媒について、その混合比が不明な場合はどうしたらよいのか。	冷媒の混合比については、不明な場合は機器メーカーに問い合わせをしてください。
110	第一種フロン類充塡回収業	適用範囲	冷凍空調機器の製造業者が工場で行う充塡についても、法律の対象なのか。	本法は機器の整備時の充塡のみを対象としているため、機器の製造過程での充塡については、フロン排出抑制法の対象外です。このため、第一種フロン類充塡回収業者の登録は不要です。
111	第一種フロン類充塡回収業	適用範囲	機器の設置時の充塡についても、法律の対象なのか。	機器の設置は、整備に含まれるため、設置時の充塡についても、フロン排出抑制法の対象です。このため、第一種フロン類充塡回収業者の登録や、充塡基準の遵守、充塡証明書の発行が必要となります。 ただし、設置時の充塡はフロン類算定漏えい量の算定対象外です。
112	第一種フロン類充塡回収業	登録	第一種フロン類充塡回収業者の登録要件はあるか。	第一種フロン類充塡回収業について都道府県知事の登録を受けるためには、フロン類の回収の用に供する設備の所有等の要件がありま

No.	大分類	小分類	質問	回答
				す。なお、充塡を行う場合には、法に基づき定められる充塡に関する基準に従って実施する必要があります。
113	第一種フロン類充塡回収業	登録	登録に当たって、「充塡のみ行う業者」と「充塡・回収ともに行う業者」は分けて登録できるのか。	登録申請様式において、対象とする機器（冷凍冷蔵機器、エアコンディショナー）及び取り扱うフロン類の種類を選択する欄があり、その選択は充塡、回収それぞれについて記入することができます。 そのため、いずれか一方のみ選択した場合、いずれかのみの登録を受けることは可能です。ただし、いずれの場合であっても、「第一種フロン類充塡回収業」として登録されます。
114	第一種フロン類充塡回収業	登録	トラックや船舶等の移動体に設置されている第一種特定製品に自ら充塡及び回収する場合、どこの都道府県知事の登録を受ける必要があるのか。	トラックや船舶等の移動体を管理する事業所が所在する都道府県の登録を受ける必要があります。なお、充塡及び回収が修理工場や造船所等の決まった場所で行われる場合には、当該工場等の所在する都道府県の登録を受ける必要があります。
115	第一種フロン類充塡回収業	登録	充塡のみ行う業者の場合は、回収設備を有している必要はないのではないか。	第一種フロン類充塡回収業について都道府県知事の登録を受けるためには、フロン類の回収の用に供する設備の所有等の要件があります。充塡のみ行う業者であっても、回収設備を所有するか、必要なときに使用

No.	大分類	小分類	質問	回答
				できる権原を有している必要があります。
116	第一種フロン類充填回収業	登録	第一種フロン類充填回収業の登録を受けつつも実際は充填のみを行う業者の場合でも、法第44条に基づき整備者からフロン類の引取りを求められた場合、引取りを原則として拒否できないのか。	「充填のみ行う業者」として都道府県知事の登録を受けた場合であって、技術的な理由により適切な回収を行うことができないと見込まれる場合等の理由がある場合は、法第39条第５項又は法第44条第１項に基づく正当な理由に該当し、引取り義務の対象とはなりません。
117	第一種フロン類充填回収業	登録（自動移行）	現在登録されている回収業者は自動的に充填回収業者に移行するが、法施行日以降に充填回収業者として登録（自動移行）されたとの通知はあるか。	法施行後、自動的に第一種フロン類充填回収業者とみなされることになり、都道府県から特段の通知等を行うことは想定していません。
118	第一種フロン類充填回収業	登録（自動移行）	現在登録されている回収業者は自動的に充填回収業者に移行するが、移行された場合の充填に係る登録内容について、回収に係る製品の種類とフロン類の種類が充填に関してもそのまま該当するのか。	自動移行された場合の充填に係る登録内容は、すべての製品の種類及びすべてのフロン類の種類が適用されます。 ただし、更新時には、事業の実態に即した登録内容で更新手続きを行って下さい。
119	第一種フロン類充填回収業	証明書の交付	回収証明書及び充填証明書の様式は定めるのか。 様式が定められない場合、タイトルは必要か。 また、省令で定める項目以外の記載があっても問題ないか。	回収証明書と充填証明書については法定の様式はありません。管理者が当該証明書であるとわかるように作成・交付してください。また、省令で定める項目以外が記載されていても問題ありません。

No.	大分類	小分類	質問	回答
120	第一種フロン類充塡回収業	証明書の交付	エアコン修理の際に、一度フロンを回収する事が必要な場合も証明書の発行が必要となるのか。	回収証明書及び充塡証明書の双方の発行が必要となります。なお、その際、省令で定める項目を満たしていれば、1枚の証明書にまとめて交付しても問題ありません。
121	第一種フロン類充塡回収業	証明書の交付	一度に複数の機器に充塡・回収を行った場合、証明書を1つにまとめて交付しても問題ないか。	省令で定める項目を満たしていれば、1枚の証明書にまとめて交付しても問題ありません。
122	第一種フロン類充塡回収業	第一種フロン類再生業者の許可を要しない場合	回収したフロン類を法第50条第1項ただし書の規定により自ら再生し、当該機器に充塡した場合、充塡証明書への記載はどうするのか。	充塡証明書には、自ら再生した量を含め、機器に実際に充塡した全量を記載してください。
123	第一種フロン類充塡回収業	証明書の交付	充塡証明書及び回収証明書に記載する「フロン類の種類」とは具体的には何か。	充塡証明書・回収証明書に記載する「フロン類の種類」とは、ISO817に沿った内容で環境大臣・経済産業大臣が定める種類です。これは平成28年経済産業省・環境省告示第2号（→306頁）として公布されていますが、いわゆる冷媒番号別の種類のことを指します。
124	第一種フロン類充塡回収業	証明書の交付	機器の廃棄時にも回収証明書が交付されるのか。	充塡証明書及び回収証明書は機器の整備時にフロン類の充塡及び回収が行われた場合に交付されます。機器の廃棄時のフロン回収については回収証明書は交付されず、従来と同様、引取証明書が交付されます。
125	第一種フロ	証明書の交付	輸送用の冷凍冷蔵ユニッ	「冷凍冷蔵ユニット付きト

No.	大分類	小分類	質問	回答
	ン類充塡回収業		トを、トラック等に設置する場合に、フロン類の充塡がなされる。この際、充塡証明書は発行が必要になるのか。設置作業を行う者が、第一種フロン類充塡回収業者でなければならないのか。	ラック」を製造するために、輸送用の冷凍冷蔵ユニットを部品として購入し、冷凍冷蔵車として販売するために組み立てる段階での充塡は、「製造時」の充塡となるため、充塡回収業者が行う必要はなく、証明書の発行は不要です。他方、通常のトラック等に後付けで輸送用冷凍冷蔵ユニットを取り付ける場合は、「設置時」に該当するため、充塡回収業者が充塡作業を行い、充塡証明書が必要となります。なお、車両メーカーが整備を行う際には、整備時充塡であるため、当該車両メーカーが第一種フロン類充塡回収業者である必要があります。
126	第一種フロン類充塡回収業	証明書の交付	充塡・回収証明書の交付期限はあるか。	充塡・回収証明書は充塡又は回収した日から30日以内に管理者に交付する必要があります（なお、情報処理センターを利用した通知の場合は20日以内）。
127	第一種フロン類充塡回収業	証明書の交付	充塡・回収証明書は、「第一種フロン類充塡回収業者」から「管理者」へ、直接渡さなければならないのか。	必ずしも直接渡す必要はありませんが、管理者の元に届かない限り、交付されたことにはなりません。
128	第一種フロン類充塡回収業	証明書の交付	充塡証明書及び回収証明書は、紙で発行されなければならないのか。	充塡証明書及び回収証明書は、紙で発行される必要があります。 ただし、情報処理センター

No.	大分類	小分類	質問	回答
				に登録する場合には、充填証明書及び回収証明書の発行が免除されるため、紙での発行はされません。
129	第一種フロン類充填回収業	証明書の交付	充填回収業者が自らが管理する第一種特定製品に充填及び回収を行った場合、充填証明書及び回収証明書の発行はどのように行うのか。	自らが管理する第一種特定製品に充填及び回収する場合であっても、証明書を交付する必要はありますが、証明書の様式は法定されていないことから、交付期限までに証明書記載事項を自ら書面に記録することで証明書の交付を行ったものとなります。
130	第一種フロン類充填回収業	証明書の交付	機器整備時において、第一種フロン類充填回収業者が法改正前（～ H27.3.31）にフロン類を回収し、法改正後（H27.4.1～）に充填を行った場合には回収証明書及び充填証明書を交付する必要はあるのか。	第一種フロン類充填回収業者が回収証明書又は充填証明書を交付する義務が係るのは法改正後となりますので、質問の場合には充填証明書だけ管理者に交付することとなります。
131	第一種フロン類充填回収業	証明書の交付	施行規則第49条業者にフロン類を引き渡した場合、再生証明書・破壊証明書は交付・回付されるか。	法令上は施行規則第49条に基づき、都道府県知事から認定を受けた業者にフロン類を引き渡した場合は、再生業者・破壊業者に証明書の交付義務はありません。しかし、管理者の所有する機器由来のフロン類が、どのような処理がなされたのかを認識していただく観点から、何らかの証明書を交付することが望ましいです（運用の手引き（破壊業者

No.	大分類	小分類	質問	回答
				編）または（再生業者編））（※）。
132	第一種フロン類充塡回収業	充塡の基準	自動移行した第一種フロン類充塡回収業者が業務を実施するにあたって、回収に関する十分な知見を有する者（回収技術者等）と充塡に関する十分な知見を有する者（冷媒フロン類取扱技術者等）の両方の資格が必要か。	回収及び充塡の両方を行うのであれば、両方についての十分な知見が必要です。業務の実施内容に応じて、充塡を行う場合には充塡方法等について十分な知見を有する者が、回収を行う場合には回収方法等について十分な知見を有する者が、自ら行い又は立ち会う必要があります。
133	第一種フロン類充塡回収業	充塡の基準	第一種フロン類充塡回収業者がフロン類の充塡に先立つ確認を行った場合は、確認方法、その結果や修理の必要性等について管理者及び整備者に通知することとなっているが、これは口頭でよいか。	口頭で構いませんが、図面や文章を用いて分かりやすく説明していただくことが望ましいです。
134	第一種フロン類充塡回収業	知見を有する者	充塡の基準において、「フロン類の性状及びフロン類の充塡方法について、十分な知見を有する者が、フロン類の充塡を自ら行い又はフロン類の充塡に立ち会うこと。」とされているが、具体的にはどのような要件となるのか。	第一種特定製品へのフロン類の充塡は、充塡に先立つ機器の漏えい状況の確認等、法令で定められた方法に従って行う必要があります。そのため、充塡を行おうとする者は、基準に沿った充塡方法に関する知識を有している必要があります。詳細は別紙3（→112頁）（運用の手引き（充塡回収業者編）p.66の抜粋）を参照してください（※）。
135	第一種フロン類充塡回	知見を有する者	十分な知見を有する者とは、「資格者」のことを	「十分な知見を有する者」とは、法令で定められた定

No.	大分類	小分類	質問	回答
	収業者		指すのか。	期点検・充塡・回収方法に関する知識を有する者を指しますので、必ずしも「資格」を有することは求められません。 ただし、管理者や都道府県等が、知見の有無を明確に判断できるよう、「充塡」「定期点検」に携わる場合、運用の手引き（充塡回収業者編）p.66～、「回収」に携わる場合、運用の手引き（充塡回収業者編）p.72を参考にしてください（※）。
136	第一種フロン類充塡回収業者	知見を有する者	別紙3において、資格や実務経験だけではなく講習の受講についても言及されているが、具体的にどのような講習が想定されているのか。	【再掲（No.55）】 現時点で環境省・経済産業省が内容を確認した講習は5件です。詳しくは、WEBサイトをご確認ください。 URL： http://www.env.go.jp/earth/ozone/cfc/law/kaisei_h27/koushuu.html http://www.meti.go.jp/policy/chemical_management/ozone/jyubun_chiken.html
137	第一種フロン類充塡回収業	知見を有する者	法施行以降にフロン類の充塡を行う場合は、知見を有する者以外は充塡してはいけないのか。	法施行以後は、フロン類の充塡を行う際には充塡に関する基準に従って行う必要があるため、十分な知見を有する者が行う（又は立ち合う）必要があります。
138	第一種フロン類充塡回収業	知見を有する者	知見を有しても充塡回収業の登録を行っていないと充塡はできないのか。	充塡を業として行う場合は、第一種フロン類充塡回収業者として都道府県の登

No.	大分類	小分類	質問	回答
				録を受ける必要があります。
139	第一種フロン類充塡回収業	帳簿の記録	充塡回収業者が再生した冷媒を、自ら再利用する場合は記録を残す必要があるか。	充塡回収業者が法第50条第1項のただし書きに基づく再生を行った量については、記録を作成し、保存する義務があります。
140	第一種フロン類充塡回収業	実績報告	充塡回収業者が、年度途中でフロン類を新規調達し、充塡した場合、様式第3のどの欄に記入するのか。	様式第3の①⑨⑰「充塡した量」に記入してください。
141	第一種フロン類充塡回収業	実績報告	充塡回収業者が、年度途中でフロン類を新規調達し、保管した場合、様式第3のどの欄に記入するのか。	新規調達したフロン類を充塡せず、保管している場合には様式第3には記入しません。
142	第一種フロン類充塡回収業	実績報告	充塡回収業者が、同一県内において、回収したフロン類を法第50条第1項の規定により自ら再生して充塡した場合、様式第3のどの欄に記入するのか。	様式第3の①⑨⑰「充塡した量」に記入するとともに、⑥⑭㉒「法第50条第1項の規定により自ら再生し、充塡したフロン類の量」に記入してください。
143	第一種フロン類充塡回収業	実績報告	充塡回収業者がフロン類を回収し、法第50条のただし書きに基づく再生を行わず、他の機器に充塡する場合、様式第3のどの欄に記入するのか。	左記の行為は認められていません。
144	第一種フロン類充塡回収業	実績報告	前年度に回収したフロン類を当年度に充塡した場合、様式第3のどの欄に記入するのか。	様式第3の③⑪⑲「年度当初に保管していた量」に記入するとともに、⑥⑭㉒「法第50条第1項ただし書の規定により自ら再生し、充塡したフロン類の量」に記入してください。

No.	大分類	小分類	質問	回答
145	第一種フロン類充塡回収業	実績報告	都道府県Aと都道府県Bの両県で充塡回収業者の登録を受けた充塡回収業者が、都道府県Aで回収したフロン類について、法第50条第1項ただし書の規定により自ら再生した上で都道府県Bで充塡を行った。この場合、法第52条に基づく都道府県知事への年間の実績報告において、「法第50条第1項ただし書の規定により自ら再生し、充塡したフロン類の量」（フロン排出抑制法施行規則様式第3の⑥、⑭、㉒）として報告する必要があるが、A、Bのどちらの都道府県知事宛に行えばよいか。	都道府県Aの知事宛に報告する。
146	第一種フロン類充塡回収業	その他	充塡回収業者のリストは公表されているか。	第一種フロン類回収業者として都道府県知事の登録を受けた者については、各都道府県のホームページにおいて公表されています。なお、現在の第一種フロン類回収業者が、法施行後、自動的に第一種フロン類充塡回収業者に移行します。
147	情報処理センター	利用方法	情報処理センターへの利用登録は、管理者側が登録するのではなく、充塡回収業者側が登録する必要があるか。	情報処理センターである（一財）日本冷媒・環境保全機構のシステムにおいては、管理者、充塡回収業者双方の登録が必要です。
148	情報処理セ	利用方法	管理者と充塡回収業者の	充塡回収業者は管理者の承

No.	大分類	小分類	質問	回答
	ンター		間で、情報処理センターの活用について意向が異なる場合、どう対応したらよいか。	諾を得て、情報処理センターに登録した場合は、証明書の交付を免除されると定めており、情報処理センターの利用は強制ではありません。充塡回収業者と管理者が情報処理センターの使用に関して、互いの合意の上で使用することになるため、事業者間でご相談ください。
149	情報処理センター	利用方法	情報処理センターを利用すれば、算定漏えい量まで計算して、必要な場合は国への報告も行ってもらえるか。	情報処理センターである（一財）日本冷媒・環境保全機構のシステムにおいては、情報処理センターを活用し、充塡量及び回収量に関するデータの管理と、算定漏えい量の計算はできますが、そのままでは国への報告は行えません。 ただし、今後、国から提供される計算支援ツールと連携可能となる予定です。さらに、この計算支援ツールによって作成された報告データは、電子的に国に報告することが可能となる予定です。
150	情報処理センター	利用方法	情報処理センターを利用するにあたっては、費用は発生するのか。	情報処理センターである（一財）日本冷媒・環境保全機構のシステムでは、充塡回収業者が充塡量、回収量を登録する都度、機器1台ごとに100円（＋消費税）の料金の支払いが発生します。充塡量等の情報を受け

No.	大分類	小分類	質問	回答
				る管理者の方に料金は発生しませんが、当該費用については充填回収業者から請求される可能性があります。
151	情報処理センター	指定法人の指定時期	情報処理センターは、いつから利用できるのか。	現在（平成28年3月末）、情報処理センターである（一財）日本冷媒・環境保全機構のシステムにおいては業者登録（無料）及び電子的な通知について、利用可能となっております。なお、詳しくはURLをご参考ください。 URL：http://www.jreco.or.jp/
152	第一種フロン類再生業、フロン類破壊業	証明書の交付	破壊証明書の発行期限は、フロン類をフロン類破壊業者に引き渡してから30日以内に発行する必要があるか。	フロン類破壊業者は、当該フロン類を引き渡されてから30日以内ではなく、破壊してから30日以内に第一種フロン類充填回収業者に交付する必要があります。 なお、再生についても同様です。
153	第一種フロン類再生業、フロン類破壊業	証明書の交付	第一種フロン類再生業者又はフロン類破壊業者が法改正前（～ H27.3.31）にフロン類の引取りを終了し、法改正後（H27.4.1～）に当該フロン類を再生又は破壊した場合には再生証明書又は破壊証明書を発行する必要はあるのか。	フロン類の再生又は破壊を行った時は再生証明書又は破壊証明書を第一種フロン類充填回収業者に交付する義務がありますので、法改正後にフロン類の再生又は破壊を行った場合には当該証明書を交付してください。
154	第一種フロン類再生業、フロン	証明書の交付	再生証明書、破壊証明書はボンベ毎に1枚発行すればよいのか。	複数の管理者から引き取ったフロン類を1つのボンベで再生業者又は破壊業者に

No.	大分類	小分類	質問	回答
	類破壊業			引き渡す場合には、再生証明書又は破壊証明書の交付・回付等の際に以下のどちらかの対応とするよう、充塡回収業者と再生業者又は破壊業者の間で事前に調整しておくことが必要です。 ①再生業者又は破壊業者が交付する再生証明書又は破壊証明書はボンベごとに1枚とし、交付を受けた充塡回収業者が回付する複数の管理者分をコピーし管理者に回付します。（この場合、コピーには再生証明書又は破壊証明書の原本のコピーである旨記載することが望ましいです。） ②再生業者又は破壊業者が交付する再生証明書又は破壊証明書は複数の管理者分を充塡回収業者に交付し、交付を受けた充塡回収業者はそれぞれの管理者に原本を回付します。（この場合、予め充塡回収業者から再生業者又は破壊業者に対し管理者の氏名等の情報が提供され、その情報が各々の証明書に記載の上交付されることで、充塡回収業者による迅速な回付が期待されます。） 上記①及び②の回付の際は、いつ行った回収に係る

No.	大分類	小分類	質問	回答
				再生・破壊証明書なのかわかるよう必要な情報を併せて示すことが望ましいです。
155	第一種フロン類再生業、フロン類破壊業	回収量との差異	第一種フロン類充塡回収業者からフロン類破壊業者に破壊を依頼した場合、回収証明書に記載の量と破壊証明書に記載の量とに差が生じる場合があるが、問題ないか。	回収したフロン類には機械油等が含まれているため、回収量と破壊量が一致しないこともあると考えています。
156	第一種フロン類再生業、フロン類破壊業	証明書の保管義務	破壊証明書は第一種フロン類充塡回収業者が破壊業者から受け、第一種特定製品の管理者に回付することになっているが、破壊証明書の保管は管理者の義務か。	管理者には、破壊証明書の保管義務はありません（再生証明書も同様に保管義務はありません）。
157	特定製品製造業者等	表示義務	「第一種特定製品」に分類される、日本国内で生産された製品を海外に輸出する場合、製品にフロン排出抑制法により定められた表示をする必要があるか。	海外に輸出する第一種特定製品についてはフロン排出抑制法に基づく表示は不要ですが、国内市場に流通し、国内で使用される可能性が残る場合には、表示を行うことが望ましいです。
158	特定製品製造業者等	表示義務	エアラインが、法第14条及び第87条の規定に基づき、海外メーカーから購入した航空機に設置されている第一種特定製品にラベルを貼付するためには、航空法上メーカーの許可を前提とした整備規程が必要になるが、海外メーカーから許可が得られない場合どのように対応すればよいか。	制度上、表示義務は、製造事業者等が管理者（ユーザー）に対し、製品選択する上での情報を提供することを目的としたものですが、質問のような場合には、エアラインは業態上、輸入製品の管理者となるため、制度上の目的からラベルの貼付は求めません。

（※）の資料については、http://www.env.go.jp/earth/ozone/cfc/law/kaisei_h27/に掲載。

（別紙１）

第一種特定製品の主な例（日本標準商品分類）

	分類番号	商品名
（１）エアコンディショナー		
	562119	自動車用エアコンディショナー（自動車リサイクル法の対象の製品を除く） ・道路運送車両法第３条に規定する小型自動車又は軽自動車であって、二輪車のもの（側車付きのものを含む） ・道路運送車両法第３条に規定する大型特殊自動車及び小型特殊自動車 ・被けん引車
	56212	鉄道車両用エアコンディショナー
	56213	航空機用エアコンディショナー
	56219	その他輸送機械用エアコンディショナー
	5622	ユニット形エアコンディショナー
	5623	除湿機
	562411	圧縮式空気調和用リキッドチリングユニット（遠心式、容積圧縮式）
	5629	その他の空気調和機
	5651	空気調和装置（クリーンルーム等）
（２）冷蔵機器及び冷凍機器		
	5612	コンデンシングユニット
	5631	冷凍冷蔵庫、冷蔵庫及び冷凍庫
	5632	ショーケース（内蔵型ショーケース、別置型ショーケース）
	5633	飲料用冷水器及び氷菓子装置（冷水機、ビール・ソーダディスペンサ、ソフトアイスクリームフリーザ等）
	5634	製氷機
	5635	輸送用冷凍・冷蔵ユニット
	5636	定置式冷凍・冷蔵ユニット
	56371	冷凍冷蔵リキッドチリングユニット（遠心式冷凍機・スクリュー冷凍機等）
	56372	ユニットクーラー（ブライン、直膨）
	5639	その他冷凍冷蔵機器
	5641	ヒートポンプ式給湯器
	5652	冷凍冷蔵装置（倉庫用・凍結用・原乳用等）
	5659	その他冷凍機応用装置
	58111	飲料自動販売機
	58112	食品自動販売機
	84481	ワゴン（搬送車）

（別紙２）

十分な知見を有する者について（定期点検）

専門点検（簡易点検により、漏えい又は故障等を確認した場合に、可能な限り速やかに実施することとされている専門的な点検。）及び定期点検については、フロン類の性状及び取扱いの方法並びにエアコンディショナー、冷凍冷蔵機器の構造並びに運転方法について十分な知見を有する者が、検査を自ら行い又は検査に立ち会うこととされている。

十分な知見を有する者に求められる知識とは、表２－１に示す専門点検・定期点検に関する基準に対応することができる知識であり、具体的には表２－２に示す知識である。

表2－1■専門点検・定期点検の基準

点検の種類	基準の内容
専門点検	✓直接法、間接法又はこれらを組み合わせた方法による検査
定期点検	✓管理する第一種特定製品からの異常音の有無についての検査 ✓管理する第一種特定製品の外観の損傷、摩耗、腐食及びさびその他の劣化、油漏れ並びに熱交換器への霜の付着の有無についての目視による検査 ✓直接法、間接法又はこれらを組み合わせた方法による検査

※直接法：発泡液の塗布、冷媒漏えい検知器を用いた測定又は蛍光剤若しくは窒素ガス等の第一種特定製品への充塡により直接第一種特定製品からの漏えいを検知する方法をいう。
※間接法：蒸発器の圧力、圧縮器を駆動する電動機の電圧又は電流その他第一種特定製品の状態を把握するために必要な事項を計測し、当該計測の結果が定期的に計測して得られた値に照らして、異常がないことを確認する方法をいう。

表2－2■専門点検・定期点検時に必要となる知識の主な内容

項　目	主な内容
冷凍空調の基礎	✓冷凍、空調基礎用語（例：過熱度、過冷却、高圧、低圧、飽和圧力、成績係数・常用圧力等） ✓p-h線図、冷媒の物性、冷凍サイクル、圧力（耐圧、設計、運転、ゲージ、気密試験、漏れ試験）、潤滑油の物性、運転制御　など
使用機器の構造・機能	✓圧縮機・電動機、潤滑装置、容量制御装置、蒸発器、凝縮器、付属機器類、安全装置などの構造や機能　など
冷媒配管	✓配管設計（温度、振動、腐食環境）、配管施工（加工・工具類取扱）、切断・溶接・ろう付け作業、配管支持作業、保冷・防湿作業 ✓冷媒系統部品（弁、フレア等継ぎ手類）　など

運転・診断	✓運転調整の方法、漏えい検知器の取扱い方法、運転漏えい診断、適正充塡量の判断方法　など
漏えい点検・修理	✓システム漏えい点検方法、間接法による漏えい点検方法、直接法による漏えい点検、定期漏えい点検の頻度、定期漏えい点検の作業手順 ✓加圧漏えい試験・真空検査 ✓ろう付け作業 ✓漏えい修理作業、漏えい点検・修理記録簿 ✓回収装置、回収容器の取扱・運転手順 ✓冷媒充塡作業 ✓安全で効率的な冷媒回収作業　など
漏えい予防保全（漏らさない技術）	✓点検・整備（故障の診断、原因、漏えい防止方法） ✓交換部品（耐用年数、設置環境） ✓漏えい防止の予知診断方法 ✓稼働時漏えい防止ノウハウ ✓漏えい事例
冷媒設備に係る法規	✓高圧ガス保安法 ✓フロン排出抑制法 ✓その他関係法令
フロン類による地球環境問題（必須ではないが望ましい）	✓オゾン層破壊問題 ✓地球温暖化問題 ✓回収・再利用の重要性

上記の知識を持ち、フロン類の専門点検・定期点検に関して十分な知見を有する者に当たる者の水準の例としては、具体的には、以下のA ～ Cが考えられる。

なお、現時点で以下のA ～ Cのいずれにも該当しない場合は、上記の知見の習得と並行して、改正法施行後１年程度でA ～ Cに該当するように対応することが推奨される。

A．冷媒フロン類取扱技術者

冷媒フロン類取扱技術者は、第一種と第二種が存在し、第一種は、一般社団法人日本冷凍空調設備工業連合会が、第二種は、一般財団法人日本冷媒・環境保全機構が認定する民間の資格で、フロン排出抑制法の施行に合わせ、設置された資格である。

なお、第二種冷媒フロン類取扱技術者は、取り扱える機器の対象に限定※があることに留意することが重要である。

※エアコンディショナーは圧縮機電動機又は動力源エンジンの定格出力25kW以下の機器。冷凍冷蔵機器は圧縮機電動機又は動力源エンジンの定格出力15kW以下の機器。同資格の詳細は下記ウェブサイトを参照されたい。

<http://www.jarac.or.jp/business/cfc_leak/>、<http://jreco.or.jp/shikaku_gaiyo.html>

B．一定の資格等を有し、かつ、点検に必要となる知識等の習得を伴う講習を受講した者

一定の資格等としては、例えば、以下の資格が挙げられる。

・冷凍空調技士（日本冷凍空調学会）
・高圧ガス製造保安責任者：冷凍機械（高圧ガス保安協会）
・上記保安責任者（冷凍機械以外）であって、第一種特定製品の製造又は管理に関する業務に５年以上従事した者
・冷凍空気調和機器施工技能士（中央職業能力開発協会）
・高圧ガス保安協会冷凍空調施設工事事業所の保安管理者
・自動車電気装置整備士（対象は、自動車に搭載された第一種特定製品に限る。）（ただし、平成20年３月以降の国土交通省検定登録試験により当該資格を取得した者、又は平成20年３月以前に当該資格を取得し、各県電装品整備商工組合が主催するフロン回収に関する講習会を受講した者に限る。）
・１級～５級海技士（機関）（対象は、船舶に搭載された第一種特定製品に限る。）

また、定期点検に必要となる知識等の習得を伴う講習とは、表２－２に掲げる内容についての講義及び考査を指す。ここで、当該講習については、一定の水準に達している必要があるため、その適正性は、環境省及び経済産業省に照会することで、随時、確認される。

適正性が確認された講習の実施団体等については、環境省及び経済産業省のホームページにて順次掲載される。

C．十分な実務経験を有し、かつ、点検に必要となる知識等の習得を伴う講習を受講した者

十分な実務経験とは、例えば、日常の業務において、日常的に冷凍空調機器の整備や点検に３年以上携わってきた技術者であって、これまで高圧ガス保安法やフロン回収・破壊法を遵守し、違反したことがない技術者を指す。

また、定期点検に必要となる知識等の習得を伴う講習とは、表２－２に掲げる内容についての講義及び考査を指す。ここで、当該講習については、一定の水準に達している必要があるため、その適正性は、環境省及び経済産業省に照会することで、随時、確認される。

適正性が確認された講習の実施団体等については、環境省及び経済産業省のホームページにて順次掲載される。

(別紙3)

「十分な知見を有する者」(充塡時)について

フロン類の充塡については、フロン類の性状及びフロン類の充塡方法について、十分な知見を有する者が、フロン類の充塡を自ら行い又はフロン類の充塡に立ち会うこととされている。

ここで、十分な知見を有する者とは、第一種特定製品の冷媒回路の構造や冷媒に関する知識に精通した者を指す。具体的な知識については、施行規則第14条に示す充塡に関する基準について対応した、表3－1に示すものである。

表3－1■充塡時に求められる知識

項　目 (対応する基準)	主な内容
冷凍空調の基礎 (一～八)	✓冷凍、空調基礎用語(例：過熱度、過冷却、高圧、低圧、飽和圧力、冷凍効果、成績係数・常用圧力等) ✓p-h線図、冷媒の物性、冷凍サイクル、圧力(耐圧、設計、運転、ゲージ、気密試験、漏れ試験)、潤滑油の物性、運転制御に関する知識　など
使用機器の構造・機能 (一～三、七・八)	✓圧縮機・電動機、潤滑装置、容量制御装置、蒸発器、凝縮器、付属機器類、安全装置などの構造や機能　など
冷媒配管 (一～三、五～八)	✓配管設計(温度、振動、腐食環境)、配管施工技能(加工・工具類取扱)、切断・溶接・ろう付け作業、配管支持作業、保冷・防湿作業 ✓冷媒系統部品(弁、フレア等継ぎ手類)に関する知識　など
運転・診断 (一～三、五・六・八)	✓運転調整の方法、漏えい検知器の取扱い、運転漏えい診断、適正充塡量の判断に関する知識　など
漏えい点検・修理 (一～七)	✓システム漏えい点検方法、間接法による漏えい点検方法、直接法による漏えい点検、定期漏えい点検の頻度、定期漏えい点検の作業手順 ✓加圧漏えい試験・真空検査 ✓ろう付け作業 ✓漏えい修理作業、漏えい点検・修理記録簿 ✓回収装置、回収容器の取扱・運転手順 ✓冷媒充てん作業 ✓安全で効率的な冷媒回収作業　など
漏えい予防保全(漏ら	✓点検・整備(故障の診断、原因、漏えい防止方法) ✓交換部品(耐用年数、設置環境)

さない技術） （七・八）	✓漏えい防止の予知診断技術 ✓稼働時漏えい防止ノウハウ ✓漏えい事例
冷媒設備に係る法規 （一～八）	✓高圧ガス保安法 ✓フロン排出抑制法 ✓その他関係法令
フルオロカーボンによる地球環境問題（必須ではないが望ましい）	✓オゾン層破壊問題 ✓地球温暖化問題 ✓回収・再利用の重要性

上記の知識を持ち、フロン類の充塡に関して十分な知見を有する者に当たる者の水準の例としては、具体的には、以下のA～Cが考えられる。

なお、現時点で以下のA～Cのいずれにも該当しない場合は、上記の知見の習得と並行して、施行後1年程度でA～Cに該当するように対応することが推奨される。

A．冷媒フロン類取扱技術者

冷媒フロン類取扱技術者は、第一種と第二種が存在し、第一種は、一般社団法人　日本冷凍空調設備工業連合会が、第二種は、一般財団法人　日本冷媒・環境保全機構が認定する民間の資格で、フロン排出抑制法の施行に合わせ、設置された資格である。
<http：//www.jarac.or.jp/business/CFC_leak/>、<http：//jreco.or.jp/shikaku_gaiyo.html>

B．一定の資格等を有し、かつ、充塡に必要となる知識等の習得を伴う講習を受講した者

一定の資格等としては、例えば、以下の資格が挙げられる。

・冷凍空調技士（日本冷凍空調学会）
・高圧ガス製造保安責任者：冷凍機械（高圧ガス保安協会）
・上記保安責任者（冷凍機械以外）であって、第一種特定製品の製造又は管理に関する業務に5年以上従事した者
・冷凍空気調和機器施工技能士（中央職業能力開発協会）
・高圧ガス保安協会冷凍空調施設工事事業所の保安管理者
・自動車電気装置整備士（対象は、自動車に搭載された第一種特定製品に限る。）（ただし、平成20年3月以降の国土交通省検定登録試験により当該資格を取得した者、又は平成20年3月以前に当該資格を取得し、各県電装品整備商工組合が主催するフロン回収に関する講習会を受講した者に限る。）
・1級～5級海技士（機関）（対象は、船舶に搭載された第一種特定製品に限る。）

また、充塡に必要となる知識等の習得を伴う講習とは、上記の表3－1に掲げる内容についての講義及び考査を指す。ここで、当該講習については、一定の水準に達している必要があるため、環境省及び経済産業省に照会することで、随時、その適正性について確認される。

C．十分な実務経験を有し、かつ、充塡に必要となる知識等の習得を伴う講習を受講した者

十分な実務経験とは、例えば、日常の業務において、日常的に冷凍空調機器の冷媒の充塡に３年以上携わってきた技術者であって、これまで高圧ガス保安法やフロン回収・破壊法を順守し、違反したことがない技術者を指す。

また、充塡に必要となる知識等の習得を伴う講習とは、前記の表３－１に掲げる内容についての講義及び考査を指す。ここで、当該講習については、一定の水準に達している必要があるため、環境省及び経済産業省に照会することで、随時、その適正性について確認される。

なお、上記のＡ～Ｃの資格を有すること等をもって、第一種特定製品へのフロン類の充塡ができるものではなく、前述のとおり、必ず都道府県知事の登録が必要であることに留意されたい。

3. フロン排出抑制法に基づく義務等

フロン類の排出抑制を目的として、フロン排出抑制法では関係者に下記の義務等が規定されています。

義務者	フロン排出抑制法の義務	指導助言・勧告公表命令・罰則
すべての者	特定製品の冷媒フロン類のみだり放出禁止（86条）	１年以下の懲役又は50万円以下の罰金
フロン類の製造業者等	フロン類の製造業者等の判断基準の遵守（９条①）	指導助言、勧告公表命令の対象（国） 50万円以下の罰金（命令違反の場合）
指定製品の製造業者等	指定製品の製造業者等の判断基準の遵守（12条①）	勧告命令の対象（国） 50万円以下の罰金（命令違反の場合）
	指定製品の表示（14条）	
特定製品の製造業者等	特定製品の表示（87条）	10万円以下の過料
第一種特定製品の管理者	管理者判断基準の遵守（16条①）	指導助言、勧告公表命令の対象（都道府県）[1] 50万円以下の罰金（命令違反の場合）
	フロン類算定漏えい量等の報告（19条①）	10万円以下の過料
第一種特定製品の整備の発注者	フロン類回収等の料金負担（74条⑥）	
第一種特定製品整備者	充填・回収委託義務（37条①、39条①）	指導助言、勧告命令の対象（都道府県） 50万円以下の罰金（命令違反の場合）
	再充填以外のフロン類の引渡義務（39条④）	
	充填・回収委託時の管理者名称等の通知（37条②、39条②）	勧告命令の対象(都道府県) 50万円以下の罰金（命令違反の場合）
	フロン類回収等の料金支払（74条③）	
	再生・破壊証明書の回付・保存（59条③、70条）	勧告命令の対象（国） 50万円以下の罰金（命令違反の場合）
	充填回収業の登録（27条①）、更新（30条①）	１年以下の懲役又は50万円以下の罰金
	充填回収業の登録変更の届出（31条①）	30万円以下の罰金
	充填回収業の廃業等の届出（33条①）	10万円以下の過料

<table>
<tr><td rowspan="12">第一種フロン類充塡回収業者</td><td>充塡回収業の登録の取消し等（35条①）</td><td>1年以下の懲役又は50万円以下の罰金</td></tr>
<tr><td>充塡・回収基準の遵守（37条③、39条③、44条②）</td><td rowspan="4">勧告命令の対象(都道府県)
50万円以下の罰金（命令違反の場合）</td></tr>
<tr><td>充塡・回収証明書の交付（37条④、39条⑥）</td></tr>
<tr><td>情報処理センターへの充塡・回収情報登録（38条①、40条①）</td></tr>
<tr><td>引取証明書の交付・写しの保存（45条①・②）</td></tr>
<tr><td>回収フロン引取義務（39条⑤、44条①）</td><td rowspan="2">指導助言、勧告命令の対象（都道府県）
50万円以下の罰金（命令違反の場合）</td></tr>
<tr><td>フロン類引渡義務（46条①）</td></tr>
<tr><td>充塡量・回収量等に関する記録の保存、報告（47条①③）</td><td>20万円以下の罰金</td></tr>
<tr><td>充塡量・回収量等に関する記録の閲覧（47条②）</td><td></td></tr>
<tr><td>省令に基づく第一種フロン類再生業（50条①）</td><td>1年以下の懲役又は50万円以下の罰金</td></tr>
<tr><td>再生・破壊証明書の回付・保存（59条②、70条）</td><td>勧告命令の対象（国）
50万円以下の罰金（命令違反の場合）</td></tr>
<tr><td>フロン類回収等の料金説明（74条②）</td><td></td></tr>
<tr><td>〃
（委託先含む）</td><td>運搬基準の遵守（46条②）</td><td>勧告命令の対象(都道府県)
50万円以下の罰金（命令違反の場合）</td></tr>
<tr><td rowspan="5">第一種特定製品廃棄等実施者</td><td>フロン類引渡義務（41条）</td><td>指導助言、勧告命令の対象（都道府県）
50万円以下の罰金（命令違反の場合）</td></tr>
<tr><td>回収依頼書／委託確認書の交付・保存（43条①～③）</td><td rowspan="3">勧告命令の対象(都道府県)
50万円以下の罰金（命令違反の場合）</td></tr>
<tr><td>引取証明書（又は写し）の保存（45条③）</td></tr>
<tr><td>引取証明書の未受領・虚偽記載に関する報告（45条④）</td></tr>
<tr><td>フロン類回収等の料金支払（74条③）</td><td></td></tr>
<tr><td>特定解体工事元請業者</td><td>設置有無の確認・説明（42条①）</td><td>指導助言の対象(都道府県)</td></tr>
<tr><td>特定解体工事発注者</td><td>設置有無の確認への協力(42条②)</td><td></td></tr>
<tr><td></td><td>再委託承諾書の事前受領(43条④)</td><td></td></tr>
</table>

第一種フロン類引渡受託者	委託確認書の回付・保存（43条⑤～⑦）	勧告命令の対象（都道府県）50万円以下の罰金（命令違反の場合）
	引取証明書の保存（45条⑤）	
第一種フロン類再生業者 フロン類破壊業者	再生・破壊業の許可（50条①、63条①）、更新（52条①、65条①）	1年以下の懲役又は50万円以下の罰金
	変更の許可（53条①、66条①）	
	変更の届出（53条③、66条③）	30万円以下の罰金
	廃業等の届出（54条①、68条）	10万円以下の過料
	許可の取消し等（55条、67条）	1年以下の懲役又は50万円以下の罰金
	再生されなかったフロン類の破壊業者への引渡し（58条②）	指導助言、勧告命令の対象（国） 50万円以下の罰金（命令違反の場合）
	再生・破壊基準の遵守（58条①、69条④）	勧告命令の対象（国） 50万円以下の罰金（命令違反の場合）
	再生・破壊証明書の交付、写しの保存（59条①、70条①）	
	再生・破壊量等の記録、報告（60条①③、71条①③）	20万円以下の罰金
第一種フロン類再生業者 （委託先含む。）	運搬基準の遵守（58条③）	勧告命令の対象（国） 50万円以下の罰金（命令違反の場合）
フロン類破壊業者	フロン類の引取り・受託義務・破壊の実施（69条①～④）	指導助言、勧告命令の対象（国） 50万円以下の罰金（命令違反の場合）

[1]勧告・命令の対象に裾切りあり

※立入検査（92条）の拒否・妨害・忌避については、20万円以下の罰金
（第一種特定製品の管理者、第一種特定製品整備者、第一種特定製品廃棄等実施者、第一種フロン類引渡受託者、第一種フロン類充塡回収業者）

※罰金刑（106条に基づくものを除く）については、法人に対する併科あり

4. フロン排出抑制法関係法令

1）フロン類の使用の合理化及び管理の適正化に関する法律・施行令・施行規則【三段対照表】

法　　律

●フロン類の使用の合理化及び管理の適正化に関する法律

〔平成13年６月22日
法　律　第　64　号〕

平成25年６月12日法律第39号改正現在

目次

第１章　総則

（目的）

第１条　この法律は、人類共通の課題であるオゾン層の保護及び地球温暖化（地球温暖化対策の推進に関する法律（平成10年法律第117号）第２条第１項に規定する地球温暖化をいう。以下同じ。）の防止に積極的に取り組むことが重要であることに鑑み、オゾン層を破壊し又は地球温暖化に深刻な影響をもたらすフロン類の大気中への排出を抑制するため、フロン類の使用の合理化及び特定製品に使用されるフロン類の管理の適正化に関する指針並びにフロン類及びフロン類使用製品の製造業者等並びに特定製品の管理者の責務等を定めるとともに、フロン類の使用の合理化及び特定製品に使用されるフロン類の管理の適正化のための措置等を講じ、もって現在及び将来の国民の健康で文化的な生活の確保に寄与するとともに人類の福祉に貢献することを目的とする。

（定義）

施　行　令	施　行　規　則　等
◉フロン類の使用の合理化及び管理の適正化に関する法律施行令 〔平成13年12月12日 政　令　第　396　号〕 平成27年3月27日政令第114号改正現在	◉フロン類の使用の合理化及び管理の適正化に関する法律施行規則 〔平成26年12月10日 経済産業省・環境省令第7号〕 平成28年3月29日経済産業省・環境省令第2号改正現在
	（用語及び種類）

法　　　律
第2条　この法律において「フロン類」とは、クロロフルオロカーボン及びハイドロクロロフルオロカーボンのうち特定物質の規制等によるオゾン層の保護に関する法律（昭和63年法律第53号）第2条第1項に規定する特定物質であるもの並びに地球温暖化対策の推進に関する法律第2条第3項第4号に掲げる物質をいう。 2　この法律において「フロン類使用製品」とは、フロン類が冷媒その他の用途に使用されている機器その他の製品をいい、「指定製品」とは、フロン類使用製品のうち、特定製品（我が国において大量に使用され、かつ、冷媒として相当量のフロン類が充塡されているものに限る。）その他我が国において大量に使用され、かつ、相当量のフロン類が使用されているものであって、その使用等に際してのフロン類の排出の抑制を推進することが技術的に可能なものとして政令で定めるものをいう。 3　この法律において「第一種特定製品」とは、次に掲げる機器のうち、業務用の機器（一般消費者が通常生活の用に供する機器以外の機器をいう。）であって、冷媒としてフロン類が充塡されているもの（第二種特定製品を除く。）をいう。 一　エアコンディショナー 二　冷蔵機器及び冷凍機器（冷蔵又は冷凍の機能を有する自動販売機を含む。） 4　この法律において「第二種特定製品」とは、使用済自動車の再資源化等に関する法律（平成14年法律第87号。以下「使用済自動車再資源化法」という。）第2条第8項に規定する特定エアコンディショナーをいう。 5　この法律において「特定製品」とは、第一種特定製品及び第二種特定製品をいう。 6　この法律においてフロン類について「使用の合理化」とは、フロン類に代替する物質であってオゾン層の破壊をもたらさず、かつ、地球温暖化に深刻な影響をもたらさないもの（以下「フロン類代替物質」という。）の製造等、フロン類使用製品に使用されるフロン類の量を低減させること等により、フロン類の使用を抑制することをい

施行令	施行規則等
（指定製品） **第1条** フロン類の使用の合理化及び管理の適正化に関する法律（平成13年法律第64号。以下「法」という。）第2条第2項の政令で定めるものは、次のとおりとする。 一 エアコンディショナー（特定製品以外のものであって、室内ユニット及び室外ユニットが一体的に、かつ、壁を貫通して設置されるものその他経済産業省令で定めるものを除く。） 二 硬質ポリウレタンフォーム用原液（住宅	**第1条** この省令において使用する用語は、フロン類の使用の合理化及び管理の適正化に関する法律（以下「法」という。）において使用する用語の例による。 2 第一種特定製品の種類は、次のとおりとする。 一 エアコンディショナー 二 冷蔵機器及び冷凍機器 3 フロン類の種類は、国際標準化機構の規格817等に基づき環境大臣及び経済産業大臣が定める種類とする。ただし、次項、第8条、第9条、第41条（第44条において準用する場合を含む。）、第49条、第51条、第52条、第72条、第75条、様式第1、様式第3、様式第4及び様式第8においては、クロロフルオロカーボン、ハイドロクロロフルオロカーボン及びハイドロフルオロカーボンとする。 4 特定製品に冷媒として充塡されているフロン類の回収の用に供する設備（以下「フロン類回収設備」という。）の種類は、当該設備によって回収することが可能なフロン類の種類の別又はこれらの組合せによるものとする。

法　　　　　　律

う。

7　この法律においてフロン類若しくはフロン類代替物質又はフロン類使用製品について「製造等」とは、次に掲げる行為をいい、「製造業者等」とは、製造等を業として行う者をいう。

一　フロン類若しくはフロン類代替物質又はフロン類使用製品を製造する行為（他の者（外国為替及び外国貿易法（昭和24年法律第228号）第6条に規定する非居住者を除く。以下この項において同じ。）の委託を受けて行うものを除く。）

二　フロン類若しくはフロン類代替物質又はフロン類使用製品を輸入する行為（他の者の委託を受けて行うものを除く。）

三　前2号に掲げる行為を他の者に対し委託をする行為

8　この法律においてフロン類使用製品について「使用等」とは、次に掲げる行為をいい、「管理者」とは、フロン類使用製品の所有者その他フロン類使用製品の使用等を管理する責任を有する者をいう。

一　フロン類使用製品を使用すること。

二　フロン類使用製品をフロン類使用製品の整備を行う者に整備させること。

三　フロン類使用製品を廃棄すること又はフロン類使用製品の全部若しくは一部を原材料若しくは部品その他の製品の一部として利用することを目的として有償若しくは無償で譲渡すること（以下「廃棄等」という。）。

9　この法律において特定製品に使用されるフロン類について「管理の適正化」とは、特定製品の使用等に際しての当該フロン類の排出量の把握、充塡、回収、再生、破壊その他の行為が適正に行われるようにすることにより、当該フロン類の排出の抑制を図ることをいう。

10　この法律において「第一種フロン類充塡回収業」とは、第一種特定製品の整備が行われる場合において当該第一種特定製品に冷媒としてフロン類を充塡すること及び第一種特定製品の整備又は廃棄等が行われる場合において当該第一種特定製品に冷媒として充塡されているフロン類を回収することを業として行うことをいい、「第一種フロン類充塡回収業者」とは、第一種フロン類充塡回収業を行うことについて第27条第1項の登録を受けた者をいう。

11　この法律において「第一種フロン類再生業」とは、第一種特定製品に冷媒として充塡されているフロン類の再生（ろ過、蒸留その他の方法により当該フロン類と混和している不純物を除去し、又は他のフロン類を混和してフロン類の品質を調整することにより、当該フロン類を自ら冷媒その他製品の原材料として利用し、又は冷媒その他製品の原材料として利用する者に有償で譲渡し得る状態にすることをいう。以下同じ。）を業として行うことをいい、「第一種フロン類再生業者」とは、第一種フロン類再生業を行うことについて第50条第1項の許可を受けた者をいう。

12　この法律において「フロン類破壊業」とは、特定製品に冷媒として充塡されているフロン類の破壊を業として行うことをいい、「フロン類破壊業者」とは、フロン類破

施　行　令	施　行　規　則　等
の品質確保の促進等に関する法律（平成11年法律第81号）第２条第１項に規定する住宅の工事現場において断熱材の成形のために用いられるものに限る。） 三　専ら噴射剤のみを充塡した噴霧器（専ら不燃性を必要とする状況で用いられるものを除く。）	

法　　　　　　　　　　　律
壊業を行うことについて第63条第１項の許可を受けた者をいう。 （指針） **第３条**　主務大臣は、フロン類の使用の抑制及びフロン類の排出の抑制を図ることによりオゾン層の保護及び地球温暖化の防止に資するため、フロン類の使用の合理化及び特定製品に使用されるフロン類の管理の適正化に関する事項について、指針を定めるものとする。 ２　前項の指針は、特定物質の規制等によるオゾン層の保護に関する法律第20条第１項に規定する排出抑制・使用合理化指針と調和が保たれたものでなければならない。 ３　主務大臣は、第１項の指針を定め、又はこれを変更したときは、遅滞なく、これを公表するものとする。 （製造業者等の責務） **第４条**　フロン類の製造業者等は、前条第１項の指針に従い、フロン類代替物質の開発その他フロン類の使用の合理化のために必要な措置を講ずるよう努めるとともに、国及び地方公共団体がフロン類の使用の合理化及び特定製品に使用されるフロン類の管理の適正化のために講ずる施策に協力しなければならない。 ２　指定製品の製造業者等は、前条第１項の指針に従い、フロン類代替物質を使用した製品の開発、指定製品の使用等に際して排出されるフロン類によりもたらされるオゾン層の破壊及び地球温暖化への影響の程度（次条第１項及び次章第２節において「使用フロン類の環境影響度」という。）の低減その他フロン類の使用の合理化のために必要な措置を講ずるよう努めるとともに、国及び地方公共団体がフロン類の使用の合理化のために講ずる施策に協力しなければならない。 ３　特定製品の製造業者等は、前条第１項の指針に従い、フロン類代替物質を使用した製品の開発を行うように努めるとともに、国及び地方公共団体が特定製品に使用されるフロン類の管理の適正化その他特定製品からのフロン類の排出の抑制のために講ずる施策に協力しなければならない。 （指定製品及び特定製品の管理者の責務） **第５条**　指定製品の管理者は、第３条第１項の指針に従い、使用フロン類の環境影響度の小さい指定製品の使用等に努めなければならない。 ２　特定製品の管理者は、第３条第１項の指針に従い、特定製品の使用等をする場合には、当該特定製品に使用されるフロン類の管理の適正化に努めるとともに、国及び地方公共団体が特定製品に使用されるフロン類の管理の適正化のために講ずる施策に協力しなければならない。 （第一種フロン類充塡回収業者等の責務） **第６条**　第一種フロン類充塡回収業者、第二種フロン類回収業者（使用済自動車再資源化法第２条第12項に規定するフロン類回収業者をいう。第29条第１項第２号及び第71条第２項において同じ。）、第一種特定製品の整備を行う者（以下「第一種特定製品整備者」という。）、第一種フロン類再生業者、フロン類破壊業者その他特定製品又は特

施　行　令	施　行　規　則　等

法　　　　　　　　　　律
定製品に使用されるフロン類を取り扱う事業者は、第3条第1項の指針に従い、その事業を行う場合において当該特定製品に使用されるフロン類の管理の適正化のために必要な措置を講じなければならない。 （国の責務） **第7条**　国は、フロン類の使用の合理化及び特定製品に使用されるフロン類の管理の適正化が推進されるよう、指定製品及び特定製品の管理者の理解と協力を得るための措置その他必要な措置を講ずるように努めなければならない。 （地方公共団体の責務） **第8条**　地方公共団体は、国の施策に準じて、フロン類の使用の合理化及び特定製品に使用されるフロン類の管理の適正化が推進されるよう必要な措置を講ずるように努めなければならない。
第2章　フロン類の使用の合理化に係る措置 **第1節　フロン類の製造業者等が講ずべき措置** （フロン類の製造業者等の判断の基準となるべき事項） **第9条**　主務大臣は、フロン類の使用の合理化を推進するため、フロン類の製造業者等がフロン類代替物質の製造等その他のフロン類の使用の合理化のために取り組むべき措置に関してフロン類の製造業者等の判断の基準となるべき事項を定め、これを公表するものとする。 2　前項に規定する判断の基準となるべき事項は、第3条第1項の指針に即し、かつ、フロン類代替物質の開発の状況その他の事情を勘案して定めるものとし、これらの事情の変動に応じて必要な改定をするものとする。 3　主務大臣は、第1項に規定する判断の基準となるべき事項を定めようとするときは、あらかじめ、環境大臣に協議しなければならない。これを変更し、又は廃止しようとするときも、同様とする。 4　環境大臣は、フロン類の排出の抑制を推進するため必要があると認めるときは、第1項に規定する判断の基準となるべき事項に関し、主務大臣に対し、意見を述べることができる。 （指導及び助言） **第10条**　主務大臣は、フロン類の使用の合理化を推進するため必要があると認めるときは、フロン類の製造業者等に対し、前条第1項に規定する判断の基準となるべき事項を勘案して、フロン類代替物質の製造等その他のフロン類の使用の合理化のための措置に関して必要な指導及び助言をすることができる。 （勧告及び命令） **第11条**　主務大臣は、フロン類の製造業者等（その製造等に係るフロン類の生産量又は輸入量が主務省令で定める要件に該当するものに限る。以下この条において同じ。）のフロン類代替物質の製造等その他のフロン類の使用の合理化のための措置の状況が

施　行　令	施　行　規　則　等

法　　　　　　　　律
第9条第1項に規定する判断の基準となるべき事項に照らして著しく不十分であると認めるときは、当該フロン類の製造業者等に対し、その判断の根拠を示して、フロン類代替物質の製造等その他のフロン類の使用の合理化に関し必要な措置をとるべき旨の勧告をすることができる。 2　主務大臣は、前項に規定する勧告を受けたフロン類の製造業者等がその勧告に従わなかったときは、その旨を公表することができる。 3　主務大臣は、第1項に規定する勧告を受けたフロン類の製造業者等が、前項の規定によりその勧告に従わなかった旨を公表された後において、なお、正当な理由がなくてその勧告に係る措置をとらなかった場合において、フロン類の使用の合理化を著しく害すると認めるときは、審議会等（国家行政組織法（昭和23年法律第120号）第8条に規定する機関をいう。）で政令で定めるものの意見を聴いて、当該フロン類の製造業者等に対し、その勧告に係る措置をとるべきことを命ずることができる。
第2節　指定製品の製造業者等が講ずべき措置 （指定製品の製造業者等の判断の基準となるべき事項） **第12条**　主務大臣は、フロン類の使用の合理化を推進するため、指定製品について、指定製品ごとに、使用フロン類の環境影響度の低減に関し指定製品の製造業者等の判断の基準となるべき事項〔1、2、3、4〕を定め、これを公表するものとする。 2　前項に規定する判断の基準となるべき事項は、第3条第1項の指針に即し、かつ、当該指定製品のうち使用フロン類の環境影響度が最も小さいものの当該使用フロン類の環境影響度、当該指定製品の使用フロン類の環境影響度の低減に関する技術開発の将来の見通しその他の事情を勘案して定めるものとし、これらの事情の変動に応じて必要な改定をするものとする。 3　主務大臣は、第1項に規定する判断の基準となるべき事項を定め、又は改廃しようとするときは、環境大臣及び経済産業大臣の意見を聴かなければならない。 4　環境大臣及び経済産業大臣は、フロン類の排出の抑制のために特に必要があると認めるときは、前項の基準の変更に関し主務大臣に意見を述べることができる。 （使用フロン類の環境影響度の低減に関する勧告及び命令） **第13条**　主務大臣は、指定製品の製造業者等（その製造等に係る指定製品の生産量又は輸入量が主務省令で定める要件に該当するものに限る。以下この条において同じ。）が製造等を行う指定製品について、前条第1項に規定する判断の基準となるべき事項に照らして使用フロン類の環境影響度の低減を相当程度行う必要があると認めるときは、当該指定製品の製造業者等に対し、その目標を示して、当該指定製品について使用フロン類の環境影響度の低減を図るべき旨の勧告をすることができる。 2　第11条第2項及び第3項の規定は、前項に規定する勧告について準用する。この場合において、これらの規定中「フロン類の製造業者等」とあるのは、「指定製品の製

施行令	施行規則等
（フロン類の製造業者等に対する命令に際し意見を聴く審議会等） **第2条**　法第11条第３項の審議会等で政令で定めるものは、産業構造審議会とする。	
（指定製品の製造業者等に対する命令に際し意見	

法　　　　　　　　律
造業者等」と読み替えるものとする。 （表示） 第14条　主務大臣は、フロン類の使用の合理化を推進するため、指定製品について、指定製品ごとに、次に掲げる事項を定め、これを告示するものとする。 一　指定製品の使用フロン類の環境影響度に関し指定製品の製造業者等が表示すべき事項 二　前号に掲げる事項の表示の方法その他使用フロン類の環境影響度の表示に際して指定製品の製造業者等が遵守すべき事項 （表示に関する勧告及び命令） 第15条　主務大臣は、指定製品の製造業者等がその製造等を行う指定製品について前条の規定により告示されたところに従って使用フロン類の環境影響度に関する表示をしていないと認めるときは、当該指定製品の製造業者等に対し、当該指定製品について同条の規定により告示されたところに従って、使用フロン類の環境影響度に関する表示をすべき旨の勧告をすることができる。 2　第11条第2項及び第3項の規定は、前項に規定する勧告について準用する。この場合において、これらの規定中「フロン類の製造業者等」とあるのは、「指定製品の製造業者等」と読み替えるものとする。
第3章　特定製品に使用されるフロン類の管理の適正化に係る措置 第1節　第一種特定製品の管理者が講ずべき措置 （第一種特定製品の管理者の判断の基準となるべき事項） 第16条　主務大臣は、第一種特定製品に使用されるフロン類の管理の適正化を推進するため、第一種特定製品の管理者が当該フロン類の管理の適正化のために管理第一種特定製品（第一種特定製品の管理者がその使用等を管理する責任を有する第一種特定製品をいう。以下この節において同じ。）の使用等に際して取り組むべき措置に関して

施　行　令	施　行　規　則　等
を聴く審議会等） **第３条**　法第13条第２項及び第15条第２項において読み替えて準用する法第11条第３項の審議会等で政令で定めるものは、産業構造審議会とする。 （指定製品の製造業者等に対する命令に際し意見を聴く審議会等） **第３条**　法第13条第２項及び第15条第２項において読み替えて準用する法第11条第３項の審議会等で政令で定めるものは、産業構造審議会とする。	
	※◉第一種特定製品の管理者の判断の基準となるべき事項（平成26年12月10日経済産業省・環境省告示第13号） →後掲（290頁）

法　　　　　　　　律

第一種特定製品の管理者の判断の基準となるべき事項を定め、これを公表するものとする。

2　前項に規定する判断の基準となるべき事項は、第3条第1項の指針に即し、かつ、第一種特定製品の使用等の状況、第一種特定製品の使用等に際して排出されるフロン類によりもたらされるオゾン層の破壊及び地球温暖化への影響、フロン類代替物質を使用した製品の開発の状況その他の事情を勘案して定めるものとし、これらの事情の変動に応じて必要な改定をするものとする。

（指導及び助言）

第17条　都道府県知事は、第一種特定製品に使用されるフロン類の管理の適正化を推進するため必要があると認めるときは、第一種特定製品の管理者に対し、前条第1項に規定する判断の基準となるべき事項を勘案して、第一種特定製品の使用等について必要な指導及び助言をすることができる。

（勧告及び命令）

第18条　都道府県知事は、第一種特定製品の管理者（管理第一種特定製品の種類、数その他の事情を勘案して主務省令で定める要件に該当するものに限る。以下この条において同じ。）の管理第一種特定製品の使用等の状況が第16条第1項に規定する判断の基準となるべき事項に照らして著しく不十分であると認めるときは、当該第一種特定製品の管理者に対し、その判断の根拠を示して、当該管理第一種特定製品の使用等に関し必要な措置をとるべき旨の勧告をすることができる。

2　都道府県知事は、前項に規定する勧告を受けた第一種特定製品の管理者がその勧告に従わなかったときは、その旨を公表することができる。

3　都道府県知事は、第1項に規定する勧告を受けた第一種特定製品の管理者が、前項の規定によりその勧告に従わなかった旨を公表された後において、なお、正当な理由がなくてその勧告に係る措置をとらなかった場合において、第一種特定製品に使用されるフロン類の管理の適正化を著しく害すると認めるときは、当該第一種特定製品の管理者に対し、その勧告に係る措置をとるべきことを命ずることができる。

（フロン類算定漏えい量等の報告等）

第19条　第一種特定製品の管理者（フロン類算定漏えい量（第一種特定製品の使用等に際して排出されるフロン類の量として主務省令で定める方法により算定した量をいう。以下同じ。）が相当程度多い事業者として主務省令で定めるものに限る。以下この節において同じ。）は、毎年度、主務省令で定めるところにより、フロン類算定漏えい量その他主務省令で定める事項を当該第一種特定製品の管理者に係る事業を所管する大臣（以下この節及び第100条において「事業所管大臣」という。）に報告しなけ

施　行　令	施　行　規　則　等
	（第一種特定製品の管理者に対する勧告に係る要件） **第２条**　法第18条第１項の主務省令で定める要件は、次の各号のいずれかに該当する管理第一種特定製品を１台以上使用等をするものであることとする。 一　圧縮機を駆動する電動機の定格出力が7.5キロワット以上（２以上の電動機により圧縮機を駆動する第一種特定製品にあっては、当該電動機の定格出力の合計が7.5キロワット以上）であること。 二　圧縮機を駆動する内燃機関の定格出力が7.5キロワット以上（２以上の内燃機関により圧縮機を駆動する第一種特定製品にあっては、当該内燃機関の定格出力の合計が7.5キロワット以上、輸送用冷凍冷蔵ユニットのうち、車両その他の輸送機関を駆動するための内燃機関により輸送用冷凍冷蔵ユニットの圧縮機を駆動するものにあっては、当該内燃機関の定格出力のうち当該圧縮機を駆動するために用いられる出力が7.5キロワット以上）であること。 **◉フロン類算定漏えい量等の報告等に関する命令** 〔平成26年12月10日 内閣府・総務省・法務省・外務省・財務省・文部科学省・厚生労働省・農林水産省・経済産業省・国土交通省・環境省・防衛省令第２号〕 （用語） **第１条**　この命令において使用する用語は、フロン類の

法　　　　　　　　律
ればならない。 2　定型的な約款による契約に基づき、特定の商標、商号その他の表示を使用させ、商品の販売又は役務の提供に関する方法を指定し、かつ、継続的に経営に関する指導を行う事業であって、当該約款に、当該事業に加盟する者（以下この項において「加盟者」という。）が第一種特定製品の管理者となる管理第一種特定製品の使用等に関する事項であって主務省令で定めるものに係る定めがあるものを行う者（以下この項において「連鎖化事業者」という。）については、その加盟者の管理第一種特定製品の使用等を当該連鎖化事業者の管理第一種特定製品の使用等とみなして、前項の規定を適用する。 3　事業所管大臣は、第１項の規定による報告があったときは、当該報告に係る事項について環境大臣及び経済産業大臣に通知するものとする。

施　行　令	施　行　規　則　等
	使用の合理化及び管理の適正化に関する法律（以下「法」という。）において使用する用語の例による。 （フロン類算定漏えい量の算定の方法） **第２条**　法第19条第１項（同条第２項の規定により適用する場合を含む。以下同じ。）の主務省令で定める方法は、第一種特定製品の管理者が管理する全ての管理第一種特定製品（その者が連鎖化事業者である場合にあっては、定型的な約款による契約に基づき、特定の商標、商号その他の表示を使用させ、商品の販売又は役務の提供に関する方法を指定し、かつ、継続的に経営に関する指導を行う事業（第５条第２項において「連鎖化事業」という。）の加盟者が管理第一種特定製品の使用等に関する事項であって第５条で定めるものに係るものとして使用等をする管理第一種特定製品を含む。）について、フロン類の種類（フロン類の使用の合理化及び管理の適正化に関する法律施行規則（平成26年経済産業省・環境省令第７号）第１条第３項に規定するフロン類の種類をいう。以下この条及び第４条第２項において同じ。）ごとに、第１号に掲げる量から第２号に掲げる量を控除して得た量（第４条第２項第５号及び第６号において「実漏えい量」という。）に、第３号に掲げる係数を乗じて得られる量を算定し、当該フロン類の種類ごとに算定した量（トンで表した量をいう。）を合計する方法とする。 一　前年度（年度は、４月１日から翌年３月31日までをいう。次号及び第４条第２項において同じ。）において当該管理第一種特定製品の整備が行われた場合において当該管理第一種特定製品に冷媒として充塡したフロン類の量（当該管理第一種特定製品の設置の際に当該管理第一種特定製品に冷媒として充塡した量を除く。）の合計量（キログラムで表した量をいう。次号において同じ。） 二　前年度において当該管理第一種特定製品の整備が行われた場合において回収したフロン類の量の合計量 三　当該管理第一種特定製品に冷媒として充塡されているフロン類の地球温暖化係数（フロン類の種類ご

法　　　　律

施　行　令	施　行　規　則　等
	とに地球の温暖化をもたらす程度の二酸化炭素に係る当該程度に対する比を示す数値として国際的に認められた知見に基づき環境大臣及び経済産業大臣が定める係数をいう。） （特定漏えい者） **第3条**　法第19条第1項の主務省令で定める者（以下「特定漏えい者」という。）は、前条に定める方法により算定されたフロン類算定漏えい量が1,000トン以上である者とする。 （フロン類算定漏えい量等の報告の方法等） **第4条**　特定漏えい者が行う法第19条第1項の規定による報告は、毎年度7月末日までに、同項の主務省令で定める事項を記載した報告書を提出して行わなければならない。 2　特定漏えい者が行う法第19条第1項の規定による報告に係る同項の主務省令で定める事項は、次に掲げる事項とする。 一　特定漏えい者の氏名又は名称及び住所並びに法人にあってはその代表者の氏名 二　特定漏えい者において行われる事業 三　前年度におけるフロン類算定漏えい量 四　前号に掲げる量について、フロン類の種類ごとの量並びに当該フロン類の種類ごとの量を都道府県別に区分した量及び当該都道府県別に区分した量を都道府県ごとに合計した量 五　前年度におけるフロン類の種類ごとの実漏えい量及び当該フロン類の種類ごとの実漏えい量を都道府県別に区分した量 六　特定漏えい者が設置している事業所のうち、一の事業所に係るフロン類算定漏えい量が1,000トン以上であるもの（以下この号において「特定事業所」という。）があるときは、特定事業所ごとに次に掲げる事項 イ　特定事業所の名称及び所在地 ロ　特定事業所において行われる事業 ハ　前年度における特定事業所に係るフロン類算定漏えい量

法　　　　　　律

（報告事項の記録等）

第20条　環境大臣及び経済産業大臣は、前条第３項の規定により通知された事項について、環境省令・経済産業省令で定めるところにより電子計算機に備えられたファイルに記録するものとする。

２　環境大臣及び経済産業大臣は、前項の規定による記録をしたときは、環境省令・経済産業省令で定めるところにより、遅滞なく、同項のファイルに記録された事項（以下この節において「ファイル記録事項」という。）のうち、事業所管大臣が所管する事業を行う第一種特定製品の管理者に係るものを当該事業所管大臣に、その管轄する都道府県の区域に所在する事業所に係るものを都道府県知事に、それぞれ通知するものとする。

施　行　令	施　行　規　則　等
	ニ　前号に掲げる量について、フロン類の種類ごとの量 ホ　前年度における特定事業所に係るフロン類の種類ごとの実漏えい量 3　特定漏えい者が行う法第19条第１項の規定による報告は、法第23条第１項の規定による提供の有無を明らかにして行うものとする。 4　２以上の事業を行う特定漏えい者が行う法第19条第１項の規定による報告は、当該特定漏えい者に係る事業を所管する大臣に対して行わなければならない。 5　第１項に規定する報告書の様式は、様式第１によるものとする。 （連鎖化事業者に係る定型的な約款の定め） **第５条**　法第19条第２項の主務省令で定める事項は、加盟者が第一種特定製品の管理者となる管理第一種特定製品の機種、性能又は使用等の管理の方法の指定及び当該管理第一種特定製品についての使用等の管理の状況の報告に関する事項とする。 2　連鎖化事業者と当該連鎖化事業者が行う連鎖化事業の加盟者との間で締結した約款以外の契約書又は当該事業を行う者が定めた方針、行動規範若しくはマニュアルに前項に規定する事項に関する定めがあって、当該事項を遵守するよう約款に定めがある場合には、約款に同項の定めがあるものとみなす。 （報告事項のファイルへの記録の方法） **第３条**　法第20条第１項の規定によるファイルへの記録は、電子計算機の操作によるものとし、文字の記号への変換の方法その他のファイルへの記録の方法については、環境大臣及び経済産業大臣が定める。 （報告事項の通知の方法） **第４条**　法第20条第２項の規定による通知は、同条第１項の規定により当該年度（年度は、４月１日から翌年３月31日までをいう。以下同じ。）にファイルに記録された事項のうち、事業所管大臣が所管する事業を行う特定漏えい者（フロン類算定漏えい量等の報告等に関する命令（平成26年内閣府・総務省・法務省・外務省・財務省・

法　　律
3　環境大臣及び経済産業大臣は、環境省令・経済産業省令で定めるところにより、遅滞なく、ファイル記録事項を集計するものとする。 4　環境大臣及び経済産業大臣は、遅滞なく、前項の規定により集計した結果を事業所管大臣及び都道府県知事に通知するとともに、公表するものとする。 5　事業所管大臣及び都道府県知事は、第２項の規定による通知があったときは、当該通知に係る事項について集計するとともに、その結果を公表することができる。 （開示請求権） **第21条**　何人も、前条第４項の規定による公表があったときは、当該公表があった日以後、主務大臣に対し、当該公表に係るファイル記録事項であって当該主務大臣が保有するものの開示の請求を行うことができる。 2　前項の請求（以下この項及び次条において「開示請求」という。）は、次の事項を明らかにして行わなければならない。 一　開示請求をする者の氏名又は名称及び住所又は居所並びに法人その他の団体にあっては代表者の氏名 二　開示請求に係る事業所又は第一種特定製品の管理者の名称、所在地その他のこれらを特定するに足りる事項 （開示義務） **第22条**　主務大臣は、開示請求があったときは、当該開示請求をした者に対し、ファイル記録事項のうち、当該開示請求に係る事項を速やかに開示しなければならない。 （情報の提供等） **第23条**　第一種特定製品の管理者は、主務省令で定めるところにより、第19条第１項の規定による報告に添えて、第20条第４項の規定により公表され、又は前条の規定により開示される情報に対する理解の増進に資するため、事業所管大臣に対し、当該報告に係るフロン類算定漏えい量の増減の状況に関する情報その他の情報を提供することができる。 2　事業所管大臣は、前項の規定により提供された情報を環境大臣及び経済産業大臣に通知するものとする。

施　行　令	施　行　規　則　等

文部科学省・厚生労働省・農林水産省・経済産業省・国土交通省・環境省・防衛省令第2号。次条において「報告命令」という。）第3条に規定する特定漏えい者をいう。次条から第7条までにおいて同じ。）に係るものを当該事業所管大臣に、その管轄する都道府県の区域に所在する事業所に係るものを都道府県知事に、それぞれ磁気ディスクに複写したものの交付により行うものとする。

（フロン類算定漏えい量の集計の方法）

第5条　法第20条第3項の規定による特定漏えい者に係るフロン類算定漏えい量の集計は、法第19条第3項の規定により通知されたフロン類算定漏えい量及び当該フロン類算定漏えい量のうち報告命令第4条第2項第6号に掲げる特定事業所に係るものについて、それぞれ次の各号に掲げる項目ごとに集計するとともに、更に当該項目について、フロン類の種類ごとに区分して集計することによって行うものとする。

一　企業その他の事業者（国及び地方公共団体を含む。）

二　業種

三　都道府県

◉フロン類算定漏えい量等の報告等に関する命令

〔平成26年12月10日
内閣府・総務省・法務省・外務省・財務省・文部科学省・厚生労働省・農林水産省・経済産業省・国土交通省・環境省・防衛省令第2号〕

（フロン類算定漏えい量の増減の状況に関する情報その他の情報の提供）

第6条　特定漏えい者が行う法第23条第1項の規定による情報の提供は、第4条第1項に規定する報告書に、様式第2による書類を添付することにより行うことができるものとする。

法　　　　　　　　　律
3　環境大臣及び経済産業大臣は、前項の規定により通知された情報について、環境省令・経済産業省令で定めるところにより第20条第１項に規定するファイルに記録するものとする。 4　環境大臣及び経済産業大臣は、前項の規定による記録をしたときは、環境省令・経済産業省令で定めるところにより、遅滞なく、同項のファイル記録事項のうち事業所管大臣が所管する事業を行う第一種特定製品の管理者に係るものを当該事業所管大臣に、その管轄する都道府県の区域に所在する事業所に係るものを都道府県知事に、それぞれ通知するとともに公表するものとする。 5　前２条の規定は、前項の規定による公表があった場合に準用する。 （技術的助言等） **第24条**　主務大臣は、フロン類算定漏えい量の算定の適正な実施の確保又は自主的なフロン類の排出の抑制その他第一種特定製品に使用されるフロン類の管理の適正化の推進に資するため、第一種特定製品の管理者に対し必要な技術的助言、情報の提供その他の援助を行うものとする。 （手数料） **第25条**　ファイル記録事項の開示を受ける者は、政令で定めるところにより、実費を勘案して政令で定める額の開示の実施に係る手数料を納付しなければならない。

施　行　令	施　行　規　則　等
	（フロン類算定漏えい量の増減の状況に関する情報その他の情報のファイルへの記録の方法） **第６条**　法第23条第３項の規定によるファイルへの記録は、同条第１項の規定により情報を提供した特定漏えい者の当該ファイルへの記録についての同意を得て、法第20条第１項の規定によるファイルへの記録と一体的に行うものとする。 ２　法第23条第３項の規定によるファイルへの記録は、電子計算機の操作によるものとし、文字の記号への変換の方法その他のファイルへの記録の方法については、環境大臣及び経済産業大臣が定める。 （フロン類算定漏えい量の増減の状況に関する情報その他の情報の通知及び公表の方法） **第７条**　法第23条第４項の規定による通知は、同条第３項の規定により当該年度にファイルに記録された情報のうち、事業所管大臣が所管する事業を行う特定漏えい者に係るものを当該事業所管大臣に、その管轄する都道府県の区域に所在する事業所に係るものを都道府県知事に、それぞれ磁気ディスクに複写したものの交付により、法第20条第２項の規定による通知と一体的に行うものとする。 ２　法第23条第４項の規定による公表は、同条第１項の規定により情報を提供した特定漏えい者の当該公表についての同意を得て、法第20条第４項の規定による公表と一体的に行うものとする。
（手数料の額等） **第４条**　法第25条に規定する手数料（以下この条において単に「手数料」という。）の額は、次の各号に掲げる開示の実施の方法に応じ、それぞれ当該各号に定める額とする。 一　用紙に出力したものの交付　用紙１枚につき10円 二　光ディスク（日本工	

法　　　　　　律

施　行　令	施　行　規　則　等
業規格X0606及びX6281に適合する直径120ミリメートルの光ディスクの再生装置で再生することが可能なものに限る。）に複写したものの交付　1枚につき60円に0.2メガバイトまでごとに240円（法第21条第2項の開示請求（次号において「開示請求」という。）に係る年度のファイル記録事項の全てを複写したものの交付をする場合にあっては、40メガバイトまでごとに260円）を加えた額 三　電子情報処理組織（主務大臣の使用に係る電子計算機（入出力装置を含む。以下この号において同じ。）と開示を受ける者の使用に係る電子計算機とを電気通信回線で接続した電子情報処理組織をいう。）を使用して開示を受ける者の使用に係る電子計算機に備えられたファイルに複写させる方法（行政手続等における情報通信の技術の利用に関する法律（平成14年法律第151号）第3条第1項の規定により同項に規	

法　律
（磁気ディスクによる報告等） **第26条**　事業所管大臣は、第19条第１項の規定による報告については、主務省令で定めるところにより、磁気ディスク（これに準ずる方法により一定の事項を確実に記録しておくことができる物を含む。次項において同じ。）により行わせることができる。

施　　行　　令	施　　行　　規　　則　　等
定する電子情報処理組織を使用して開示請求があった場合に限る。）0.2メガバイトまでごとに120円（開示請求に係る年度のファイル記録事項の全てを複写させる場合にあっては、40メガバイトまでごとに170円） 2　手数料は、法第21条第2項各号に掲げる事項を記載した書面に収入印紙を貼って納付しなければならない。ただし、主務省令で定める場合には、現金をもって納めることができる。 3　ファイル記録事項の開示を受ける者は、手数料のほか送付に要する費用を納付して、ファイル記録事項の写しの送付を求めることができる。この場合において、当該費用は、郵便切手又は主務大臣が定めるこれに類する証票で納付しなければならない。	◉フロン類算定漏えい量等の報告等に関する命令 〔平成26年12月10日 内閣府・総務省・法務省・外務省・財務省・文部科学省・厚生労働省・農林水産省・経済産業省・国土交通省・環境省・防衛省令第2号〕 （磁気ディスクによる報告等の方法） **第7条**　磁気ディスクにより法第19条第1項の規定による報告又は法第23条第1項の規定による提供をしよう

法　　　　　　　　　律
2　主務大臣は、第21条第１項（第23条第５項において準用する場合を含む。）の規定による請求又は第22条（第23条第５項において準用する場合を含む。）の規定による開示については、主務省令で定めるところにより、磁気ディスクにより行わせ、又は行うことができる。

施　行　令	施　行　規　則　等
	とする者は、第４条第１項及び前条の規定にかかわらず、これらの条項に規定する書類に記載すべき事項を記録した磁気ディスク及び様式第３による磁気ディスク提出票を提出することにより行わなければならない。 ２　磁気ディスクにより法第21条第１項（法第23条第５項において準用する場合を含む。）の請求をしようとする者は、法第21条第２項各号に掲げる事項を記録した磁気ディスク及び様式第３による磁気ディスク提出票を提出することにより行わなければならない。 （磁気ディスクによる開示の方法） **第８条**　主務大臣は、磁気ディスクにより法第22条（法第23条第５項において準用する場合を含む。）の規定による開示を行うときは、法第21条第１項（法第23条第５項において準用する場合を含む。）の請求をした者に対し、ファイル記録事項のうち、当該請求に係る事項を磁気ディスクに複写したものの交付をしなければならない。 （電子情報処理組織による申請等の指定） **第９条**　この命令において、行政手続等における情報通信の技術の利用に関する法律（平成14年法律第151号。以下この条、第11条及び第12条において「情報通信技術利用法」という。）第３条第１項の規定に基づき、電子情報処理組織（同項に規定する電子情報処理組織をいう。以下同じ。）を使用して行わせることができる申請等（情報通信技術利用法第２条第６号に規定する申請等をいう。）は、法第19条第１項の規定による報告及び法第23条第１項の規定による提供（以下「報告等」という。）とする。 （事前届出） **第10条**　電子情報処理組織を使用して報告等を行おうとする特定漏えい者は、様式第４による電子情報処理組織使用届出書を環境大臣又は経済産業大臣にあらかじめ届け出なければならない。 ２　環境大臣又は経済産業大臣は、前項の規定による届出を受理したときは、当該届出をした特定漏えい者に識別符号を付与するものとする。 ３　第１項の規定による届出をした特定漏えい者は、届

法　　　律

第２節　第一種特定製品へのフロン類の充塡及び第一種特定製品からのフロン類の回収

（第一種フロン類充塡回収業者の登録）

第27条　第一種フロン類充塡回収業を行おうとする者は、その業務を行おうとする区域を管轄する都道府県知事の登録を受けなければならない。

2　前項の登録を受けようとする者は、次に掲げる事項を記載した申請書に主務省令で定める書類を添えて、これを都道府県知事に提出しなければならない。

一　氏名又は名称及び住所並びに法人にあっては、その代表者の氏名

二　事業所の名称及び所在地

施　行　令	施　行　規　則　等
	け出た事項に変更があったとき又は電子情報処理組織の使用を廃止するときは、遅滞なく、様式第５又は様式第６によりその旨を環境大臣又は経済産業大臣に届け出なければならない。 ４　環境大臣又は経済産業大臣は、第１項の規定による届出をした特定漏えい者が電子情報処理組織の使用を継続することが適当でないと認めるときは、電子情報処理組織の使用を停止することができる。 （報告等の入力事項等） **第11条**　電子情報処理組織を使用して報告等を行おうとする特定漏えい者は、当該報告等を書面等（情報通信技術利用法第２条第３号に規定する書面等をいう。）により行うときに記載すべきこととされている事項、前条第２項の規定により付与された識別符号及び当該特定漏えい者がその使用に係る電子計算機において設定した暗証符号（次条において「暗証符号」という。）を、当該電子計算機から入力して、当該報告等を行わなければならない。 （報告等において名称を明らかにする措置） **第12条**　報告等においてすべきこととされている署名等（情報通信技術利用法第２条第４号に規定する署名等をいう。）に代わるものであって、情報通信技術利用法第３条第４項に規定する主務省令で定めるものは、第10条第２項の規定により付与された識別符号及び暗証符号を電子情報処理組織を使用して報告等を行おうとする特定漏えい者の使用に係る電子計算機から入力することをいう。
	（第一種フロン類充塡回収業者の登録の申請） **第８条**　法第27条第２項（法第30条第２項において準用する場合を含む。）の規定により第一種フロン類充塡回収業者の登録の申請をしようとする者は、様式第１による

法　　　律
三　その業務に係る第一種特定製品の種類並びに冷媒として充塡しようとするフロン類及び回収しようとするフロン類の種類 四　事業所ごとの第一種特定製品へのフロン類の充塡及び第一種特定製品に冷媒として充塡されているフロン類の回収の用に供する設備の種類及びその設備の能力 五　その他主務省令で定める事項 （登録の実施） **第28条**　都道府県知事は、前条第２項の規定による登録の申請があったときは、次条第１項の規定により登録を拒否する場合を除くほか、前条第２項第１号から第３号までに掲げる事項並びに登録年月日及び登録番号を第一種フロン類充塡回収業者登録簿に登録しなければならない。 ２　都道府県知事は、前項の規定による登録をしたときは、遅滞なく、その旨を申請者に通知しなければならない。 （登録の拒否） **第29条**　都道府県知事は、第27条第１項の登録を受けようとする者が次の各号のいずれかに該当するとき、同条第２項の規定による登録の申請に係る同項第４号に掲げる事項が第一種特定製品へのフロン類の充塡を適正に実施し、及び第一種特定製品に冷媒として充塡されているフロン類の回収を適正かつ確実に実施するに足りるものとして主務省令で定める基準に適合していないと認めるとき、又は申請書若しくは添付書類のうちに重要な事項について虚偽の記載があり、若しくは重要な事実の記載が欠けているときは、その登録を拒否しなければならない。 一　成年被後見人若しくは被保佐人又は破産手続開始の決定を受けて復権を得ない者 二　この法律の規定若しくは使用済自動車再資源化法の規定（引取業者（使用済自動車再資源化法第２条第11項に規定する引取業者をいう。第71条第２項及び第87条第

施　行　令	施　行　規　則　等
	申請書に次に掲げる書類を添えて、その業務を行おうとする区域を管轄する都道府県知事に提出しなければならない。 一　申請者が法人である場合においては、登記事項証明書 二　申請者がフロン類回収設備の所有権を有すること（申請者が所有権を有しない場合には、使用する権原を有すること。）を証する書類 三　フロン類回収設備の種類及びその設備の能力を説明する書類 四　申請者（申請者が法人である場合にあっては、その法人及びその法人の役員）が法第29条第１項各号に該当しないことを説明する書類 2　法第27条第２項第５号の主務省令で定める事項は、次のとおりとする。 一　事業所ごとのフロン類回収設備の数 二　回収しようとするフロン類の種類ごとに、フロン類の充塡量が50キログラム以上の第一種特定製品からの回収を行う場合にはその旨 3　都道府県知事は、住民基本台帳法（昭和42年法律第81号）第30条の11若しくは第30条の15第１項の規定により、第１項の申請をしようとする者に係る同法第30条の６第１項に規定する本人確認情報を利用することができないとき、又は当該情報の提供を受けることができないときは、第１項の申請をしようとする者が個人である場合には、住民票の写しを提出させることができる。 （第一種フロン類充塡回収業者の登録の基準） **第９条**　法第29条第１項の主務省令で定める基準は、次のとおりとする。 一　フロン類の引取りに当たっては、申請に係る事業所ごとに、申請書に記載されたフロン類回収設備が使用できること。 二　申請書に記載されたフロン類回収設備の種類が、その回収しようとするフロン類の種類に対応するものであること。 三　申請に係る第一種特定製品であってフロン類の充塡量が50キログラム以上のものがある場合には、当該第

法　　律
2号において同じ。)、第二種フロン類回収業者又は自動車製造業者等（使用済自動車再資源化法第2条第16項に規定する自動車製造業者等をいう。以下同じ。）に係るものに限る。第51条第2号ロ及び第64条第2号ロにおいて同じ。）又はこれらの規定に基づく処分に違反して罰金以上の刑に処せられ、その執行を終わり、又は執行を受けることがなくなった日から2年を経過しない者 三　第35条第1項の規定により登録を取り消され、その処分のあった日から2年を経過しない者 四　第一種フロン類充塡回収業者で法人であるものが第35条第1項の規定により登録を取り消された場合において、その処分のあった日前30日以内にその第一種フロン類充塡回収業者の役員であった者でその処分のあった日から2年を経過しないもの 五　第35条第1項の規定により業務の停止を命ぜられ、その停止の期間が経過しない者 六　法人であって、その役員のうちに前各号のいずれかに該当する者があるもの 2　都道府県知事は、前項の規定により登録を拒否したときは、遅滞なく、その理由を示して、その旨を申請者に通知しなければならない。 （登録の更新） **第30条**　第27条第1項の登録は、5年ごとにその更新を受けなければ、その期間の経過によって、その効力を失う。 2　第27条第2項、第28条及び前条の規定は、前項の更新について準用する。 3　第1項の更新の申請があった場合において、同項の期間（以下この条において「登録の有効期間」という。）の満了の日までにその申請に対する処分がされないときは、従前の登録は、登録の有効期間の満了後もその処分がされるまでの間は、なおその効力を有する。 4　前項の場合において、登録の更新がされたときは、その登録の有効期間は、従前の登録の有効期間の満了の日の翌日から起算するものとする。 （変更の届出） **第31条**　第一種フロン類充塡回収業者は、第27条第2項各号に掲げる事項に変更（主務省令で定める軽微なものを除く。）があったときは、その日から30日以内に、主務省令で定める書類を添えて、その旨を都道府県知事に届け出なければならない。 2　第28条及び第29条の規定は、前項の規定による届出があった場合に準用する。 （第一種フロン類充塡回収業者登録簿の閲覧） **第32条**　都道府県知事は、第一種フロン類充塡回収業者登録簿を一般の閲覧に供しなければならない。

施　行　令	施　行　規　則　等
	一種特定製品に係るフロン類の種類に対応するフロン類回収設備が、１分間に200グラム以上のフロン類を回収できるものであること。
	（第一種フロン類充塡回収業者の登録事項の軽微な変更） **第10条**　法第31条第１項の主務省令で定める軽微な変更は、法第27条第２項第４号に規定するフロン類回収設備の能力又は第８条第２項第１号に掲げる事項の変更であって、法第27条第２項第３号及び第８条第２項第２号に掲げる事項の変更を伴わないものとする。 （第一種フロン類充塡回収業者の登録事項の変更の届出） **第11条**　法第31条第１項の規定により変更の届出をしようとする者は、様式第２による届出書に次に掲げる書類（その届出に係る変更後の書類をいう。）を添えて、都道府県知事に届け出なければならない。 一　第一種フロン類充塡回収業者が法人であり、かつ、

法　　　　　　律
（廃業等の届出） **第33条**　第一種フロン類充塡回収業者が次の各号のいずれかに該当することとなった場合においては、当該各号に定める者は、その日から30日以内に、その旨を都道府県知事（第5号に掲げる場合にあっては、当該廃止した第一種フロン類充塡回収業に係る第一種フロン類充塡回収業者の登録をした都道府県知事）に届け出なければならない。 一　死亡した場合　その相続人 二　法人が合併により消滅した場合　その法人を代表する役員であった者 三　法人が破産手続開始の決定により解散した場合　その破産管財人 四　法人が合併及び破産手続開始の決定以外の理由により解散した場合　その清算人 五　その登録に係る都道府県の区域内において第一種フロン類充塡回収業を廃止した場合　第一種フロン類充塡回収業者であった個人又は第一種フロン類充塡回収業者であった法人を代表する役員 2　第一種フロン類充塡回収業者が前項各号のいずれかに該当するに至ったときは、第一種フロン類充塡回収業者の登録は、その効力を失う。 （登録の抹消） **第34条**　都道府県知事は、第30条第1項若しくは前条第2項の規定により登録がその効力を失ったとき、又は次条第1項の規定により登録を取り消したときは、当該第一種フロン類充塡回収業者の登録を抹消しなければならない。 （登録の取消し等） **第35条**　都道府県知事は、第一種フロン類充塡回収業者が次の各号のいずれかに該当するときは、その登録を取り消し、又は6月以内の期間を定めてその業務の全部若しくは一部の停止を命ずることができる。 一　不正の手段により第一種フロン類充塡回収業者の登録を受けたとき。 二　その者の第一種特定製品へのフロン類の充塡及び第一種特定製品に冷媒として充塡されているフロン類の回収の用に供する設備が第29条第1項に規定する基準に適

施　行　令	施　行　規　則　等
	法第27条第２項第１号に掲げる事項に変更があったとき　登記事項証明書 二　法第27条第２項第３号から第５号までに掲げる事項に変更（前条に定める軽微な変更を除く。）があったとき　第８条第１項第２号及び第３号に掲げる書類 ２　都道府県知事は、住民基本台帳法第30条の11若しくは第30条の15第１項の規定により、前項の届出をしようとする者に係る同法第30条の６第１項に規定する本人確認情報を利用することができないとき、又は当該情報の提供を受けることができないときは、前項の届出をしようとする者が個人である場合には、住民票の写しを提出させることができる。 （廃業等の届出等に際しての回収量等の報告） **第12条**　法第33条第１項の規定により第一種フロン類充塡回収業者の廃業等の届出をする者は、当該届出とあわせて、法第47条第３項の規定の例により、法第33条第１項各号に掲げる事由の生じた日の属する年度の業務の実施の状況について都道府県知事に報告するものとする。

法　　　　　律
合しなくなったとき。 三　第29条第1項第1号、第2号、第4号又は第6号のいずれかに該当することとなったとき。 四　この法律若しくはこの法律に基づく命令又はこの法律に基づく処分に違反したとき。 2　第29条第2項の規定は、前項の規定による処分をした場合に準用する。 （主務省令への委任） **第36条**　第27条から前条までに定めるもののほか、第一種フロン類充塡回収業者の登録に関し必要な事項については、主務省令で定める。 （第一種特定製品整備者の充塡の委託義務等） **第37条**　第一種特定製品整備者は、第一種特定製品の整備に際して、当該第一種特定製品に冷媒としてフロン類を充塡する必要があるときは、当該フロン類の充塡を第一種フロン類充塡回収業者に委託しなければならない。ただし、第一種特定製品整備者が第一種フロン類充塡回収業者である場合において、当該第一種特定製品整備者が自ら当該フロン類の充塡を行うときは、この限りでない。 2　第一種特定製品整備者は、前項本文に規定するフロン類の充塡の委託に際しては、主務省令で定めるところにより、当該第一種特定製品の整備を発注した第一種特定製品の管理者の氏名又は名称及び住所並びに当該第一種特定製品の管理者が第76条第1項に規定する情報処理センター（以下この節において「情報処理センター」という。）の使用に係る電子計算機と電気通信回線で接続されている入出力装置を使用しているかどうか及び当該入出力装置を使用している場合にあっては当該情報処理センターの名称を当該第一種フロン類充塡回収業者に対し通知しなければならない。 3　第一種フロン類充塡回収業者（第1項ただし書の規定により自らフロン類の充塡を行う第一種特定製品整備者を含む。次項、次条第1項、第47条第1項から第3項まで並びに第49条第1項、第2項、第5項及び第7項において同じ。）は、第1項本文に規定するフロン類の充塡の委託を受けてフロン類の充塡を行い、又は同項ただし書の規定によるフロン類の充塡を行うに当たっては、主務省令で定めるフロン類の充塡に関する基準に従って行わなければならない。

施　行　令	施　行　規　則　等
	2　第一種フロン類充塡回収業者について、法第35条第1項の規定により登録が取り消されたときは、当該第一種フロン類充塡回収業者であった者は、法第47条第3項の規定の例により、登録が取り消された日の属する年度の業務の実施の状況について都道府県知事に報告するものとする。 （第一種特定製品整備者による充塡の委託に際しての第一種特定製品の管理者に係る情報の通知に関する事項） **第13条**　法第37条第2項の規定による通知は、次により行うものとする。 一　第一種特定製品の整備を発注した当該第一種特定製品の管理者の氏名又は名称及び住所並びに当該第一種特定製品の管理者が情報処理センターの使用に係る電子計算機と電気通信回線で接続されている入出力装置を使用しているかどうか及び当該入出力装置を使用している場合にあっては当該情報処理センターの名称が通知しようとする事項と相違がないことを確認の上、通知すること。 二　第一種フロン類充塡回収業者にフロン類の充塡の委託を申し込む際に通知すること。 （フロン類の充塡に関する基準） **第14条**　法第37条第3項の主務省令で定める基準は、次のとおりとする。 一　第一種特定製品に冷媒としてフロン類の充塡を行う前に、当該第一種特定製品について、当該第一種特定製品の管理者が保存する点検及び整備に係る記録簿を確認すること、外観を目視により検査することその他の簡易な方法により、次に掲げる事項を確認（次号及

法　　　　　　律

施　行　令	施　行　規　則　等
	び第3号において「充填前の確認」という。）すること。 イ　第一種特定製品に冷媒として充填されているフロン類の漏えい（以下この条において単に「漏えい」という。）の有無並びに漏えいを確認した場合にあっては、当該漏えいに係る点検及び当該漏えいを防止するために必要な措置（以下この条において「修理」という。）の実施の有無 ロ　漏えいを現に生じさせている蓋然性が高い故障又はその徴候（以下この条において「故障等」という。）の有無並びに故障等を確認した場合にあっては、当該故障等に係る点検及び修理の実施の有無 二　前号の充填前の確認を行った場合において、当該充填前の確認の方法及びその結果並びに次に掲げる事項について第一種特定製品整備者及び第一種特定製品の管理者に通知すること。 イ　漏えいを確認し、かつ、当該漏えいに係る点検の実施を確認できない場合にあっては、当該漏えい箇所を特定するための点検及び修理の実施の必要性 ロ　漏えいを確認し、当該漏えいに係る点検による漏えい箇所の特定及び修理の実施を確認できない場合にあっては、修理の実施の必要性 ハ　故障等を確認し、かつ、当該故障等に係る点検の実施を確認できない場合にあっては、当該故障等の原因を特定するための点検及び点検の結果において当該故障等により漏えいが現に生じていることが確認された場合における修理の実施の必要性 三　第1号の充填前の確認を行った場合において、漏えい又は故障等を確認したときは、次に掲げる事項を確認するまで第一種特定製品に冷媒としてフロン類の充填を行ってはならない。ただし、漏えい箇所の特定又は修理の実施が著しく困難な場所に当該漏えいが生じている場合においては、この限りでない。 イ　漏えいを確認した場合にあっては、当該漏えい箇所が特定され、かつ、修理の実施により漏えいが現に生じていないこと。 ロ　故障等を確認した場合にあっては、当該故障等に係る点検を行ったこと及び次に掲げるいずれかの事

法　　　　　　　　律

施　行　令	施　行　規　則　等
	項 (1)　当該故障等により漏えいが現に生じていないこと。 (2)　当該故障等による漏えいを確認したときは、当該漏えい箇所が特定され、かつ、修理の実施により漏えいが現に生じていないこと。 四　人の健康を損なう事態又は事業への著しい損害が生じないよう、環境衛生上必要な空気環境の調整、被冷却物の衛生管理又は事業の継続のために修理を行わずに応急的にフロン類の充塡を行うことが必要であり、かつ、漏えいを確認した日から60日以内に当該漏えい箇所の修理を行うことが確実なときは、前号の規定にかかわらず、同号イ及びロに規定する事項の確認前に、１回に限り充塡を行うことができる。 五　充塡しようとするフロン類の種類が法第87条第３号に基づき第一種特定製品に表示されたフロン類の種類に適合していることを確認すること又は充塡しようとするフロン類の地球温暖化係数（フロン類の種類ごとに地球の温暖化をもたらす程度の二酸化炭素に係る当該程度に対する比を示す数値として国際的に認められた知見に基づき環境大臣及び経済産業大臣が定める係数をいう。以下この号及び第94条において同じ。）が当該第一種特定製品に表示されたフロン類の地球温暖化係数よりも小さく、かつ、当該第一種特定製品に使用して安全上支障がないものであることを当該第一種特定製品の製造業者等に確認すること。 六　現に第一種特定製品に充塡されている冷媒とは異なるものを当該第一種特定製品に冷媒として充塡しようとする場合は、あらかじめ、当該第一種特定製品の管理者の承諾を得ること。 七　フロン類の充塡に際して、フロン類が大気中に放出されないよう必要な措置を講ずること。 八　必要以上に充塡を行うことその他の不適切な充塡により、第一種特定製品の使用に際して、フロン類が大気中に放出されるおそれがないよう必要な措置を講ずること。 九　フロン類の性状及びフロン類の充塡方法について、

4　第一種フロン類充塡回収業者は、第１項本文に規定するフロン類の充塡の委託を受けてフロン類の充塡を行い、又は同項ただし書の規定によるフロン類の充塡を行ったときは、フロン類の充塡を証する書面（以下この項及び次条第１項において「充塡証明書」という。）に主務省令で定める事項を記載し、主務省令で定めるところにより、当該フロン類に係る第一種特定製品の整備を発注した第一種特定製品の管理者に当該充塡証明書を交付しなければならない。

（電子情報処理組織の使用）

第38条　第一種フロン類充塡回収業者（その使用に係る入出力装置が情報処理センター（前条第２項の規定によりその名称が通知された情報処理センターに限る。以下この項から第３項までにおいて同じ。）の使用に係る電子計算機と電気通信回線で接続されている者に限る。）は、第一種特定製品にフロン類を充塡する場合において、主務省令で定めるところにより、当該第一種特定製品の管理者の承諾を得て、当該フロン類を充塡した後主務省令で定める期間内に、電子情報処理組織を使用して、フロン類の種類ごとに、充塡した量その他の主務省令で定める事項を情報処理センターに登録したときは、同条第４項の規定にかかわらず、充塡証明書を交付することを要しない。

2　情報処理センターは、前項の規定による登録が行われたときは、電子情報処理組織

施　行　令	施　行　規　則　等
	十分な知見を有する者が、フロン類の充塡を自ら行い又はフロン類の充塡に立ち会うこと。 (充塡証明書の記載事項) **第15条**　法第37条第４項の主務省令で定める事項は、次のとおりとする。 一　整備を発注した第一種特定製品の管理者（当該管理者が第一種フロン類充塡回収業者である場合であって、かつ、当該管理者が自らフロン類を充塡した場合を含む。以下同じ。）の氏名又は名称及び住所 二　フロン類を充塡した第一種特定製品の所在 三　フロン類を充塡した第一種特定製品を特定するための情報 四　フロン類を充塡した第一種フロン類充塡回収業者の氏名又は名称、住所及び登録番号 五　充塡証明書の交付年月日 六　フロン類を充塡した年月日 七　充塡したフロン類の種類ごとの量 八　当該第一種特定製品の設置に際して充塡した場合又はそれ以外の整備に際して充塡した場合の別 (充塡証明書の交付) **第16条**　法第37条第４項の規定による充塡証明書の交付は、次により行うものとする。 一　整備を発注した第一種特定製品の管理者の氏名又は名称及び住所並びに充塡したフロン類の種類ごとの量が充塡証明書に記載された事項と相違がないことを確認の上、交付すること。 二　フロン類を充塡した日から30日以内に交付すること。 (フロン類の充塡に係る情報処理センターへの登録手続) **第17条**　法第38条第１項の規定による情報処理センターへの登録は、次により行うものとする。 一　整備を発注した第一種特定製品の管理者の氏名又は名称及び住所並びに充塡したフロン類の種類ごとの量が登録しようとする事項と相違がないことを確認の上、登録すること。 二　整備を発注した第一種特定製品の管理者の承諾を得て、登録すること。 (フロン類の充塡に係る情報処理センターへの登録期限)

を使用して、遅滞なく、当該登録が行われたフロン類に係る第一種特定製品の整備を発注した第一種特定製品の管理者に、当該登録に係る事項を通知するものとする。

3　情報処理センターは、第１項の規定による登録に係る情報をその使用に係る電子計算機に備えられたファイルに記録し、これを当該登録が行われた日から主務省令で定める期間保存しなければならない。

4　前３項に定めるもののほか、電子情報処理組織に関し必要な事項は、主務省令で定める。

（第一種特定製品整備者の引渡義務等）

第39条　第一種特定製品整備者は、第一種特定製品の整備に際して、当該第一種特定製品に冷媒として充塡されているフロン類を回収する必要があるときは、当該フロン類の回収を第一種フロン類充塡回収業者に委託しなければならない。ただし、第一種特定製品整備者が第一種フロン類充塡回収業者である場合において、当該第一種特定製品整備者が自ら当該フロン類の回収を行うときは、この限りでない。

2　第一種特定製品整備者は、前項本文に規定するフロン類の回収の委託に際しては、主務省令で定めるところにより、当該第一種特定製品の整備を発注した第一種特定製品の管理者の氏名又は名称及び住所並びに当該第一種特定製品の管理者が情報処理センターの使用に係る電子計算機と電気通信回線で接続されている入出力装置を使用しているかどうか及び当該入出力装置を使用している場合にあっては当該情報処理センターの名称を当該第一種フロン類充塡回収業者に通知しなければならない。

3　第一種フロン類充塡回収業者（第１項ただし書の規定により自らフロン類の回収を行う第一種特定製品整備者を含む。第６項、次条第１項、第46条、第47条第１項から第３項まで、第48条、第49条第１項、第２項及び第５項から第７項まで、第59条第１

施　行　令	施　行　規　則　等
	第18条　法第38条第1項の主務省令で定める期間は、20日とする。 （フロン類の充塡に係る情報処理センターへの登録事項） **第19条**　法第38条第1項の主務省令で定める事項は、次のとおりとする。 一　整備を発注した第一種特定製品の管理者の氏名又は名称及び住所 二　フロン類を充塡した第一種特定製品の所在 三　フロン類を充塡した第一種特定製品を特定するための情報 四　フロン類を充塡した第一種フロン類充塡回収業者の氏名又は名称、住所及び登録番号 五　情報処理センターへの登録年月日 六　フロン類を充塡した年月日 七　充塡したフロン類の種類ごとの量 八　当該第一種特定製品の設置に際して充塡した場合又はそれ以外の整備に際して充塡した場合の別 （フロン類の充塡に係る情報処理センターによる情報の保存期間） **第20条**　法第38条第3項の主務省令で定める期間は、5年とする。 （第一種特定製品整備者による回収の委託に際しての第一種特定製品の管理者に係る情報の通知に関する事項） **第21条**　第13条の規定は、法第39条第2項の規定による通知について準用する。この場合において、第13条第2号中「フロン類の充塡の委託」とあるのは、「フロン類の回収の委託」と読み替えるものとする。

法　　　律

項及び第２項、第60条第２項、第62条第３項及び第５項、第69条第１項及び第５項、第70条第１項及び第２項、第71条第２項、第73条第２項及び第４項並びに第75条において同じ。）は、第１項本文に規定するフロン類の回収の委託を受けてフロン類の回収を行い、又は同項ただし書の規定によるフロン類の回収を行うに当たっては、第44条第２項に規定するフロン類の回収に関する基準に従って行わなければならない。

4　第一種特定製品整備者は、第１項本文の規定により第一種フロン類充塡回収業者に第一種特定製品に冷媒として充塡されているフロン類を回収させた場合において、第37条第１項本文の規定により当該フロン類のうちに再び当該第一種特定製品に冷媒として充塡されたもの以外のものがあるときは、これを当該第一種フロン類充塡回収業者に引き渡さなければならない。

5　第一種フロン類充塡回収業者は、第一種特定製品整備者から前項に規定するフロン類の引取りを求められたときは、正当な理由がある場合を除き、当該フロン類を引き取らなければならない。

6　第一種フロン類充塡回収業者は、第１項本文に規定するフロン類の回収の委託を受けてフロン類の回収を行い、又は同項ただし書の規定によるフロン類の回収を行ったときは、フロン類の回収を証する書面（以下この項及び次条第１項において「回収証明書」という。）に主務省令で定める事項を記載し、主務省令で定めるところにより、当該フロン類に係る第一種特定製品の整備を発注した第一種特定製品の管理者に当該回収証明書を交付しなければならない。

（電子情報処理組織の使用）

第40条　第一種フロン類充塡回収業者は、第一種特定製品の整備に際して第一種特定製品に冷媒として充塡されているフロン類を回収する場合（当該第一種特定製品の整備を発注した第一種特定製品の管理者の使用に係る入出力装置が情報処理センター（前条第２項の規定によりその名称が通知された情報処理センターに限る。以下この項並びに次項において準用する第38条第２項及び第３項において同じ。）の使用に係る電子計算機と電気通信回線で接続されている場合に限る。）において、主務省令で定めるところにより、当該第一種特定製品の管理者の承諾を得て、当該フロン類を回収した後主務省令で定める期間内に、電子情報処理組織を使用して、フロン類の種類ごとに、回収した量その他の主務省令で定める事項を情報処理センターに登録したときは、前条第６項の規定にかかわらず、回収証明書を交付することを要しない。

施　行　令	施　行　規　則　等
	（回収証明書の記載事項） **第22条**　第15条第１号から第７号までの規定は、法第39条第６項の主務省令で定める事項について準用する。この場合において、第15条第１号から第４号まで、第６号及び第７号中「充塡した」とあるのは「回収した」と、同条第５号中「充塡証明書」とあるのは「回収証明書」と読み替えるものとする。 （回収証明書の交付） **第23条**　第16条の規定は、法第39条第６項の規定による回収証明書の交付について準用する。この場合において、第16条第１号中「充塡証明書」とあるのは「回収証明書」と、同条第２号中「充塡した」とあるのは「回収した」と読み替えるものとする。 （フロン類の回収に係る情報処理センターへの登録手続） **第24条**　第17条の規定は、法第40条第１項の規定による情報処理センターへの登録について準用する。この場合において、第17条第１号中「充塡した」とあるのは、「回収した」と読み替えるものとする。 （フロン類の回収に係る情報処理センターへの登録期限） **第25条**　第18条の規定は、法第40条第１項の主務省令で定める期間について準用する。 （フロン類の回収に係る情報処理センターへの登録事項） **第26条**　第19条第１号から第７号までの規定は、法第40条第１項の主務省令で定める事項について準用する。この

法　　　　　　律

2　第38条第2項から第4項までの規定は、前項の規定による登録について準用する。この場合において、同条第4項中「前3項」とあるのは、「第40条第1項及び前2項」と読み替えるものとする。

（第一種特定製品廃棄等実施者の引渡義務）

第41条　第一種特定製品の廃棄等を行おうとする第一種特定製品の管理者（以下「第一種特定製品廃棄等実施者」という。）は、自ら又は他の者に委託して、第一種フロン類充塡回収業者に対し、当該第一種特定製品に冷媒として充塡されているフロン類を引き渡さなければならない。

（特定解体工事元請業者の確認及び説明）

第42条　建築物その他の工作物（当該建築物その他の工作物に第一種特定製品が設置されていないことが明らかなものを除く。）の全部又は一部を解体する建設工事（他の者から請け負ったものを除く。）を発注しようとする第一種特定製品の管理者（以下この条及び第101条第1項第1号において「特定解体工事発注者」という。）から直接当該建設工事を請け負おうとする建設業（建設業法（昭和24年法律第100号）第2条第2項に規定する建設業をいう。）を営む者（以下「特定解体工事元請業者」という。）は、当該建築物その他の工作物における第一種特定製品の設置の有無について確認を行うとともに、当該特定解体工事発注者に対し、当該確認の結果について、主務省令で定める事項を記載した書面を交付して説明しなければならない。

2　前項の場合において、特定解体工事発注者は、特定解体工事元請業者が行う第一種特定製品の設置の有無についての確認に協力しなければならない。

施　行　令	施　行　規　則　等
	場合において、第19条第２号から第４号まで、第６号及び第７号中「充塡した」とあるのは、「回収した」と読み替えるものとする。 （フロン類の回収に係る情報処理センターによる情報の保存期間） **第27条**　第20条の規定は、法第40条第２項において準用する法第38条第３項の主務省令で定める期間について準用する。 **◉特定解体工事元請業者が特定解体工事発注者に交付する書面に記載する事項を定める省令** 〔平成18年12月18日 経済産業省・国土交通省・環境省令第３号〕 （用語） **第１条**　この省令において使用する用語は、フロン類の使用の合理化及び管理の適正化に関する法律（平成13年法律第64号。以下「法」という。）において使用する用語の例による。 ２　この省令において「特定解体工事」とは、建築物その他の工作物（当該建築物その他の工作物に第一種特定製品が設置されていないことが明らかなものを除く。）の全部又は一部を解体する建設工事（他の者から請け負ったものを除く。）をいう。 （特定解体工事元請業者が特定解体工事発注者に交付する書面に記載する事項） **第２条**　法第42条第１項の主務省令で定める事項は、次のとおりとする。 一　書面の交付年月日 二　特定解体工事元請業者の氏名又は名称及び住所 三　特定解体工事発注者の氏名又は名称及び住所 四　特定解体工事の名称及び場所 五　建築物その他の工作物における第一種特定製品の設置の有無の確認結果

法　　律
（第一種特定製品廃棄等実施者による書面の交付等） **第43条**　第一種特定製品廃棄等実施者は、その第一種特定製品に冷媒として充塡されているフロン類を自ら第一種フロン類充塡回収業者に引き渡すときは、主務省令で定めるところにより、当該第一種フロン類充塡回収業者に次に掲げる事項を記載した書面を交付しなければならない。 一　第一種特定製品廃棄等実施者の氏名又は名称及び住所 二　引渡しに係るフロン類が充塡されている第一種特定製品の種類及び数 三　引渡しを受ける第一種フロン類充塡回収業者の氏名又は名称及び住所 四　その他主務省令で定める事項 2　第一種特定製品廃棄等実施者は、その第一種特定製品に冷媒として充塡されているフロン類の第一種フロン類充塡回収業者への引渡しを他の者に委託する場合（当該フロン類の引渡しに当たって当該フロン類に係る第一種特定製品を運搬する場合において、当該第一種特定製品の運搬のみを委託するときを除く。）において、当該引渡しの委託に係る契約を締結したときは、遅滞なく、主務省令で定めるところにより、当該引渡しの委託を受けた者に次に掲げる事項を記載した書面（以下この条及び次条第１項において「委託確認書」という。）を交付しなければならない。 一　第一種特定製品廃棄等実施者の氏名又は名称及び住所 二　引渡しに係るフロン類が充塡されている第一種特定製品の種類及び数 三　引渡しの委託を受けた者の氏名又は名称及び住所 四　その他主務省令で定める事項

施　行　令	施　行　規　則　等
	（第一種特定製品廃棄等実施者による第一種フロン類充塡回収業者への書面の交付） **第28条**　法第43条第１項の規定による書面の交付は、次により行うものとする。 一　引渡しを受ける第一種フロン類充塡回収業者が２以上である場合にあっては、第一種フロン類充塡回収業者ごとに交付すること。 二　引渡しに係るフロン類が充塡されている第一種特定製品の種類及び数並びに第一種フロン類充塡回収業者の氏名又は名称及び住所が書面に記載された事項と相違がないことを確認の上、交付すること。 三　フロン類を第一種フロン類充塡回収業者に引き渡す際に交付すること。 （第一種特定製品廃棄等実施者の書面の記載事項） **第29条**　法第43条第１項第４号の主務省令で定める事項は、次のとおりとする。 一　書面の交付年月日 二　引渡しに係るフロン類が充塡されている第一種特定製品の所在 三　引渡しを受ける第一種フロン類充塡回収業者の登録番号 （第一種特定製品廃棄等実施者による第一種フロン類引渡受託者への委託確認書の交付） **第30条**　法第43条第２項の規定による委託確認書の交付は、次により行うものとする。 一　引渡しの委託を受けた者が２以上である場合にあっては、引渡しの委託を受けた者ごとに交付すること。 二　引渡しに係るフロン類が充塡されている第一種特定製品の種類及び数並びに引渡しの委託を受けた者の氏名又は名称及び住所が委託確認書に記載された事項と相違がないことを確認の上、交付すること。 （第一種特定製品廃棄等実施者の委託確認書の記載事項） **第31条**　法第43条第２項第４号の主務省令で定める事項は、次のとおりとする。 一　委託確認書の交付年月日 二　引渡しに係るフロン類が充塡されている第一種特定製品の所在

法　　　律
3　第一種特定製品廃棄等実施者は、第1項の規定による書面の交付又は前項の規定による委託確認書の交付をする場合においては、当該書面の写し又は当該委託確認書の写しをそれぞれ当該交付をした日から主務省令で定める期間保存しなければならない。 4　第一種特定製品廃棄等実施者から第一種特定製品に冷媒として充塡されているフロン類の第一種フロン類充塡回収業者への引渡しの委託を受けた者（当該委託に係るフロン類につき順次行われる第一種フロン類充塡回収業者への引渡しの再委託を受けた者を含む。以下「第一種フロン類引渡受託者」という。）は、当該委託に係るフロン類の引渡しを他の者に再委託しようとする場合（当該フロン類の引渡しに当たって当該フロン類に係る第一種特定製品を運搬する場合において、当該第一種特定製品の運搬のみを委託するときを除く。）には、あらかじめ、当該第一種特定製品廃棄等実施者に対して当該引渡しの再委託を受けようとする者の氏名又は名称及び住所を明らかにし、当該第一種特定製品廃棄等実施者から当該引渡しの再委託について承諾する旨を記載した書面（主務省令で定める事項が記載されているものに限る。）の交付を受けなければならない。この場合において、当該第一種特定製品廃棄等実施者又は当該第一種フロン類引渡受託者は、それぞれ、当該交付をした書面の写し又は当該交付を受けた書面を当該交付をした日又は当該交付を受けた日から主務省令で定める期間保存しなければならない。 5　第一種フロン類引渡受託者は、当該委託に係るフロン類の引渡しの再委託に係る契約を締結したときは、遅滞なく、主務省令で定めるところにより、当該フロン類に係る委託確認書に当該引渡しの再委託を受けた者の氏名又は名称及び住所その他の主務省令で定める事項を記載し、当該引渡しの再委託を受けた者に当該委託確認書を回付しなければならない。

施　行　令	施　行　規　則　等
	（第一種特定製品廃棄等実施者の書面の写し等の保存期間） 第32条　法第43条第３項の主務省令で定める期間は、３年とする。 （再委託について承諾する旨を記載した書面の記載事項） 第33条　法第43条第４項の主務省令で定める事項は、次のとおりとする。 一　第一種特定製品廃棄等実施者の氏名又は名称及び住所 二　引渡しを委託したフロン類が充塡されている第一種特定製品の種類及び数 三　引渡しを委託したフロン類が充塡されている第一種特定製品の所在 四　フロン類の引渡しを他の者に再委託しようとする第一種フロン類引渡受託者の氏名又は名称及び住所 五　承諾の年月日 六　第一種フロン類引渡受託者からフロン類の引渡しの再委託を受けた者（第35条第１号及び第36条第１号において「第一種フロン類引渡再受託者」という。）の氏名又は名称及び住所 （再委託について承諾する旨を記載した書面の保存期間） 第34条　法第43条第４項の主務省令で定める期間は、３年とする。 （第一種フロン類引渡受託者による第一種フロン類引渡再受託者への委託確認書の回付） 第35条　法第43条第５項の規定による委託確認書の回付は、次により行うものとする。 一　引渡しに係るフロン類が充塡されている第一種特定製品の種類及び数並びに第一種フロン類引渡再受託者の氏名又は名称及び住所が委託確認書に記載された事項と相違がないことを確認の上、回付すること。 二　法第43条第４項の規定により交付を受けた再委託について承諾する旨を記載した書面の写しを添付し、回付すること。 （第一種フロン類引渡受託者がフロン類の引渡しを再委託する際の委託確認書の記載事項） 第36条　法第43条第５項の主務省令で定める事項は、次の

法　　　　　　　　律

6　第一種フロン類引渡受託者は、当該委託に係るフロン類を第一種フロン類充塡回収業者に引き渡すときは、主務省令で定めるところにより、当該フロン類に係る委託確認書に主務省令で定める事項を記載し、当該第一種フロン類充塡回収業者に当該委託確認書を回付しなければならない。

7　第一種フロン類引渡受託者は、前2項の規定による委託確認書の回付をする場合においては、当該委託確認書の写しを当該回付をした日から主務省令で定める期間保存しなければならない。

（第一種フロン類充塡回収業者の引取義務）

第44条　第一種フロン類充塡回収業者は、第一種特定製品廃棄等実施者から、直接に又は第一種フロン類引渡受託者を通じて第41条に規定するフロン類の引取りを求められたときは、前条第1項の規定による書面の交付又は同条第6項の規定による委託確認書の回付がない場合その他正当な理由がある場合を除き、当該フロン類を引き取らなければならない。

2　第一種フロン類充塡回収業者は、前項の規定によるフロン類の引取りに当たっては、主務省令で定めるフロン類の回収に関する基準に従って、フロン類を回収しなければならない。

施　行　令	施　行　規　則　等
	とおりとする。 一　第一種フロン類引渡再受託者の氏名又は名称及び住所 二　委託確認書の回付年月日 （第一種フロン類引渡受託者による第一種フロン類充塡回収業者への委託確認書の回付） **第37条**　法第43条第６項の規定による委託確認書の回付は、次により行うものとする。 一　引渡しに係るフロン類が充塡されている第一種特定製品の種類及び数並びに第一種フロン類充塡回収業者の氏名又は名称及び住所が委託確認書に記載された事項と相違がないことを確認の上、回付すること。 二　法第43条第４項の規定に基づくフロン類の引渡しの再委託が行われた場合には、同項の規定により交付を受けた再委託について承諾する旨を記載した書面の写しを添付し、回付すること。 （第一種フロン類引渡受託者がフロン類を引き渡す際の委託確認書の記載事項） **第38条**　法第43条第６項の主務省令で定める事項は、次のとおりとする。 一　委託確認書の回付年月日 二　引渡しを受ける第一種フロン類充塡回収業者の氏名又は名称、住所及び登録番号 （第一種フロン類引渡受託者の委託確認書の写しの保存期間） **第39条**　法第43条第７項の主務省令で定める期間は、３年とする。 （第一種フロン類充塡回収業者等によるフロン類の回収に関する基準） **第40条**　法第44条第２項の主務省令で定める基準は、次のとおりとする。 一　第一種特定製品の冷媒回収口における圧力（絶対圧力をいう。以下この号において同じ。）の値が、一定

法　　　　　　　律
（引取証明書） **第45条**　第一種フロン類充塡回収業者は、第一種特定製品廃棄等実施者から直接にフロン類を引き取ったときは、フロン類の引取りを証する書面（以下この条において「引取証明書」という。）に主務省令で定める事項を記載し、主務省令で定めるところにより、当該第一種特定製品廃棄等実施者に当該引取証明書を交付しなければならない。この場合において、当該第一種フロン類充塡回収業者は、当該引取証明書の写しを当該交付をした日から主務省令で定める期間保存しなければならない。

施　行　令	施　行　規　則　等
	時間が経過した後、別表第１の上欄に掲げるフロン類の圧力区分に応じ、同表の下欄に掲げる圧力以下になるよう吸引すること。ただし、法第39条第１項に規定する第一種特定製品の整備に際して当該第一種特定製品に冷媒として充塡されているフロン類の回収を行う場合であって、冷凍サイクル（第一種特定製品中の密閉された系統であって、冷媒としてフロン類が充塡されているものをいう。）に残留したフロン類が大気中に放出されるおそれがない場合にあっては、この限りでない。 二　フロン類の性状及びフロン類の回収方法について十分な知見を有する者が、フロン類の回収を自ら行い又はフロン類の回収に立ち会うこと。 （第一種特定製品廃棄等実施者に交付する引取証明書の記載事項） **第41条**　法第45条第１項の主務省令で定める事項は、次のとおりとする。 一　第一種特定製品廃棄等実施者の氏名又は名称及び住所 二　引き取ったフロン類が充塡されていた第一種特定製品の種類及び数 三　フロン類の引取り前の第一種特定製品の所在 四　フロン類を引き取った第一種フロン類充塡回収業者の氏名又は名称、住所及び登録番号 五　引取証明書の交付年月日 六　フロン類の引取りを終了した年月日 七　引き取ったフロン類の種類ごとの量 （第一種特定製品廃棄等実施者への引取証明書の交付） **第42条**　法第45条第１項の規定による引取証明書の交付は、次により行うものとする。 一　フロン類の引取り後速やかに交付すること。 二　引き取ったフロン類が充塡されていた第一種特定製品の種類及び数並びに第一種特定製品廃棄等実施者の氏名又は名称及び住所が引取証明書に記載された事項と相違がないことを確認の上、交付すること。 （第一種フロン類充塡回収業者の引取証明書の写しの保存期間） **第43条**　法第45条第１項の主務省令で定める期間は、３年

法　　律

2　第一種フロン類充塡回収業者は、第一種特定製品廃棄等実施者から第一種フロン類引渡受託者を通じてフロン類を引き取ったときは、引取証明書に主務省令で定める事項を記載し、主務省令で定めるところにより、当該第一種フロン類引渡受託者に当該引取証明書を交付するとともに、遅滞なく、当該フロン類に係る第一種特定製品廃棄等実施者に当該引取証明書の写しを送付しなければならない。この場合において、当該第一種フロン類充塡回収業者は、当該交付をした引取証明書の写しを当該交付をした日から主務省令で定める期間保存しなければならない。
3　第一種特定製品廃棄等実施者は、第1項の規定による引取証明書の交付又は前項の規定による引取証明書の写しの送付を受けたときは、当該引渡しが終了したことをそれぞれ当該引取証明書又は当該引取証明書の写しにより確認し、かつ、当該引取証明書又は当該引取証明書の写しをそれぞれ当該交付を受けた日又は当該送付を受けた日から主務省令で定める期間保存しなければならない。

4　第一種特定製品廃棄等実施者は、主務省令で定める期間内に、第1項の規定による引取証明書の交付若しくは第2項の規定による引取証明書の写しの送付を受けないとき、又は第1項若しくは第2項に規定する事項が記載されていない引取証明書若しくは引取証明書の写し若しくは虚偽の記載のある引取証明書若しくは引取証明書の写しの交付若しくは送付を受けたときは、主務省令で定めるところにより、その旨を都道府県知事に報告しなければならない。
5　第一種フロン類引渡受託者は、第2項の規定による引取証明書の交付を受けたときは、当該引取証明書を当該交付を受けた日から主務省令で定める期間保存しなければならない。

6　前各項に定めるもののほか、引取証明書に関し必要な事項は、主務省令で定める。

（第一種フロン類充塡回収業者の引渡義務）
第46条　第一種フロン類充塡回収業者は、第39条第1項ただし書の規定により第一種特定製品に係るフロン類を回収した場合において第37条第1項ただし書の規定により当該フロン類のうちに再び当該第一種特定製品に冷媒として充塡したもの以外のものがあるとき、又は第39条第5項若しくは第44条第1項の規定によりフロン類を引き取ったときは、第50条第1項ただし書の規定により自ら当該フロン類の再生をする場合その他主務省令で定める場合を除き、第一種フロン類再生業者又はフロン類破壊業者に対し、当該フロン類を引き渡さなければならない。

施行令	施行規則等
	とする。 （第一種フロン類引渡受託者に交付する引取証明書の記載事項） **第44条**　第41条の規定は、法第45条第２項の主務省令で定める事項について準用する。この場合において、第41条第１号中「第一種特定製品廃棄等実施者」とあるのは、「第一種特定製品廃棄等実施者及び第一種フロン類引渡受託者」と読み替えるものとする。 （第一種フロン類引渡受託者への引取証明書の交付） **第45条**　第42条の規定は、法第45条第２項の規定による引取証明書の交付について準用する。この場合において、第42条第２号中「第一種特定製品廃棄等実施者」とあるのは、「第一種特定製品廃棄等実施者及び第一種フロン類引渡受託者」と読み替えるものとする。 （引取証明書等の交付等を受けるまでの期間） **第46条**　法第45条第４項の主務省令で定める期間は、法第43条第１項の書面又は委託確認書の交付の日から30日とする。ただし、建築物その他の工作物の全部又は一部を解体する建設工事の契約に伴い委託確認書を交付する場合には、委託確認書の交付の日から90日とする。 （第一種特定製品廃棄等実施者の報告） **第47条**　法第45条第４項の規定による報告は、速やかに法第43条第１項の規定により交付した書面の写し又は同条第２項の規定により交付した委託確認書の写しを提出して行うものとする。 （第一種フロン類充塡回収業者等の引取証明書等の保存期間） **第48条**　第43条の規定は、法第45条第２項、第３項及び第５項の主務省令で定める期間について準用する。 （第一種フロン類充塡回収業者の引渡義務の例外） **第49条**　法第46条第１項の主務省令で定める場合は、次の各号のいずれかに該当する場合とする。 一　第一種フロン類充塡回収業者が引き渡したフロン類を第一種フロン類再生業者又はフロン類破壊業者に確実に引き渡す者であって、かつ、次に掲げる要件のすべてに該当するものとして都道府県知事が認めるものに引き渡す場合 イ　フロン類の引取り又は引渡しを行うごとに、遅滞

法　　　　　律
2　第一種フロン類充塡回収業者（その委託を受けてフロン類の運搬を行う者を含む。）は、前項の規定によるフロン類の引渡しに当たっては、主務省令で定めるフロン類の運搬に関する基準に従って、フロン類を運搬しなければならない。

施　行　令	施　行　規　則　等
	なく、次に掲げる事項について記録を作成し、当該記録をその作成の日から５年間保存することが確実であること。 ⑴　フロン類を引き取った年月日及び引き取ったフロン類の種類ごとの量 ⑵　フロン類の引取りを求めた第一種フロン類充塡回収業者の氏名又は名称、住所及び登録番号 ⑶　フロン類を第一種フロン類再生業者に引き渡した年月日、引き渡した相手方の氏名又は名称及び引き渡したフロン類の種類ごとの量 ⑷　フロン類をフロン類破壊業者に引き渡した年月日、引き渡した相手方の氏名又は名称及び引き渡したフロン類の種類ごとの量 ロ　毎年度終了後45日以内に、次に掲げる事項について都道府県知事に報告することが確実であること。 ⑴　前年度において引き取ったフロン類の種類ごとの量 ⑵　前年度の年度当初に保管していたフロン類の種類ごとの量 ⑶　前年度において第一種フロン類再生業者に引き渡したフロン類の種類ごとの量 ⑷　前年度においてフロン類破壊業者に引き渡したフロン類の種類ごとの量 ⑸　前年度の年度末に保管していたフロン類の種類ごとの量 二　法第50条第１項の規定に基づき第一種フロン類再生業の許可を申請しようとする者（以下この号、第51条第１項第７号及び第52条第１項第９号において「申請者」という。）に対して、当該申請に必要な限度において、第一種フロン類充塡回収業者がフロン類を再生の実験のために引き渡し、かつ、当該フロン類が申請者から当該第一種フロン類充塡回収業者に返却される場合 （第一種フロン類充塡回収業者等によるフロン類の運搬に関する基準） **第50条**　法第46条第２項の主務省令で定める基準は、次のとおりとする。

法　　　　律
（充塡量及び回収量の記録等） **第47条**　第一種フロン類充塡回収業者は、主務省令で定めるところにより、フロン類の種類ごとに、第一種特定製品の整備が行われる場合において第一種特定製品に冷媒として充塡した量及び回収した量（回収した後に再び当該第一種特定製品に冷媒として充塡した量を除く。第３項において同じ。）、第一種特定製品の廃棄等が行われる場合において回収した量、第50条第１項ただし書の規定により第一種フロン類再生業を行う場合において再生をした量、第一種フロン類再生業者に引き渡した量、フロン類破壊業者に引き渡した量その他の主務省令で定める事項に関し記録を作成し、これをその業務を行う事業所に保存しなければならない。 ２　第一種フロン類充塡回収業者は、第一種特定製品の整備の発注をした第一種特定製品の管理者、第一種特定製品整備者、第一種特定製品廃棄等実施者又は第一種フロン類引渡受託者から、これらの者に係る前項の規定による記録を閲覧したい旨の申出があったときは、正当な理由がなければ、これを拒んではならない。

施　行　令	施　行　規　則　等
	一　回収したフロン類の移充塡（回収したフロン類を充塡する容器（以下この号及び次号において「フロン類回収容器」という。）から他のフロン類回収容器へフロン類の詰め替えを行うことをいう。）をみだりに行わないこと。 二　フロン類回収容器は、転落、転倒等による衝撃及びバルブ等の損傷による漏えいを防止する措置を講じ、かつ、粗暴な取扱いをしないこと。 （第一種フロン類充塡回収業者による充塡量及び回収量の記録等） **第51条**　法第47条第１項の主務省令で定める事項は、次のとおりとする。 一　第一種特定製品の整備が行われる場合において第一種特定製品に冷媒としてフロン類を充塡した年月日、当該充塡に係る整備を発注した第一種特定製品の管理者及び第一種特定製品整備者の氏名又は名称及び住所、第一種特定製品の設置に際して充塡した場合又はそれ以外の整備に際して充塡した場合の別ごとに、当該充塡に係る第一種特定製品の種類及び台数並びに充塡したフロン類の種類ごとの量（回収した後に再び当該第一種特定製品に冷媒として充塡した量を除く。） 二　第一種特定製品の整備又は第一種特定製品の廃棄等が行われる場合において第一種特定製品の整備が行われる場合又は第一種特定製品の廃棄等が行われる場合の別、フロン類を回収した年月日、当該回収に係る整備を発注した第一種特定製品の管理者及び第一種特定製品整備者又は第一種特定製品廃棄等実施者及び第一種フロン類引渡受託者の氏名又は名称及び住所、当該回収に係る第一種特定製品の種類及び台数並びに回収したフロン類の種類ごとの量（第一種特定製品の整備が行われる場合において、回収した後に再び当該第一種特定製品に冷媒として充塡した量を除く。） 三　法第50条第１項ただし書の規定により第一種フロン類再生業を行う場合においてフロン類を再生をした年月日及び再生をしたフロン類の種類ごとの量並びに当該再生をしたフロン類を冷媒として充塡した年月日及び当該充塡に係る整備を発注した第一種特定製品の管

法　　　　律
3　第一種フロン類充塡回収業者は、主務省令で定めるところにより、フロン類の種類ごとに、毎年度、前年度において、第一種特定製品の整備が行われる場合において第一種特定製品に冷媒として充塡した量及び回収した量、第一種特定製品の廃棄等が行われる場合において回収した量、第50条第1項ただし書の規定により第一種フロン類再生業を行う場合において再生をした量、第一種フロン類再生業者に引き渡した量、フロン類破壊業者に引き渡した量その他の主務省令で定める事項を都道府県知事に報告しなければならない。

施　行　令	施　行　規　則　等
	理者の氏名又は名称及び住所並びに当該再生をしたフロン類を充塡した量 四　フロン類を第一種フロン類再生業者に引き渡した年月日、引き渡した相手方の氏名又は名称及び引き渡したフロン類の種類ごとの量 五　フロン類をフロン類破壊業者に引き渡した年月日、引き渡した相手方の氏名又は名称及び引き渡したフロン類の種類ごとの量 六　フロン類を第49条第1号に規定する場合において引き渡した年月日、引き渡した相手方の氏名又は名称及び引き渡したフロン類の種類ごとの量 七　第49条第2号に規定する場合にあっては、引渡し及び返却の年月日、申請者の氏名又は名称及び住所並びにフロン類の種類ごとの量 2　第一種フロン類充塡回収業者は、前項各号に掲げる事項に関し、フロン類の充塡、回収、法第50条第1項ただし書の規定により第一種フロン類再生業を行う場合における再生又は引渡しを行うごとに、遅滞なく、記録を作成し、当該記録をその作成の日から5年間保存しなければならない。 （第一種フロン類充塡回収業者による充塡量及び回収量等の都道府県知事への報告） **第52条**　法第47条第3項の主務省令で定める事項は、次のとおりとする。 一　業務を行った区域を管轄する都道府県ごとに、かつ、第一種特定製品の設置に際して充塡した場合又はそれ以外の整備に際して充塡した場合の別ごとに、前年度においてフロン類を充塡した第一種特定製品の種類ごとの台数及び充塡したフロン類の種類ごとの量（回収した後に再び当該第一種特定製品に冷媒として充塡した量を除く。） 二　業務を行った区域を管轄する都道府県ごとに、かつ、第一種特定製品の整備が行われた場合又は第一種特定製品の廃棄等が行われた場合の別ごとに、前年度においてフロン類を回収した第一種特定製品の種類ごとの台数及び回収したフロン類の種類ごとの量（第一種特定製品の整備が行われた場合において、回収した後に

法　　　　　　律

施　行　令	施　行　規　則　等
	再び当該第一種特定製品に冷媒として充塡した量を除く。） 三　業務を行った区域を管轄する都道府県ごとに、かつ、第一種特定製品の整備が行われた場合又は第一種特定製品の廃棄等が行われた場合の別ごとに、前年度の年度当初に保管していたフロン類の種類ごとの量 四　業務を行った区域を管轄する都道府県ごとに、かつ、第一種特定製品の整備が行われた場合又は第一種特定製品の廃棄等が行われた場合の別ごとに、前年度において第一種フロン類再生業者に引き渡したフロン類の種類ごとの量 五　業務を行った区域を管轄する都道府県ごとに、かつ、第一種特定製品の整備が行われた場合又は第一種特定製品の廃棄等が行われた場合の別ごとに、前年度においてフロン類破壊業者に引き渡したフロン類の種類ごとの量 六　業務を行った区域を管轄する都道府県ごとに、かつ、第一種特定製品の整備が行われた場合又は第一種特定製品の廃棄等が行われた場合の別ごとに、前年度において法第50条第１項ただし書の規定により第一種フロン類再生業を行う場合における再生をしたフロン類の種類ごとの量及び当該再生をしたフロン類を充塡した量 七　業務を行った区域を管轄する都道府県ごとに、かつ、第一種特定製品の整備が行われた場合又は第一種特定製品の廃棄等が行われた場合の別ごとに、前年度において第49条第１号に規定する場合において引き渡したフロン類の種類ごとの量 八　業務を行った区域を管轄する都道府県ごとに、かつ、第一種特定製品の整備が行われた場合又は第一種特定製品の廃棄等が行われた場合の別ごとに、前年度の年度末に保管していたフロン類の種類ごとの量 九　第49条第２号に規定する場合にあっては、その行為を行った第一種フロン類充塡回収業者が登録を受けた都道府県ごとに、引渡し及び返却の年月日、申請者の氏名又は名称及び住所並びにフロン類の種類ごとの量 2　第一種フロン類充塡回収業者は、年度終了後45日以内

法　　　　　　律
4　都道府県知事は、前項の規定による報告を受けたときは、主務省令で定めるところにより、その報告に係る事項を主務大臣に通知しなければならない。 （指導及び助言） **第48条**　都道府県知事は、第一種特定製品整備者、第一種特定製品廃棄等実施者、特定解体工事元請業者又は第一種フロン類充塡回収業者に対し、第37条第１項本文の規定によるフロン類の充塡の委託、第39条第１項本文の規定によるフロン類の回収の委託、同条第４項、第41条若しくは第46条第１項の規定によるフロン類の引渡し、第39条第５項若しくは第44条第１項の規定によるフロン類の引取り又は第42条第１項の規定による確認及び説明の実施を確保するため必要があると認めるときは、当該充塡の委託、回収の委託、引渡し、引取り又は確認及び説明の実施に関し必要な指導及び助言をすることができる。 （勧告及び命令） **第49条**　都道府県知事は、第一種特定製品整備者又は第一種フロン類充塡回収業者が第37条第２項若しくは第４項又は第39条第２項若しくは第６項の規定を遵守していないと認めるときは、これらの者に対し、必要な措置を講ずべき旨の勧告をすることができる。 2　都道府県知事は、第一種フロン類充塡回収業者が第38条第１項又は第40条第１項の規定による登録をする場合において、これらの規定を遵守していないと認めるときは、当該第一種フロン類充塡回収業者に対し、必要な措置を講ずべき旨の勧告をすることができる。 3　都道府県知事は、第一種特定製品廃棄等実施者又は第一種フロン類引渡受託者が第43条の規定を遵守していないと認めるときは、これらの者に対し、必要な措置を講ずべき旨の勧告をすることができる。 4　都道府県知事は、第一種特定製品廃棄等実施者、第一種フロン類引渡受託者又は第一種フロン類充塡回収業者が第45条第１項から第５項までの規定を遵守していないと認めるときは、これらの者に対し、必要な措置を講ずべき旨の勧告をすることができる。 5　都道府県知事は、第一種フロン類充塡回収業者が第37条第３項に規定するフロン類の充塡に関する基準若しくは第44条第２項に規定するフロン類の回収に関する基準を遵守していないと認めるとき、又は第一種フロン類充塡回収業者（その委託を受けてフロン類の運搬を行う者を含む。以下この項において同じ。）が第46条第２項に規定

施　行　令	施　行　規　則　等
	に、様式第3による報告書をその業務を行った区域を管轄する都道府県知事に提出しなければならない。 （都道府県知事による充塡量及び回収量等の主務大臣への通知） **第53条**　法第47条第4項の規定により、都道府県知事は、前条第2項の規定による報告を受けたときは、年度終了後4月以内に、様式第4による通知書を環境大臣又は経済産業大臣に2通提出しなければならない。

法　　　　　　　　律
するフロン類の運搬に関する基準を遵守していないと認めるときは、当該第一種フロン類充塡回収業者に対し、期限を定めて、その基準を遵守すべき旨の勧告をすることができる。 6　都道府県知事は、正当な理由がなくて前条に規定する充塡の委託、回収の委託、引渡し又は引取りをしない第一種特定製品整備者、第一種特定製品廃棄等実施者又は第一種フロン類充塡回収業者があるときは、これらの者に対し、期限を定めて、当該充塡の委託、回収の委託、引渡し又は引取りをすべき旨の勧告をすることができる。 7　都道府県知事は、前各項の規定による勧告を受けた第一種特定製品整備者、第一種特定製品廃棄等実施者、第一種フロン類引渡受託者又は第一種フロン類充塡回収業者が、正当な理由がなくてその勧告に係る措置をとらなかったときは、これらの者に対し、その勧告に係る措置をとるべきことを命ずることができる。
第３節　第一種特定製品から回収されるフロン類の再生 （第一種フロン類再生業者の許可） **第50条**　第一種フロン類再生業を行おうとする者は、その業務を行う事業所ごとに、主務大臣の許可を受けなければならない。ただし、第一種フロン類充塡回収業者が、主務省令で定めるところにより、フロン類の再生の用に供する施設又は設備（以下「第一種フロン類再生施設等」という。）であって主務省令で定めるものにより第一種フロン類再生業を行う場合は、この限りでない。

施　行　令	施　行　規　則　等
	（第一種フロン類再生業者の許可を要しない場合） **第54条**　法第50条第１項ただし書の規定による第一種フロン類再生業は、次により行うものとする。 一　フロン類の充塡に関する記録その他の使用及び管理の状況について把握している第一種特定製品から自らが回収するフロン類又は第一種特定製品から自らが回収するフロン類であって、自ら保有する分析機器を使用すること若しくは十分な経験及び技術的能力を有する者に分析を委託することによりその性状が適切に確認されているフロン類について、フロン類の再生を行うこと（フロン類の回収に付随してフロン類の再生が行われる場合であって、法第46条第１項の主務省令で定める場合又は再生をしたフロン類を第一種フロン類再生業者若しくはフロン類破壊業者に引き渡すことを目的として回収を行う場合を除く。次号において同じ。）。 二　再生をしたフロン類を自ら冷媒として充塡の用に供する目的でフロン類の再生を行うこと。 三　フロン類の再生の用に供する設備（次項に規定するものに限る。）の適正な使用方法に従って、フロン類を大気中に排出することなく、適切な再生を行うこと。 ２　法第50条第１項ただし書に規定する主務省令で定めるものは、フロン類の再生の用に供する設備のうち、次に掲げる要件に該当するものとする。

法　　　　　律
2　前項の許可を受けようとする者は、主務省令で定めるところにより、次に掲げる事項を記載した申請書に主務省令で定める書類を添えて、これを主務大臣に提出しなければならない。 一　氏名又は名称及び住所並びに法人にあっては、その代表者の氏名 二　事業所の名称及び所在地 三　再生をしようとするフロン類の種類 四　第一種フロン類再生施設等の種類、数、構造及びその再生の能力 五　第一種フロン類再生施設等の使用及び管理の方法 六　その他主務省令で定める事項

施　行　令	施　行　規　則　等
	一　フロン類の再生の用に供する設備を構成する装置のうち、フロン類の再生の用に供する装置については、一の筐体に収められていること。 二　可搬式のものであること。 三　供給口及び排出口（当該設備から排出ガスを大気中に排出するために設けられた開口部をいう。）を除き密閉でき、フロン類の大気中への排出が生じない構造であること（安全性の確保のためやむを得ない場合において、フロン類を排出する機能を備えているものを含む。）。 四　再生をしようとするフロン類の種類に応じた適切な再生を行うことができるものであること。 （第一種フロン類再生業者の許可の申請） **第55条**　法第50条第２項（法第52条第２項において準用する場合を含む。）の規定により第一種フロン類再生業者の許可の申請をしようとする者は、様式第５による申請書に次に掲げる書類を添えて、環境大臣又は経済産業大臣に２通提出しなければならない。 一　申請者が法人である場合においては、登記事項証明書 二　第一種フロン類再生施設等の構造を示す図面 三　再生をしたフロン類の用途に応じた適切な再生ができることを説明する書類 四　第一種フロン類再生施設等の再生の能力を説明する書類 五　再生をしようとするフロン類の引取りに係る計画 六　申請書に記載した第一種フロン類再生施設等の使用及び管理の方法を補足する書類 七　申請者（申請者が法人である場合にあっては、その法人及びその法人の役員）が法第51条第２号イからへまでに掲げる事項に該当しないことを説明する書類 ２　環境大臣又は経済産業大臣は、前項の届出をしようとする者に係る住民基本台帳法第30条の９の規定により、同法第30条の６第１項に規定する本人確認情報の提供を受けることができないときは、前項の届出をしようとする者が個人である場合には、住民票の写しを提出させることができる。

法　　　　　　　律
（許可の基準） **第51条**　主務大臣は、前条第１項の許可の申請が次の各号に適合していると認めるときでなければ、同項の許可をしてはならない。 一　その申請に係る前条第２項第４号及び第５号に掲げる事項が主務省令で定める第一種フロン類再生施設等に係る構造、再生の能力並びに使用及び管理に関する基準に適合するものであること。 二　申請者が次のいずれにも該当しないこと。 イ　成年被後見人若しくは被保佐人又は破産手続開始の決定を受けて復権を得ない者 ロ　この法律の規定若しくは使用済自動車再資源化法の規定又はこれらの規定に基づく処分に違反して罰金以上の刑に処せられ、その執行を終わり、又は執行を受けることがなくなった日から２年を経過しない者 ハ　第55条の規定により許可を取り消され、その処分のあった日から２年を経過しない者 ニ　第一種フロン類再生業者で法人であるものが第55条の規定により許可を取り消された場合において、その処分のあった日前30日以内にその第一種フロン類再生業者の役員であった者でその処分のあった日から２年を経過しないもの ホ　第55条の規定により業務の停止を命ぜられ、その停止の期間が経過しない者 ヘ　法人であって、その役員のうちにイからホまでのいずれかに該当する者があるもの （許可の更新） **第52条**　第50条第１項の許可は、５年ごとにその更新を受けなければ、その期間の経過によって、その効力を失う。 ２　第50条第２項及び前条の規定は、前項の更新について準用する。 ３　第１項の更新の申請があった場合において、同項の期間（以下この条において「許可の有効期間」という。）の満了の日までにその申請に対する処分がされないときは、従前の許可は、許可の有効期間の満了後もその処分がされるまでの間は、なおその効力を有する。 ４　前項の場合において、許可の更新がされたときは、その許可の有効期間は、従前の許可の有効期間の満了の日の翌日から起算するものとする。

施　行　令	施　行　規　則　等
	（第一種フロン類再生施設等に係る構造に関する基準） **第56条**　法第51条第１号の主務省令で定める第一種フロン類再生施設等に係る構造に関する基準は、次のとおりとする。 一　再生をしたフロン類の用途に応じた適切な再生を行うことができ、かつ、再生の能力に関する基準を達成できる構造であること。 二　再生をしたフロン類を大気中に排出することなく適切に捕集するために必要な構造を備えていること。 三　再生をされなかったフロン類（再生の結果生じた排ガスその他の生成した物質に含まれるフロン類を含む。以下同じ。）について、法第58条第２項の規定によりフロン類破壊業者へ引き渡す場合（第一種フロン類再生業者がフロン類破壊業者である場合であって、当該第一種フロン類再生業者が自ら当該再生をされなかったフロン類の破壊を行う場合を含む。第58条第１号ニにおいて同じ。）に、大気中に排出することなく適切に捕集するために必要な構造その他の大気中に排出することなく適切に引き渡すために必要な構造を備えていること。 四　ろ過機、蒸留装置その他のフロン類と混和している不純物を除去するための装置又は他のフロン類を混和してフロン類の品質を調整するための装置を備えていること。 五　第一種フロン類再生施設等が、使用及び管理の方法を実行するために必要な計測装置を備えていること。 六　再生をしたフロン類の純度、再生をしたフロン類と混和している不純物（不凝縮ガス、蒸発残分、酸分及び水分をいう。第58条第３号及び第５号において同じ。）の濃度について確認するために必要な分析機器を備えていること。ただし、十分な経験及び技術的能力を有する者に分析を委託する場合は、この限りでない。 七　申請書に記載された第一種フロン類再生施設等の使用及び管理の方法を実行できるものであること。

法　　　　　　　　律

施　行　令	施　行　規　則　等
	（第一種フロン類再生施設等に係る再生の能力に関する基準） **第57条**　法第51条第１号の主務省令で定める第一種フロン類再生施設等に係る再生の能力に関する基準は、第一種フロン類再生施設等において再生を行うことのできるフロン類の量が再生をしようとするフロン類の引取りに係る計画に照らし適切であることとする。 （第一種フロン類再生施設等に係る使用及び管理に関する基準） **第58条**　法第51条第１号の主務省令で定める第一種フロン類再生施設等に係る使用及び管理に関する基準は、次のとおりとする。 一　第一種フロン類再生施設等の種類に応じて、フロン類を大気中に排出することなく、再生をしたフロン類の用途に応じた適切な再生を行うことができ、かつ、再生の能力に関する基準を達成できるよう、次に掲げる事項について、適切に定められていること。 イ　運転方法 ロ　フロン類の供給方法 ハ　再生をしたフロン類の捕集方法 ニ　再生をされなかったフロン類の処理方法（再生をされなかったフロン類について、法第58条第２項の規定によりフロン類破壊業者へ引き渡す場合の当該フロン類の捕集方法その他の引渡しの方法をいう。次号において同じ。） ホ　再生をしようとするフロン類、再生をしたフロン類及び再生をされなかったフロン類の保管の方法 ヘ　保守点検の方法 二　前号の運転方法、フロン類の供給方法、再生をしたフロン類の捕集方法、再生をされなかったフロン類の処理方法及び保守点検の方法を遵守するために、第一種フロン類再生施設等の状態を計測装置等により定常的に確認することとされていること。 三　再生をしたフロン類の純度及び再生をしたフロン類と混和している不純物の濃度について、自ら保有する分析機器を使用すること又は十分な経験及び技術的能力を有する者に分析を委託することにより適切に確認することとされていること。

法　　　　　　律

（変更の許可等）

第53条　第一種フロン類再生業者は、第50条第２項第３号から第５号までに掲げる事項を変更しようとするときは、主務省令で定めるところにより、主務大臣の許可を受けなければならない。ただし、その変更が主務省令で定める軽微な変更であるときは、この限りでない。

２　第51条の規定は、前項の許可について準用する。

３　第一種フロン類再生業者は、第１項ただし書の主務省令で定める軽微な変更があったとき、又は第50条第２項第１号若しくは第２号に掲げる事項その他主務省令で定める事項に変更があったときは、その日から30日以内に、その旨を主務大臣に届け出なければならない。

施　行　令	施　行　規　則　等
	四　前2号の確認により第一種フロン類再生施設等の異常を発見した場合には、速やかに対策を講じることとされていること。 五　再生をしたフロン類を冷媒その他製品の原材料として利用する者に譲渡する場合においては、当該譲渡の相手方に当該譲渡に係る再生をしたフロン類の純度及び再生をしたフロン類と混和している不純物の濃度の確認の方法及び確認の結果をあらかじめ通知することとされていること。 六　第一種フロン類再生施設等の使用及び管理についての責任者を選任することとされていること。 （変更の許可） **第59条**　法第53条第1項の規定により変更の許可を受けようとする者は、様式第5による申請書に第55条第1項第2号から第6号までに掲げる書類（その許可に係る変更後の書類をいう。）を添えて、環境大臣又は経済産業大臣に2通提出しなければならない。 （軽微な変更） **第60条**　法第53条第1項ただし書の主務省令で定める軽微な変更は、次のいずれかに該当する場合とする。 一　再生をしようとするフロン類の種類を減少させるもの 二　再生をしようとするフロン類の引取りに係る計画の変更であって、引取りの量を減少させるもの 三　第一種フロン類再生施設等の数の減少であって、新たな施設等の設置を行わないもの （変更の届出） **第61条**　法第53条第3項の規定により届出をしようとする者は、様式第6による届出書を環境大臣又は経済産業大臣に2通提出しなければならない。この場合において、第一種フロン類再生業者が法人であり、かつ、法第50条第2項第1号に掲げる事項に変更があったときは、登記事項証明書を添えるものとする。 2　環境大臣又は経済産業大臣は、前項の届出をしようとする者に係る住民基本台帳法第30条の9の規定により、同法第30条の6第1項に規定する本人確認情報の提供を受けることができないときは、前項の届出をしようとする者が個人である場合には、住民票の写しを提出させる

法　　　　　　　律
（廃業等の届出） **第54条**　第一種フロン類再生業者が次の各号のいずれかに該当することとなった場合においては、当該各号に定める者は、その日から30日以内に、その旨を主務大臣に届け出なければならない。 一　死亡した場合　その相続人 二　法人が合併により消滅した場合　その法人を代表する役員であった者 三　法人が破産手続開始の決定により解散した場合　その破産管財人 四　法人が合併及び破産手続開始の決定以外の理由により解散した場合　その清算人 五　フロン類の再生の業務を廃止した場合　第一種フロン類再生業者であった個人又は第一種フロン類再生業者であった法人を代表する役員 六　フロン類の再生の業務を休止した場合又は休止した業務を再開した場合　第一種フロン類再生業者である個人又は第一種フロン類再生業者である法人を代表する役員 2　第一種フロン類再生業者が前項第１号から第５号までのいずれかに該当するに至ったときは、当該第一種フロン類再生業者に対する第50条第１項の許可は、その効力を失う。 （許可の取消し等） **第55条**　主務大臣は、第一種フロン類再生業者が次の各号のいずれかに該当するときは、その許可を取り消し、又は６月以内の期間を定めてその業務の全部若しくは一部の停止を命ずることができる。 一　不正の手段により第一種フロン類再生業者の許可を受けたとき。 二　その者の第一種フロン類再生施設等に係る構造、再生の能力並びに使用及び管理の方法が第51条第１号に規定する基準に適合しなくなったとき。 三　第51条第２号イ、ロ、ニ又はへのいずれかに該当することとなったとき。 四　この法律若しくはこの法律に基づく命令又はこの法律に基づく処分に違反したとき。 （第一種フロン類再生業者名簿） **第56条**　主務大臣は、第50条第２項第１号から第３号までに掲げる事項並びに許可年月日及び許可番号を記載した第一種フロン類再生業者名簿を備え、これを一般の閲覧に供しなければならない。 （主務省令への委任） **第57条**　第50条から前条までに定めるもののほか、第一種フロン類再生業者の許可に関し必要な事項については、主務省令で定める。 （第一種フロン類再生業者の再生義務等） **第58条**　第一種フロン類再生業者は、第一種フロン類充塡回収業者から第46条第１項の規定によりフロン類を引き取った場合において、当該フロン類の再生を行うときは、

施　行　令	施　行　規　則　等
	ことができる。 （廃業等の届出等に際しての再生量等の報告） **第62条**　法第54条第１項の規定により第一種フロン類再生業者の廃業等の届出をする者は、当該届出とあわせて、法第60条第３項の規定の例により、法第54条第１項各号に掲げる事由の生じた日の属する年度の業務の実施の状況について主務大臣に報告するものとする。 ２　第一種フロン類再生業者について、法第55条の規定により許可が取り消されたときは、当該第一種フロン類再生業者であった者は、法第60条第３項の規定の例により、許可が取り消された日の属する年度の業務の実施の状況について主務大臣に報告するものとする。 （フロン類の再生に関する基準） **第63条**　法第58条第１項に定める基準は、法第50条第２項に基づき提出した申請書中同項第５号に掲げる方法を遵

法　　　律
主務省令で定めるフロン類の再生に関する基準に従って、フロン類の再生を行わなければならない。 2　第一種フロン類再生業者は、前項の規定によりフロン類の再生を行った場合において、当該フロン類のうちに再生をされなかったものがあるときは、フロン類破壊業者に対し、これを引き渡さなければならない。 3　第46条第２項の規定は、前項の規定によるフロン類の引渡しについて準用する。この場合において、同条第２項中「第一種フロン類充塡回収業者」とあるのは、「第一種フロン類再生業者」と読み替えるものとする。 （再生証明書） **第59条**　第一種フロン類再生業者は、フロン類の再生を行ったときは、フロン類の再生を行ったことを証する書面（以下この条において「再生証明書」という。）に主務省令で定める事項を記載し、主務省令で定めるところにより、当該フロン類を引き取った第一種フロン類充塡回収業者に当該再生証明書を交付しなければならない。この場合において、当該第一種フロン類再生業者は、当該再生証明書の写しを当該交付をした日から主務省令で定める期間保存しなければならない。

施　行　令	施　行　規　則　等
	守してフロン類の再生を行うこととする。 （再生証明書の記載事項） **第64条**　法第59条第１項の主務省令で定める事項は、次のとおりとする。 一　引取りを求めた第一種フロン類充塡回収業者の氏名又は名称、住所及び登録番号 二　フロン類の引取りを終了した年月日 三　引き取ったフロン類の種類ごとの量及び引取りの際にフロン類が充塡されていた容器の識別番号 四　再生を行った第一種フロン類再生業者の氏名又は名称、住所及び許可番号 五　再生証明書の交付年月日 六　フロン類の再生を行った年月日 七　再生を行ったフロン類の種類ごとの量及びフロン類の再生を行った場合において、再生をされなかったフロン類としてフロン類破壊業者に引き渡すこととしたフロン類の種類ごとの量（自らがフロン類破壊業者として破壊した場合にあっては、その旨並びに破壊した年月日及び破壊したフロン類の種類ごとの量を含む。） （再生証明書の交付） **第65条**　法第59条第１項の規定による再生証明書の交付は、次により行うものとする。 一　引取りを求めた第一種フロン類充塡回収業者の氏名又は名称、住所及び登録番号、引き取ったフロン類の種類ごとの量、再生を行ったフロン類の種類ごとの量並びに再生をされなかったフロン類としてフロン類破壊業者に引き渡すこととしたフロン類の種類ごとの量が再生証明書に記載された事項と相違がないことを確認の上、交付すること。 二　フロン類の再生を行った日から30日以内に交付する

2　第一種フロン類充塡回収業者は、前項の規定による再生証明書の交付を受けたときは、遅滞なく、次の各号に掲げる場合の区分に応じ、それぞれ当該各号に定める者に当該再生証明書を回付しなければならない。この場合において、当該第一種フロン類充塡回収業者は、当該回付をした再生証明書の写しを当該回付をした日から主務省令で定める期間保存しなければならない。

一　当該フロン類を第39条第1項ただし書の規定により回収した場合　当該フロン類に係る第一種特定製品の整備の発注をした第一種特定製品の管理者

二　当該フロン類を第39条第5項の規定により第一種特定製品整備者から引き取った場合　当該第一種特定製品整備者

三　当該フロン類を第44条第1項の規定により第一種特定製品廃棄等実施者から引き取った場合　当該第一種特定製品廃棄等実施者

3　第一種特定製品整備者は、前項の規定による再生証明書の回付を受けたときは、遅滞なく、当該フロン類に係る第一種特定製品の整備の発注をした第一種特定製品の管理者に当該再生証明書を回付しなければならない。この場合において、当該第一種特定製品整備者は、当該回付をした再生証明書の写しを当該回付をした日から主務省令で定める期間保存しなければならない。

（再生量の記録等）

第60条　第一種フロン類再生業者は、主務省令で定めるところにより、フロン類の種類ごとに、再生をした量、フロン類破壊業者に引き渡した量その他の主務省令で定める事項に関し記録を作成し、これをその業務を行う事業所に保存しなければならない。

2　第一種フロン類再生業者は、第一種特定製品の整備の発注をした第一種特定製品の管理者、第一種特定製品整備者、第一種特定製品廃棄等実施者、第一種フロン類引渡受託者又は第一種フロン類充塡回収業者から、これらの者に係る前項の規定による記録を閲覧したい旨の申出があったときは、正当な理由がなければ、これを拒んではならない。

施　行　令	施　行　規　則　等
	こと。 （第一種フロン類再生業者の再生証明書の写しの保存期間） **第66条**　法第59条第１項の主務省令で定める期間は、３年間とする。 （第一種フロン類充塡回収業者等の再生証明書の写しの保存期間） **第67条**　前条の規定は、法第59条第２項及び第３項の主務省令で定める期間について準用する。 （再生量の記録等） **第68条**　法第60条第１項の主務省令で定める事項は、次のとおりとする。 一　フロン類を引き取った又は再生を受託した年月日及び当該フロン類の種類ごとの量 二　フロン類の引取りを求めた第一種フロン類充塡回収業者又は第49条第１号の規定により都道府県知事が認めた者の氏名又は名称 三　フロン類の再生を行った年月日及び当該フロン類の種類ごとの量 四　フロン類の再生を行った場合において、再生をされなかったフロン類をフロン類破壊業者に引き渡したときの引き渡した年月日、引き渡したフロン類破壊業者の氏名又は名称並びに引き渡したフロン類の種類ごとの量 ２　第一種フロン類再生業者は、前項各号に掲げる事項に

3　第一種フロン類再生業者は、主務省令で定めるところにより、フロン類の種類ごとに、毎年度、前年度において再生をした量、フロン類破壊業者に引き渡した量その他の主務省令で定める事項を主務大臣に報告しなければならない。

（指導及び助言）

第61条　主務大臣は、第一種フロン類再生業者に対し、第58条第２項の規定によるフロン類の引渡しを確保するため必要があると認めるときは、当該引渡しに関し必要な指導及び助言をすることができる。

（勧告及び命令）

第62条　主務大臣は、第一種フロン類再生業者が第58条第１項に規定するフロン類の再生に関する基準を遵守していないと認めるときは、当該第一種フロン類再生業者に対し、期限を定めて、その基準を遵守すべき旨の勧告をすることができる。

2　主務大臣は、第一種フロン類再生業者（その委託を受けてフロン類の運搬を行う者を含む。以下この項及び第５項において同じ。）が第58条第３項において準用する第46条第２項に規定するフロン類の運搬に関する基準を遵守していないと認めるときは、当該第一種フロン類再生業者に対し、期限を定めて、その基準を遵守すべき旨の勧告をすることができる。

3　主務大臣は、第一種特定製品整備者、第一種フロン類充塡回収業者又は第一種フロン類再生業者が第59条の規定を遵守していないと認めるときは、これらの者に対し、必要な措置を講ずべき旨の勧告をすることができる。

4　主務大臣は、正当な理由がなくて前条に規定する引渡しをしない第一種フロン類再生業者があるときは、当該第一種フロン類再生業者に対し、期限を定めて、当該引渡しをすべき旨の勧告をすることができる。

5　主務大臣は、前各項の規定による勧告を受けた第一種特定製品整備者、第一種フロン類充塡回収業者又は第一種フロン類再生業者が、正当な理由がなくてその勧告に係る措置をとらなかったときは、これらの者に対し、その勧告に係る措置をとるべきことを命ずることができる。

第４節　フロン類の破壊

（フロン類破壊業者の許可）

第63条　フロン類破壊業を行おうとする者は、その業務を行う事業所ごとに、主務大臣の許可を受けなければならない。

2　前項の許可を受けようとする者は、主務省令で定めるところにより、次に掲げる事項を記載した申請書に主務省令で定める書類を添えて、これを主務大臣に提出しなければならない。

施　行　令	施　行　規　則　等
	関し、フロン類の引取り、再生又は引渡しを行うごとに、遅滞なく、記録を作成し、当該記録をその作成の日から５年間保存しなければならない。 （主務大臣への報告） **第69条**　法第60条第３項の主務省令で定める事項は、次のとおりとする。 一　前年度において引き取った又は再生を受託したフロン類の種類ごとの量 二　前年度の年度当初に保管していたフロン類の種類ごとの量 三　前年度において再生をしたフロン類の種類ごとの量 四　前年度においてフロン類の再生をした場合において、再生をされなかったフロン類をフロン類破壊業者に引き渡したときの当該フロン類の種類ごとの量 五　前年度の年度末に保管していたフロン類の種類ごとの量 ２　第一種フロン類再生業者は、年度終了後45日以内に、様式第７による報告書を環境大臣又は経済産業大臣に２通提出しなければならない。
	（フロン類破壊業者の許可の申請） **第70条**　法第63条第２項（法第65条第２項において準用する場合を含む。）の規定によりフロン類破壊業者の許可

法　　律
一　氏名又は名称及び住所並びに法人にあっては、その代表者の氏名 二　事業所の名称及び所在地 三　破壊しようとするフロン類の種類 四　フロン類の破壊の用に供する施設（以下「フロン類破壊施設」という。）の種類、数、構造及びその破壊の能力 五　フロン類破壊施設の使用及び管理の方法 六　その他主務省令で定める事項 （許可の基準） **第64条**　主務大臣は、前条第１項の許可の申請が次の各号に適合していると認めるときでなければ、同項の許可をしてはならない。 一　その申請に係る前条第２項第４号及び第５号に掲げる事項が主務省令で定めるフロン類破壊施設に係る構造、破壊の能力並びに使用及び管理に関する基準に適合するものであること。 二　申請者が次のいずれにも該当しないこと。 イ　成年被後見人若しくは被保佐人又は破産手続開始の決定を受けて復権を得ない者 ロ　この法律の規定若しくは使用済自動車再資源化法の規定又はこれらの規定に基づく処分に違反して罰金以上の刑に処せられ、その執行を終わり、又は執行を受けることがなくなった日から２年を経過しない者 ハ　第67条の規定により許可を取り消され、その処分のあった日から２年を経過しない者 ニ　フロン類破壊業者で法人であるものが第67条の規定により許可を取り消された場合において、その処分のあった日前30日以内にそのフロン類破壊業者の役員であった者でその処分のあった日から２年を経過しないもの ホ　第67条の規定により業務の停止を命ぜられ、その停止の期間が経過しない者 ヘ　法人であって、その役員のうちにイからホまでのいずれかに該当する者があるもの

施　行　令	施　行　規　則　等
	の申請をしようとする者は、様式第８による申請書に次に掲げる書類を添えて、環境大臣又は経済産業大臣に２通提出しなければならない。 一　申請者が法人である場合においては、登記事項証明書 二　フロン類破壊施設の構造を示す図面 三　フロン類破壊施設の破壊の能力を説明する書類 四　申請書に記載したフロン類破壊施設の使用及び管理の方法を補足する書類 五　申請者（申請者が法人である場合にあっては、その法人及びその法人の役員）が法第64条第２号イからへまでに掲げる事項に該当しないことを説明する書類 ２　環境大臣又は経済産業大臣は、前項の届出をしようとする者に係る住民基本台帳法第30条の９の規定により、同法第30条の６第１項に規定する本人確認情報の提供を受けることができないときは、前項の届出をしようとする者が個人である場合には、住民票の写しを提出させることができる。 （フロン類破壊施設に係る構造に関する基準） **第71条**　法第64条第１号の主務省令で定めるフロン類破壊施設に係る構造に関する基準は、別表第２の上欄に掲げるフロン類破壊施設の種類に応じ、同表の下欄に掲げる装置を備えていること並びに同表の下欄に掲げる装置が申請書に記載されたフロン類破壊施設の使用及び管理の方法を実行できるものであることとする。 （フロン類破壊施設に係る破壊の能力に関する基準） **第72条**　法第64条第１号の主務省令で定めるフロン類破壊施設に係る破壊の能力に関する基準は、フロン類の種類に応じてフロン類を破壊した場合に、次のいずれかを満たすことができることとする。 イ　フロン類の分解効率（次の式により算出されたものをいう。以下この条及び次条第３号において同じ。）が99以上であり、かつ、排出口（当該施設から排出ガスを大気中に排出するために設けられた煙突その他の施設の開口部をいう。ロにおいて同じ。）から排出さ

法　　　　　　　　　律
（許可の更新） **第65条**　第63条第１項の許可は、５年ごとにその更新を受けなければ、その期間の経過によって、その効力を失う。 ２　第63条第２項及び前条の規定は、前項の更新について準用する。 ３　第１項の更新の申請があった場合において、同項の期間（以下この条において「許可の有効期間」という。）の満了の日までにその申請に対する処分がされないときは、従前の許可は、許可の有効期間の満了後もその処分がされるまでの間は、なおその効力を有する。 ４　前項の場合において、許可の更新がされたときは、その許可の有効期間は、従前の許可の有効期間の満了の日の翌日から起算するものとする。 （変更の許可等） **第66条**　フロン類破壊業者は、第63条第２項第３号から第５号までに掲げる事項を変更しようとするときは、主務省令で定めるところにより、主務大臣の許可を受けなければならない。ただし、その変更が主務省令で定める軽微な変更であるときは、この限りでない。 ２　第64条の規定は、前項の許可について準用する。

施　行　令	施　行　規　則　等
	れるガス中におけるフロン類の含有率が100万分の1以下であること。 フロン類の分解効率＝{1－（フロン類の排出量／フロン類の投入量）}×100 ロ　フロン類の分解効率が99.9以上であり、かつ、排出口から排出されるガス中におけるフロン類の含有率が100万分の15以下であること。 （フロン類破壊施設に係る使用及び管理に関する基準） **第73条**　法第64条第1号の主務省令で定めるフロン類破壊施設に係る使用及び管理に関する基準は、次のとおりとする。 一　フロン類破壊施設の種類に応じて、運転方法、フロン類の供給方法及び保守点検の方法が、破壊の能力に関する基準を達成できるよう適切に定められていること。 二　前号の運転方法、フロン類の供給方法及び保守点検の方法を遵守するために、フロン類破壊施設の状態を計測装置等により定常的に確認することとされていること。 三　排ガス中のフロン類の濃度及び分解効率について年1回以上測定することとされていること。 四　第2号の確認及び前号の測定によりフロン類破壊施設の異常を発見した場合には、速やかに対策を講じることとされていること。 五　フロン類破壊施設の使用及び管理についての責任者を選任することとされていること。 （変更の許可） **第74条**　法第66条第1項の規定により変更の許可を受けようとする者は、様式第8による申請書に第70条第1項第2号から第4号までに掲げる書類（その許可に係る変更後の書類をいう。）を添えて、環境大臣又は経済産業大臣に2通提出しなければならない。 （軽微な変更） **第75条**　法第66条第1項ただし書の主務省令で定める軽微な変更は、次のいずれかに該当する場合とする。 一　破壊しようとするフロン類の種類を減少させるもの

法　　　　律
3　フロン類破壊業者は、第１項ただし書の主務省令で定める軽微な変更があったとき、又は第63条第２項第１号若しくは第２号に掲げる事項その他主務省令で定める事項に変更があったときは、その日から30日以内に、その旨を主務大臣に届け出なければならない。 （許可の取消し等） **第67条**　主務大臣は、フロン類破壊業者が次の各号のいずれかに該当するときは、その許可を取り消し、又は６月以内の期間を定めてその業務の全部若しくは一部の停止を命ずることができる。 一　不正の手段によりフロン類破壊業者の許可を受けたとき。 二　その者のフロン類破壊施設に係る構造、破壊の能力並びに使用及び管理の方法が第64条第１号に規定する基準に適合しなくなったとき。 三　第64条第２号イ、ロ、ニ又はへのいずれかに該当することとなったとき。 四　この法律若しくはこの法律に基づく命令又はこの法律に基づく処分に違反したとき。 （準用） **第68条**　第54条、第56条及び第57条の規定は、フロン類破壊業者について準用する。この場合において、第54条第１項第５号及び第６号中「の再生」とあるのは「の破壊」と、同条第２項中「第50条第１項」とあるのは「第63条第１項」と、第56条中「第50条第２項第１号」とあるのは「第63条第２項第１号」と、第57条中「第50条」とあるのは「第63条」と読み替えるものとする。 （フロン類破壊業者の破壊義務等） **第69条**　フロン類破壊業者は、第一種フロン類充塡回収業者から第46条第１項の規定によりフロン類の引取りを求められたときは、正当な理由がある場合を除き、当該フロン類を引き取らなければならない。 ２　フロン類破壊業者は、第一種フロン類再生業者から第58条第２項の規定によりフロン類の引取りを求められたときは、正当な理由がある場合を除き、当該フロン類を引き取らなければならない。

施　行　令	施　行　規　則　等
	二　フロン類破壊施設の数の減少であって、新たな施設の設置を行わないもの （変更の届出） **第76条**　法第66条第３項の規定により届出をしようとする者は、様式第９による届出書を環境大臣又は経済産業大臣に２通提出しなければならない。この場合において、フロン類破壊業者が法人であり、かつ、法第63条第２項第１号に掲げる事項に変更があったときは、登記事項証明書を添えるものとする。 ２　環境大臣又は経済産業大臣は、前項の届出をしようとする者に係る住民基本台帳法第30条の９の規定により、同法第30条の６第１項に規定する本人確認情報の提供を受けることができないときは、前項の届出をしようとする者が個人である場合には、住民票の写しを提出させることができる。 （廃業等の届出等に際しての破壊量等の報告） **第77条**　フロン類破壊業者について、法第67条の規定により許可が取り消されたときは、当該フロン類破壊業者であった者は、法第71条第３項の規定の例により、許可が取り消された日の属する年度の業務の実施の状況について主務大臣に報告するものとする。 ２　法第68条において準用する法第54条第１項の規定によりフロン類破壊業者の廃業等の届出をする者は、法第71条第３項の規定の例により、法第68条の規定により読み替えて適用する法第54条第１項各号に掲げる事由の生じた日の属する年度の業務の実施の状況について主務大臣に報告するものとする。

法　　　　　律
3　フロン類破壊業者は、自動車製造業者等又は指定再資源化機関（使用済自動車再資源化法第105条に規定する指定再資源化機関をいう。第5項及び第71条第2項において同じ。）から使用済自動車再資源化法第26条第1項の規定によりフロン類の破壊の委託の申込みを受けたときは、正当な理由がなければ、これを拒んではならない。 4　フロン類破壊業者は、第1項若しくは第2項の規定によりフロン類を引き取ったとき、又は前項の規定によりフロン類の破壊を受託したときは、主務省令で定めるフロン類の破壊に関する基準に従って、当該フロン類を破壊しなければならない。 5　フロン類破壊業者は、前項の規定によるフロン類の破壊に要する費用に関して、第一種フロン類充塡回収業者、第一種フロン類再生業者、自動車製造業者等及び指定再資源化機関に対し、適正な料金を請求することができる。この場合において、第一種フロン類充塡回収業者、第一種フロン類再生業者、自動車製造業者等及び指定再資源化機関は、その請求に応じて適正な料金の支払を行うものとする。 （破壊証明書） **第70条**　フロン類破壊業者は、前条第1項の規定によりフロン類を引き取った場合において、フロン類を破壊したときは、フロン類を破壊したことを証する書面（以下この条において「破壊証明書」という。）に主務省令で定める事項を記載し、主務省令で定めるところにより、当該フロン類を引き取った第一種フロン類充塡回収業者に当該破壊証明書を交付しなければならない。この場合において、当該フロン類破壊業者は、当該破壊証明書の写しを当該交付をした日から主務省令で定める期間保存しなければならない。

施　行　令	施　行　規　則　等
	（フロン類の破壊に関する基準） **第78条**　法第69条第４項の主務省令で定める基準は、法第63条第２項に基づき提出した申請書中同項第５号に掲げる方法を遵守してフロン類の破壊を行うこととする。 （破壊証明書の記載事項） **第79条**　法第70条第１項の主務省令で定める事項は、次のとおりとする。 一　引取りを求めた第一種フロン類充塡回収業者の氏名又は名称、住所及び登録番号 二　フロン類の引取りを終了した年月日 三　引き取ったフロン類の種類ごとの量及び引取りの際にフロン類が充塡されていた容器の識別番号 四　破壊したフロン類破壊業者の氏名又は名称、住所及び許可番号 五　破壊証明書の交付年月日 六　フロン類を破壊した年月日 七　破壊したフロン類の種類ごとの量 （破壊証明書の交付） **第80条**　法第70条第１項の規定による破壊証明書の交付は、次により行うものとする。 一　引取りを求めた第一種フロン類充塡回収業者の氏名又は名称、住所及び登録番号、引き取ったフロン類の種類ごとの量、破壊したフロン類の種類ごとの量が破壊証明書に記載された事項と相違がないことを確認の上、交付すること。 二　フロン類を破壊した日から30日以内に交付すること。 （フロン類破壊業者の破壊証明書の写しの保存期間） **第81条**　第66条の規定は、法第70条第１項の主務省令で定める期間について準用する。

法　　　　　律
2　第59条第２項及び第３項の規定は、破壊証明書について準用する。この場合において、同条第２項中「前項」とあるのは、「第70条第１項」と読み替えるものとする。 （破壊量の記録等） **第71条**　フロン類破壊業者は、主務省令で定めるところにより、フロン類の種類ごとに、破壊した量その他の主務省令で定める事項に関し記録を作成し、これをその業務を行う事業所に保存しなければならない。 2　フロン類破壊業者は、第一種特定製品の整備の発注を行う第一種特定製品の管理者、第一種特定製品整備者、第一種特定製品廃棄等実施者、第一種フロン類引渡受託者、第一種フロン類充塡回収業者、第一種フロン類再生業者、使用済自動車（使用済自動車再資源化法第２条第２項に規定する使用済自動車をいう。第87条第２号において同じ。）を引取業者に引き渡した者、引取業者、第二種フロン類回収業者、自動車製造業者等又は指定再資源化機関から、これらの者に係る前項の規定による記録を閲覧したい旨の申出があったときは、正当な理由がなければ、これを拒んではならない。 3　フロン類破壊業者は、主務省令で定めるところにより、フロン類の種類ごとに、毎年度、前年度において破壊した量その他の主務省令で定める事項を主務大臣に報告しなければならない。 （指導及び助言） **第72条**　主務大臣は、フロン類破壊業者に対し、第69条第１項若しくは第２項の規定によるフロン類の引取り若しくは同条第３項の規定によるフロン類の破壊の受託又は同条第４項の規定によるフロン類の破壊の実施を確保するため必要があると認めるときは、当該引取り若しくは破壊の受託又は破壊の実施に関し必要な指導及び助言をすることができる。 （勧告及び命令） **第73条**　主務大臣は、フロン類破壊業者が第69条第４項に規定するフロン類の破壊に関する基準を遵守していないと認めるときは、当該フロン類破壊業者に対し、期限を定めて、その基準を遵守すべき旨の勧告をすることができる。 2　主務大臣は、第一種特定製品整備者、第一種フロン類充塡回収業者又はフロン類破壊業者が第70条第１項又は同条第２項において準用する第59条第２項若しくは第３項の規定を遵守していないと認めるときは、これらの者に対し、必要な措置を講ずべき

施行令	施行規則等
	（第一種フロン類充塡回収業者等の破壊証明書の写しの保存期間） **第82条**　第67条の規定は、法第70条第２項において準用する法第59条第２項及び第３項の規定する主務省令で定める期間について準用する。 （破壊量の記録等） **第83条**　法第71条第１項の主務省令で定める事項は、次のとおりとする。 一　フロン類を引き取った又は破壊を受託した年月日及び当該フロン類の種類ごとの量 二　フロン類の引取りを求めた第一種フロン類充塡回収業者、第一種フロン類再生業者若しくは第49条第１号の規定により都道府県知事が認めた者又はフロン類の破壊を受託した自動車製造業者等若しくは指定再資源化機関の氏名又は名称 三　フロン類を破壊した年月日及び当該フロン類の種類ごとの量 ２　フロン類破壊業者は、前項各号に掲げる事項に関し、フロン類の引取り若しくは破壊の受託又は破壊を行うごとに、遅滞なく、記録を作成し、当該記録をその作成の日から５年間保存しなければならない。 （主務大臣への報告） **第84条**　法第71条第３項の主務省令で定める事項は、次のとおりとする。 一　前年度において引き取った又は破壊を受託したフロン類の種類ごとの量 二　前年度の年度当初に保管していたフロン類の種類ごとの量 三　前年度において破壊したフロン類の種類ごとの量 四　前年度の年度末に保管していたフロン類の種類ごとの量 ２　フロン類破壊業者は、年度終了後45日以内に、様式第10による報告書を環境大臣又は経済産業大臣に２通提出しなければならない。

法　　　　　　　　律
旨の勧告をすることができる。 3　主務大臣は、正当な理由がなくて前条に規定する引取り若しくは破壊の受託又は破壊をしないフロン類破壊業者があるときは、当該フロン類破壊業者に対し、期限を定めて、当該引取り若しくは破壊の受託又は破壊をすべき旨の勧告をすることができる。 4　主務大臣は、前3項の規定による勧告を受けた第一種特定製品整備者、第一種フロン類充塡回収業者又はフロン類破壊業者が、正当な理由がなくてその勧告に係る措置をとらなかったときは、当該フロン類破壊業者に対し、その勧告に係る措置をとるべきことを命ずることができる。
第5節　費用負担 （第一種フロン類充塡回収業者の費用請求等） **第74条**　第一種フロン類充塡回収業者は、第一種特定製品整備者から第39条第1項本文に規定するフロン類の回収の委託を受けようとするとき、又は第一種特定製品廃棄等実施者から第41条に規定するフロン類の引取りを求められたときは、当該第一種特定製品整備者又は第一種特定製品廃棄等実施者に対し、当該フロン類の回収、当該フロン類をフロン類破壊業者又は第一種フロン類再生業者に引き渡すために行う運搬及び当該フロン類の破壊又は再生を行う場合に必要となる費用（以下この条において「フロン類の回収等の費用」という。）に関し、適正な料金を請求することができる。 2　第一種フロン類充塡回収業者は、前項の規定により料金を請求した場合において、第一種特定製品整備者又は第一種特定製品廃棄等実施者から、フロン類の回収等の費用に関する料金について説明を求められたときは、当該説明を求めた者に対し、フロン類の回収等の費用に関する料金その他主務省令で定める事項について説明しなければならない。 3　第一種特定製品整備者又は第一種特定製品廃棄等実施者は、第1項の規定による第一種フロン類充塡回収業者の請求に応じて適正な料金の支払を行うことにより当該フロン類の回収等の費用を負担するものとする。 4　第一種特定製品整備者は、前項の規定により料金の支払を行ったときは、当該第一種特定製品の整備の発注者に対し、当該料金の額に相当する金額の支払を請求することができる。 5　第一種特定製品整備者は、第39条第1項ただし書の規定により自らフロン類の回収を行ったときは、当該第一種特定製品の整備の発注をした第一種特定製品の管理者に対し、当該フロン類の回収等の費用に関し、適正な料金を請求することができる。 6　第一種特定製品の整備の発注者は、前2項の規定による第一種特定製品整備者の請求に応じて支払を行うことにより当該フロン類の回収等の費用を負担するものとする。 （第一種フロン類再生業者の費用請求等） **第75条**　第一種フロン類再生業者は、第58条第1項の規定によるフロン類の再生に要する費用に関して、第一種フロン類充塡回収業者に対し、適正な料金を請求することが

施　行　令	施　行　規　則　等
	（フロン類の回収等の費用に関する料金の説明に係る事項） 第85条　法第74条第２項の主務省令で定める事項は、フロン類の回収、フロン類をフロン類破壊業者又は第一種フロン類再生業者に引き渡すために行う運搬及びフロン類の破壊又は再生を行う場合に必要となる費用の明細とする。

法　　　律
できる。この場合において、第一種フロン類充塡回収業者は、その請求に応じて適正な料金の支払を行うものとする。 2　第一種フロン類再生業者又はフロン類破壊業者は、第一種フロン類充塡回収業者から、第46条第1項の規定によるフロン類の引渡しに際して第一種フロン類充塡回収業者が支払わなければならない料金の提示を求められたときは、遅滞なく、これに応じなければならない。

第6節　情報処理センター

（指定）

第76条　主務大臣は、一般社団法人又は一般財団法人であって、次条に規定する業務を適正かつ確実に行うことができると認められるものを、その申請により、情報処理センターとして指定することができる。

2　主務大臣は、前項の規定による指定をしたときは、当該情報処理センターの名称、住所及び事務所の所在地を公示しなければならない。

3　情報処理センターは、その名称、住所又は事務所の所在地を変更しようとするときは、あらかじめ、その旨を主務大臣に届け出なければならない。

4　主務大臣は、前項の規定による届出があったときは、当該届出に係る事項を公示しなければならない。

（業務）

第77条　情報処理センターは、次に掲げる業務を行うものとする。

一　第38条第1項及び第40条第1項の規定による登録に係る事務（次号において「登録事務」という。）を電子情報処理組織により処理すること。

二　登録事務を電子情報処理組織により処理するために必要な電子計算機その他の機器を使用し、及び管理し、並びにプログラム、データ、ファイル等を作成し、及び保管すること。

三　第38条第2項（第40条第2項において準用する場合を含む。）の規定による通知並びに第38条第3項（第40条第2項において準用する場合を含む。）の規定による記録及び保存を行うこと。

四　前3号に掲げる業務に附帯する業務を行うこと。

（業務規程）

第78条　情報処理センターは、前条各号に掲げる業務（以下「情報処理業務」という。）を行うときは、その開始前に、情報処理業務の実施方法、利用料金に関する事項その他の主務省令で定める事項について情報処理業務に関する規程（次項及び第85条第1項第3号において「業務規程」という。）を定め、主務大臣の認可を受けなければならない。これを変更しようとするときも、同様とする。

2　主務大臣は、前項の認可をした業務規程が情報処理業務の適正かつ確実な実施上不適当となったと認めるときは、その業務規程を変更すべきことを命ずることができる。

施　行　令	施　行　規　則　等
	（業務規程の記載事項） **第86条**　法第78条第１項の主務省令で定める事項は、次のとおりとする。 一　情報処理業務を行う時間に関する事項 二　情報処理業務を行う事務所の所在地 三　情報処理業務の実施に係る組織、運営その他の体制に関する事項 四　情報処理業務に用いる設備に関する事項

法　　　　　律
（事業計画等） **第79条**　情報処理センターは、毎事業年度、主務省令で定めるところにより、情報処理業務に関し事業計画書及び収支予算書を作成し、主務大臣の認可を受けなければならない。これを変更しようとするときも、同様とする。

施　行　令	施　行　規　則　等
	五　電子情報処理組織の利用条件及び手続に関する事項 六　電子情報処理組織の利用者への情報提供に関する事項 七　電子情報処理組織の利用料金及びその収受の方法に関する事項 八　区分経理の方法その他の経理に関する事項 九　情報処理業務に関して知り得た情報の管理（情報の安全を確保するために必要な措置を含む。）及び秘密の保持に関する事項 十　情報処理業務に関して知り得た情報の漏えいが生じた場合の措置に係る事項 十一　情報処理業務に関する苦情及び紛争の処理に関する事項 十二　法第80条の規定により業務の休廃止を行った場合及び法第85条第1項の規定により指定を取り消された場合における情報処理業務の引継ぎその他の必要な事項 十三　その他情報処理業務の実施に関し必要な事項 （事業計画書等の認可の申請） **第87条**　情報処理センターは、法第79条第1項前段の規定による認可を受けようとするときは、毎事業年度の開始前に（法第76条第1項の規定による指定を受けた日の属する事業年度にあっては、当該指定を受けた後遅滞なく）、その旨を記載した申請書に次に掲げる書類を添え、これを環境大臣及び経済産業大臣に提出しなければならない。 一　事業計画書 二　収支予算書 三　前事業年度の予定貸借対照表 四　当該事業年度の予定貸借対照表 五　前2号に掲げるもののほか、収支予算書の参考となる書類 2　前項第1号の事業計画書には、法第77条各号に掲げる業務の実施に関する計画並びに情報処理業務に用いる設備の維持及び更新の見通しその他必要な事項を記載しなければならない。 （事業計画書等の変更の認可の申請）

法　　　　　　　　律
2　情報処理センターは、主務省令で定めるところにより、毎事業年度終了後、情報処理業務に関し事業報告書及び収支決算書を作成し、主務大臣に提出しなければならない。 （業務の休廃止） 第80条　情報処理センターは、主務大臣の許可を受けなければ、情報処理業務の全部又は一部を休止し、又は廃止してはならない。 （秘密保持義務） 第81条　情報処理センターの役員若しくは職員又はこれらの職にあった者は、情報処理業務に関して知り得た秘密を漏らしてはならない。 （帳簿） 第82条　情報処理センターは、主務省令で定めるところにより、帳簿を備え、情報処理業務に関し主務省令で定める事項を記載し、これを保存しなければならない。 （報告及び立入検査） 第83条　主務大臣は、情報処理業務の適正な運営を確保するために必要な限度において、情報処理センターに対し、情報処理業務若しくは資産の状況に関し必要な報告をさせ、又はその職員に、情報処理センターの事務所に立ち入り、情報処理業務の状況若しくは帳簿、書類その他の物件を検査させることができる。 2　前項の規定により立入検査をする職員は、その身分を示す証明書を携帯し、関係者

施　行　令	施　行　規　則　等
	第88条　情報処理センターは、法第79条第１項後段の規定による認可を受けようとするときは、次に掲げる事項を記載した申請書を環境大臣及び経済産業大臣に提出しなければならない。この場合において、収支予算書の変更が前条第１項第４号及び第５号に掲げる書類の変更を伴うときは、当該変更後の書類を添付しなければならない。 一　変更しようとする事項 二　変更しようとする年月日 三　変更の理由 （事業報告書等の提出） 第89条　情報処理センターは、毎事業年度の終了後３月以内に、法第79条第２項の事業報告書及び収支決算書に貸借対照表を添付して、これを環境大臣及び経済産業大臣に提出しなければならない。 （情報処理センターの帳簿の保存） 第90条　法第82条の帳簿は、各月ごとの次条各号に定める事項について翌月の末日までに備え、備えた日から起算して10年を経過する日までの間保存しなければならない。 （情報処理センターの帳簿記載事項） 第91条　法第82条の規定により主務省令で定める事項は、次のとおりとする。 一　第一種フロン類充塡回収業者及び第一種特定製品の管理者（その使用に係る入出力装置が当該情報処理センターの使用に係る電子計算機と電気通信回線で接続されている者に限る。）の数の状況 二　法第38条第１項及び法第40条第１項の規定による登録の状況 三　法第38条第２項及び法第40条第２項の規定による通知の状況 四　利用料金の収受の状況 （立入検査の身分証明書）

法　　律
に提示しなければならない。 3　第1項の規定による立入検査の権限は、犯罪捜査のために認められたものと解釈してはならない。 （監督命令） **第84条**　主務大臣は、この節の規定を施行するために必要な限度において、情報処理センターに対し、情報処理業務に関し監督上必要な命令をすることができる。 （指定の取消し等） **第85条**　主務大臣は、情報処理センターが次の各号のいずれかに該当するときは、第76条第1項の規定による指定（以下この条において「指定」という。）を取り消すことができる。 一　情報処理業務を適正かつ確実に実施することができないと認められるとき。 二　指定に関し不正の行為があったとき。 三　この節の規定若しくは当該規定に基づく命令若しくは処分に違反したとき、又は第78条第1項の認可を受けた業務規程によらないで情報処理業務を行ったとき。 2　主務大臣は、前項の規定により指定を取り消したときは、その旨を公示しなければならない。
第4章　雑則 （フロン類の放出の禁止） **第86条**　何人も、みだりに特定製品に冷媒として充塡されているフロン類を大気中に放出してはならない。 （フロン類の放出の禁止等の表示） **第87条**　特定製品の製造業者等は、当該特定製品を販売する時までに、当該特定製品に冷媒として充塡されているフロン類に関し、当該特定製品に、見やすく、かつ、容易に消滅しない方法で、次に掲げる事項を表示しなければならない。 一　当該フロン類をみだりに大気中に放出してはならないこと。 二　当該特定製品を廃棄する場合（当該特定製品が第一種特定製品である場合にあっては当該第一種特定製品の廃棄等を行う場合、当該特定製品が第二種特定製品である場合にあっては当該第二種特定製品が搭載されている使用済自動車を引取業者に引き渡す場合）には、当該フロン類の回収が必要であること。 三　当該フロン類の種類及び数量 四　その他主務省令で定める事項

施　行　令	施　行　規　則　等
	第92条　法第83条第２項の証明書の様式は、様式第11のとおりとする。 ２　〔後掲〕
	（第一種特定製品に充塡されているフロン類の表示） **第94条**　法第87条第４号の主務省令で定める事項は、第一種特定製品である場合にあっては、当該第一種特定製品に冷媒として充塡されているフロン類の地球温暖化係数とする。

法　　　　　　　　　　律
（第二種特定製品搭載自動車の整備の際の遵守事項） **第88条**　第二種特定製品が搭載されている自動車（使用済自動車再資源化法第２条第１項に規定する自動車をいう。第93条及び第100条第１項第１号において同じ。）の整備に際して当該第二種特定製品に冷媒として充塡されているフロン類の回収又は運搬を行う者は、当該フロン類の回収又は運搬を行うに当たっては、主務省令で定めるフロン類の回収又は運搬に関する基準に従って行わなければならない。 （使用済自動車再資源化法との関係） **第89条**　第二種特定製品に使用されているフロン類の回収及び破壊については、この法律に定めるもののほか、使用済自動車再資源化法の定めるところによる。 （主務大臣によるフロン類等の製造業者等への協力要請） **第90条**　主務大臣は、フロン類、指定製品又は特定製品の製造業者等に対し、第４条に規定する責務にのっとり、国が第７条に規定する責務にのっとり講ずる措置並びに第97条及び第98条の規定により講ずる措置に関し、フロン類、指定製品及び特定製品に係る技術的知識の提供、特定製品に使用されるフロン類の管理の適正化に関する啓発及び知識の普及その他フロン類の使用の合理化並びに特定製品に使用されるフロン類の管理の適正化を推進するために必要な協力を求めるように努めるものとする。 （報告の徴収） **第91条**　主務大臣又は都道府県知事は、この法律の施行に必要な限度において、政令で

施　行　令	施　行　規　則　等
	◉第二種特定製品が搭載されている自動車の整備の際のフロン類の回収及び運搬に関する基準を定める省令

〔平　成　16　年　12　月　17　日
経済産業省・国土交通省・環境省令第１号〕

（用語）

第１条　この省令において使用する用語は、フロン類の使用の合理化及び管理の適正化に関する法律（平成13年法律第64号。以下「法」という。）及びフロン類の使用の合理化及び管理の適正化に関する法律施行規則（平成26年経済産業省・環境省令第７号）において使用する用語の例による。

（自動車の整備の際のフロン類の回収及び運搬に関する基準）

第２条　法第88条の主務省令で定める基準は、次のとおりとする。

一　フロン類の回収に関する基準

イ　第二種特定製品の冷媒回収口における圧力（絶対圧力をいう。以下同じ。）の値が、一定時間経過した後、次の表の上欄に掲げるフロン類の充塡量に応じ、同表の下欄に掲げる圧力以下になるよう吸引すること。

フロン類の充てん量	圧力
２キログラム未満	0.1メガパスカル
２キログラム以上	0.09メガパスカル

ロ　フロン類及びフロン類の回収方法について十分な知見を有する者が、フロン類の回収を自ら行い又はフロン類の回収に立ち会うこと。

二　フロン類の運搬に関する基準

イ　回収したフロン類の移充塡をみだりに行わないこと。

ロ　フロン類回収容器は、転落、転倒等による衝撃及びバルブ等の損傷による漏えいを防止する措置を講じ、かつ、粗暴な取扱いをしないこと。

（報告の徴収）

第５条　主務大臣は、法第

法　　　　律
定めるところにより、フロン類若しくは指定製品の製造業者等、第一種特定製品の管理者、第一種特定製品整備者、情報処理センター、第一種特定製品廃棄等実施者、第一種フロン類引渡受託者、第一種フロン類充塡回収業者（その委託を受けてフロン類の運搬を行う者を含む。次条第1項及び第93条において同じ。）、第一種フロン類再生業者（その委託を受けてフロン類の運搬を行う者を含む。同項及び同条において同じ。）又はフロン類破壊業者に対し、フロン類若しくは指定製品の製造等の業務の状況又は特定製品に使用されるフロン類の管理の適正化の実施の状況等に関し報告を求めることができる。

施　行　令	施　行　規　則　等
91条の規定により、法第10条の規定による措置に関し必要があると認めるときは、フロン類の製造業者等に対し、フロン類代替物質の製造等その他のフロン類の使用の状況に関し報告を求めることができる。 2　主務大臣は、法第91条の規定により、法第11条の規定による措置に関し必要があると認めるときは、同条第1項のフロン類の製造業者等に対し、フロン類代替物質の製造等その他のフロン類の使用の状況に関し報告を求めることができる。 3　主務大臣は、法第91条の規定により、法第13条の規定による措置に関し必要があると認めるときは、同条第1項の指定製品の製造業者等に対し、その製造等に係る指定製品につき、法第4条第2項の使用フロン類の環境影響度に関し報告を求めることができる。 4　主務大臣は、法第91条の規定により、法第15条の規定による措置に関し必要があると認めるときは、指定製品の製造業者等に対し、その製造等に係る指定製品につき、法	

法　　　律

施　行　令	施　行　規　則　等
第14条第1号に掲げる事項の表示及び同条第2号に掲げる事項の遵守の状況に関し報告を求めることができる。 5　主務大臣は、法第91条の規定により、法第62条第3項及び第5項の規定による措置に関し必要があると認めるときは、第一種特定製品整備者又は第一種フロン類充塡回収業者に対し、再生証明書の回付及び再生証明書の写しの保存に関する事項に関し報告を求めることができる。 6　主務大臣は、法第91条の規定により、法第73条第2項及び第4項の規定による措置に関し必要があると認めるときは、第一種特定製品整備者又は第一種フロン類充塡回収業者に対し、破壊証明書の回付及び破壊証明書の写しの保存に関する事項に関し報告を求めることができる。 7　主務大臣は、法第91条の規定により、法第61条及び第62条の規定による措置に関し必要があると認めるときは、第一種フロン類再生業者に対し、次に掲げる事項に関し報告を求めることができる。 一　フロン類の引取り、引渡し又は再生の実施	

法　　律

施　行　令	施　行　規　則　等
の状況 二　再生証明書の交付及び再生証明書の写しの保存に関する事項 8　主務大臣は、法第91条の規定により、法第62条第2項及び第5項の規定による措置に関し必要があると認めるときは、同条第2項の第一種フロン類再生業者に対し、フロン類の運搬の実施の状況に関し報告を求めることができる。 9　主務大臣は、法第91条の規定により、法第72条及び第73条の規定による措置に関し必要があると認めるときは、フロン類破壊業者に対し、次に掲げる事項に関し報告を求めることができる。 一　フロン類の引取り若しくは破壊の受託又は破壊の実施の状況 二　破壊証明書の交付及び破壊証明書の写しの保存に関する事項 10　都道府県知事は、法第91条の規定により、法第17条の規定による措置に関し必要があると認めるときは、第一種特定製品の管理者に対し、管理第一種特定製品の使用等の状況に関し報告を求めることができる。 11　都道府県知事は、法第	

法　　律

施　行　令	施　行　規　則　等
91条の規定により、法第18条の規定による措置に関し必要があると認めるときは、同条第１項の第一種特定製品の管理者に対し、管理第一種特定製品の使用等の状況に関し報告を求めることができる。 12　都道府県知事は、法第91条の規定により、法第48条並びに第49条第１項、第６項及び第７項の規定による措置に関し必要があると認めるときは、第一種特定製品整備者に対し、次に掲げる事項に関し報告を求めることができる。 一　フロン類の充塡の委託の実施の状況 二　フロン類の回収の委託又は引渡しの実施の状況 三　法第37条第２項の通知に関する事項 四　法第39条第２項の通知に関する事項 13　都道府県知事は、法第91条の規定により、法第49条第２項及び第７項の規定による措置に関し必要があると認めるときは、情報処理センターに対し、次に掲げる事項に関し報告を求めることができる。	

法　　　　　　　　律

施　行　令	施　行　規　則　等
一　法第38条第１項の登録に関する事項 二　法第38条第２項の通知及び同条第３項の記録に関する事項 三　法第40条第１項の登録に関する事項 四　法第40条第２項で準用する法第38条第２項の通知及び同条第３項の保存に関する事項 14　都道府県知事は、法第91条の規定により、法第48条並びに第49条第３項、第４項、第６項及び第７項の規定による措置に関し必要があると認めるときは、第一種特定製品廃棄等実施者に対し、次に掲げる事項に関し報告を求めることができる。 一　フロン類の引渡しの実施の状況 二　法第43条第１項の書面の交付及び当該書面の写しの保存に関する事項 三　委託確認書の交付及び委託確認書の写しの保存に関する事項 四　法第43条第４項の書面の交付及び当該書面の写しの保存に関する事項 五　引取証明書及び引取証明書の写しの保存に関する事項	

法　律

施　行　令	施　行　規　則　等
15　都道府県知事は、法第91条の規定により、法第49条第３項、第４項及び第７項の規定による措置に関し必要があると認めるときは、第一種フロン類引渡受託者に対し、次に掲げる事項に関し報告を求めることができる。 一　法第43条第４項に規定する書面の保存に関する事項 二　委託確認書の回付及び委託確認書の写しの保存に関する事項 三　引取証明書の保存に関する事項 16　都道府県知事は、法第91条の規定により、法第48条並びに第49条第１項、第２項、第４項、第６項及び第７項の規定による措置に関し必要があると認めるときは、その登録を受けた第一種フロン類充塡回収業者に対し、次に掲げる事項に関し報告を求めることができる。 一　フロン類の充塡の実施の状況 二　フロン類の引取り、引渡し又は回収の実施の状況 三　充塡証明書の交付に関する事項 四　法第38条第１項の登	

法　　　　律
（立入検査） **第92条**　主務大臣又は都道府県知事は、この法律の施行に必要な限度において、政令で定めるところにより、その職員に、フロン類若しくは指定製品の製造業者等、第一種特定製品の管理者、第一種特定製品整備者、第一種特定製品廃棄等実施者、第一種フロン類引渡受託者、第一種フロン類充塡回収業者、第一種フロン類再生業者又はフロン類破壊業者の事務所、第一種特定製品を設置する場所若しくは事業所又はフロン類

施　行　令	施　行　規　則　等
録に関する事項 五　回収証明書の交付に関する事項 六　法第40条第１項の登録に関する事項 七　引取証明書の交付並びに引取証明書の写しの保存及び送付に関する事項 17　都道府県知事は、法第91条の規定により、法第49条第５項の規定による措置に関し必要があると認めるときは、その登録を受けた第一種フロン類充塡回収業者に対し、フロン類の充塡又は回収の実施の状況に関し報告を求めることができる。 18　都道府県知事は、法第91条の規定により、法第49条第５項の規定による措置に関し必要があると認めるときは、その登録を受けた第一種フロン類充塡回収業者（その委託を受けてフロン類の運搬を行う者を含む。）に対し、フロン類の運搬の実施の状況に関し報告を求めることができる。 （立入検査） **第６条**　主務大臣は、法第92条第１項の規定により、その職員に、フロン類の製造業者等の事務所又は事業所に立ち入り、	

法　　　　　律
の充塡、回収若しくは再生の業務を行う場所に立ち入り、帳簿、書類その他の物件を検査させ、又は試験のため必要な最小限度の分量に限り試料を無償で収去させることができる。

施　行　令	施　行　規　則　等
その製造等に係るフロン類、当該フロン類の製造等に係る施設及びその関連施設並びに関係帳簿書類を検査させ、又は試験のため必要最小限度の分量に限り試料を無償で収去させることができる。 2　主務大臣は、法第92条第1項の規定により、その職員に、指定製品の製造業者等の事務所又は事業所に立ち入り、その製造等に係る指定製品、当該指定製品の製造等に係る施設及びその関連施設並びに関係帳簿書類を検査させることができる。 3　主務大臣は、法第92条第1項の規定により、その職員に、第一種特定製品整備者又は第一種フロン類充填回収業者の事務所又は事業所に立ち入り、関係帳簿書類を検査させることができる。 4　主務大臣は、法第92条第1項の規定により、その職員に、法第91条の第一種フロン類再生業者の事務所若しくは事業所又はフロン類の再生の業務を行う場所に立ち入り、法第50条第1項の第一種フロン類再生施設等及びその関連施設並びに関係帳簿書類を検査させるこ	

法　　　　　　　　　律

施　行　令	施　行　規　則　等
とができる。 5　主務大臣は、法第92条第1項の規定により、その職員に、フロン類破壊業者の事務所又は事業所に立ち入り、法第63条第2項第4号のフロン類破壊施設及びその関連施設並びに関係帳簿書類を検査させることができる。 6　都道府県知事は、法第92条第1項の規定により、その職員に、第一種特定製品の管理者の事務所若しくは事業所又は法第16条第1項の管理第一種特定製品を設置する場所に立ち入り、当該管理第一種特定製品及び関係帳簿書類を検査させることができる。 7　都道府県知事は、法第92条第1項の規定により、その職員に、第一種特定製品整備者の事務所又は事業所に立ち入り、その整備に係る第一種特定製品及び関係帳簿書類を検査させることができる。 8　都道府県知事は、法第92条第1項の規定により、その職員に、第一種特定製品廃棄等実施者の事務所又は事業所に立ち入り、その廃棄又は譲渡に係る第一種特定製品及	

法律
2　前項の規定により立入検査をする職員は、その身分を示す証明書を携帯し、関係人に提示しなければならない。 3　第1項の規定による立入検査及び収去の権限は、犯罪捜査のために認められたものと解釈してはならない。 （資料の提出の要求） **第93条**　主務大臣は、この法律の目的を達成するため必要があると認めるときは、関係

施　行　令	施　行　規　則　等
び関係帳簿書類を検査させることができる。 9　都道府県知事は、法第92条第1項の規定により、その職員に、第一種フロン類引渡受託者の事務所又は事業所に立ち入り、関係帳簿書類を検査させることができる。 10　都道府県知事は、法第92条第1項の規定により、その職員に、その登録を受けた法第91条の第一種フロン類充塡回収業者の事務所若しくは事業所又はフロン類の充塡、回収若しくは再生の業務を行う場所に立ち入り、第一種特定製品へのフロン類の充塡及び第一種特定製品に冷媒として充塡されているフロン類の回収の用に供する設備、法第50条第1項の第一種フロン類再生施設等並びにこれらの関連施設並びに関係帳簿書類を検査させることができる。	
	第92条　〔前掲〕 2　法第92条第2項の証明書の様式は、様式第12のとおりとする。 （条例等に係る適用除外） **第93条**　前条（都道府県知事の事務に係る部分に限る。）の規定は、都道府県の条例、規則その他の定めに別段の定めがあるときは、その限度において適用しない。
（権限の委任） **第7条**　法第93条の規定に	

法　　　律
都道府県知事又はフロン類若しくは指定製品の製造業者等、第一種特定製品の管理者、第一種特定製品整備者、第一種特定製品廃棄等実施者、第一種フロン類引渡受託者、第一種フロン類充塡回収業者、第一種フロン類再生業者、フロン類破壊業者、特定解体工事元請業者若しくは第二種特定製品が搭載されている自動車の整備を行う者に対し、必要な資料の提出及び説明を求めることができる。 （フロン類に関する情報の公表） **第94条**　主務大臣は、第47条第４項の規定による通知又は第60条第３項及び第71条第３項の規定による報告に係る事項その他この法律の規定により収集された情報を整理して、特定製品に係るフロン類の充塡、回収、再生及び破壊の状況その他のフロン類に関する情報を公表するものとする。 （環境大臣による第一種フロン類再生業者等に関する調査請求） **第95条**　環境大臣は、第一種フロン類再生業者がフロン類の再生その他のフロン類の取扱いに際して、専ら環境の保全を目的とする法令に違反した場合は、当該第一種フロン類再生業者が第58条第１項に規定するフロン類の再生に関する基準に違反していないかどうかを調査するよう主務大臣に求めることができる。 ２　環境大臣は、フロン類破壊業者がフロン類の破壊その他のフロン類の取扱いに際して、専ら環境の保全を目的とする法令に違反した場合は、当該フロン類破壊業者が第69条第４項に規定するフロン類の破壊に関する基準に違反していないかどうかを調査するよう主務大臣に求めることができる。 （国の援助） **第96条**　国は、フロン類の使用の合理化及び特定製品に使用されるフロン類の管理の適正化を促進するために必要な資金の確保、技術的な助言その他の援助に努めるものとする。 （教育及び学習の振興等） **第97条**　国は、フロン類の使用の合理化及び特定製品に使用されるフロン類の管理の適正化を推進してフロン類の大気中への排出を抑制するためには、事業者及び国民の理解と協力を得ることが欠くことのできないものであることに鑑み、フロン類の使用の合理化及び特定製品に使用されるフロン類の管理の適正化の推進に関する教育及び学習の振興並びに広報活動の充実のために必要な措置を講ずるものとする。 ２　国は、事業者、国民又はこれらの者の組織する団体が自発的に行うフロン類の使用の合理化及び特定製品に使用されるフロン類の管理の適正化に資する活動が促進されるように、必要な措置を講ずるものとする。 （研究開発の推進等） **第98条**　国は、フロン類代替物質の研究開発その他のフロン類の使用の合理化に関する技術の研究開発、特定製品に使用されるフロン類の管理の適正化に関する技術の研究開発その他フロン類に係る環境の保全上の支障の防止に関する研究開発の推進及びその成果の普及のために必要な措置を講ずるものとする。

施　行　令	施　行　規　則　等
よる主務大臣の権限のうち国土交通大臣に属する権限については、地方運輸局長、運輸監理部長又は運輸支局長も行うことができる。	

法　　律
（情報交換の促進等） **第99条**　国は、この法律の規定により都道府県知事が行う事務が円滑に実施されるように、国と都道府県及び都道府県相互間の情報交換を促進するとともに、当該事務の実施の状況に応じて必要な措置を講ずることに努めるものとする。 （主務大臣等） **第100条**　この法律における主務大臣は、環境大臣及び経済産業大臣とする。ただし、次の各号に掲げる事項については、当該各号に定める大臣とする。 一　第３条に規定する指針のうち特定解体工事発注者及び特定解体工事元請業者に係る事項並びに第二種特定製品が搭載されている自動車の整備に係る事項並びに特定解体工事元請業者及び第二種特定製品が搭載されている自動車の整備を行う者に係る第93条の規定による資料の提出の要求に関する事項　環境大臣、経済産業大臣及び国土交通大臣 二　第９条第１項の規定による判断の基準となるべき事項の策定、同条第２項に規定する当該事項の改定、第10条に規定する指導及び助言、第11条第１項に規定する勧告、同条第２項の規定による公表、同条第３項の規定による命令並びに第91条の規定による報告の徴収、第92条第１項の規定による立入検査及び第93条の規定による資料の提出の要求（第２章第１節の規定を施行するために行うものに限る。）に関する事項　経済産業大臣 三　第12条第１項の規定による判断の基準となるべき事項の策定、同条第２項に規定する当該事項の改定、第13条第１項に規定する勧告、同条第２項において準用する第11条第２項の規定による公表、第13条第２項において準用する第11条第３項の規定による命令、第14条の規定による告示、第15条第１項に規定する勧告、同条第２項において準用する第11条第２項の規定による公表、第15条第２項において準用する第11条第３項の規定による命令並びに第91条の規定による報告の徴収、第92条第１項の規定による立入検査及び第93条の規定による資料の提出の要求（第２章第２節の規定を施行するために行うものに限る。）に関する事項　当該指定製品の製造業者等が行う指定製品の製造等の事業を所管する大臣 四　第21条第１項の規定による請求、第22条の規定による開示及び第24条の規定による技術的助言等に関する事項並びに第26条第２項に定める事項　環境大臣、経済産業大臣及び事業所管大臣 ２　この法律における主務省令は、環境大臣及び経済産業大臣の発する命令とする。ただし、次の各号に掲げる主務省令については、当該各号に定めるとおりとする。 一　第11条第１項の主務省令　経済産業大臣の発する命令 二　第13条第１項の主務省令　当該指定製品の製造等の事業を所管する大臣の発する命令 三　第19条第１項及び第２項、第23条第１項並びに第26条の主務省令　環境大臣、経済産業大臣及び事業所管大臣の発する命令

施　行　令	施　行　規　則　等

法　　　　　　　律
四　第42条第１項及び第88条の主務省令　環境大臣、経済産業大臣及び国土交通大臣の発する命令 （権限の委任等） **第101条**　この法律に規定する主務大臣の権限は、政令で定めるところにより、地方支分部局の長に委任することができる。 ２　この法律の規定により都道府県知事の権限に属する事務（第３章第１節及び第２節に規定する事務を除く。）の一部は、政令で定めるところにより、政令で定める市の長が行うこととすることができる。 （経過措置） **第102条**　この法律の規定に基づき命令を制定し、又は改廃する場合においては、その命令で、その制定又は改廃に伴い合理的に必要と判断される範囲内において、所要の経過措置（罰則に関する経過措置を含む。）を定めることができる。
第５章　罰則 **第103条**　次の各号のいずれかに該当する者は、１年以下の懲役又は50万円以下の罰金に処する。 一　第27条第１項の規定に違反して登録を受けないでフロン類の充塡又は回収を業として行った者 二　不正の手段によって第27条第１項の登録（第30条第１項の登録の更新を含む。）を受けた者 三　第35条第１項の規定による業務の停止の命令に違反した者 四　第50条第１項の規定に違反して許可を受けないでフロン類の再生を業として行った者 五　不正の手段によって第50条第１項の許可（第52条第１項の許可の更新を含む。）を受けた者 六　第53条第１項の規定に違反して第50条第２項第３号から第５号までに掲げる事項を変更した者 七　第55条の規定による業務の停止の命令に違反した者 八　第63条第１項の規定に違反して許可を受けないでフロン類の破壊を業として行った者 九　不正の手段によって第63条第１項の許可（第65条第１項の許可の更新を含む。）を受けた者 十　第66条第１項の規定に違反して第63条第２項第３号から第５号までに掲げる事項を変更した者 十一　第67条の規定による業務の停止の命令に違反した者 十二　第81条の規定に違反した者 十三　第86条の規定に違反して特定製品に冷媒として充塡されているフロン類を大気

施　行　令	施　行　規　則　等

法　　　　　　　律

中に放出した者

第104条　第11条第３項（第13条第２項及び第15条第２項において準用する場合を含む。）、第18条第３項、第49条第７項、第62条第５項又は第73条第４項の規定による命令に違反した者は、50万円以下の罰金に処する。

第105条　第31条第１項、第53条第３項又は第66条第３項の規定による届出をせず、又は虚偽の届出をした者は、30万円以下の罰金に処する。

第106条　次の各号のいずれかに該当するときは、その違反行為をした情報処理センターの役員又は職員は、30万円以下の罰金に処する。

一　第80条の許可を受けないで、情報処理業務の全部を廃止したとき。

二　第82条の規定による帳簿の記載をせず、虚偽の記載をし、又は帳簿を保存しなかったとき。

三　第83条第１項又は第91条の規定による報告をせず、又は虚偽の報告をしたとき。

四　第83条第１項の規定による検査を拒み、妨げ、又は忌避したとき。

第107条　次の各号のいずれかに該当する者は、20万円以下の罰金に処する。

一　第47条第１項、第60条第１項又は第71条第１項の規定に違反して、記録を作成せず、若しくは虚偽の記録を作成し、又は記録を保存しなかった者

二　第47条第３項、第60条第３項、第71条第３項又は第91条（情報処理センターに係る部分を除く。）の規定による報告をせず、又は虚偽の報告をした者

三　第92条第１項の規定による検査又は収去を拒み、妨げ、又は忌避した者

第108条　法人の代表者又は法人若しくは人の代理人、使用人その他の従業者が、その法人又は人の業務に関し、第103条（第12号を除く。）、第104条、第105条又は前条の違反行為をしたときは、その行為者を罰するほか、その法人又は人に対しても、各本条の罰金刑を科する。

第109条　次の各号のいずれかに該当する者は、10万円以下の過料に処する。

一　第19条第１項の規定による報告をせず、又は虚偽の報告をした者

二　第33条第１項又は第54条第１項（第68条において準用する場合を含む。）の規定による届出を怠った者

三　第87条の規定による表示をせず、又は虚偽の表示をした者

附　則

（施行期日）

第１条　この法律は、平成14年４月１日から施行する。ただし、次の各号に掲げる規定は、当該各号に定める日から施行する。

一　第１条、第２条、第９条から第18条まで、第44条から第51条まで、第70条（第一種フロン類回収業者及びフロン類破壊業者に係る部分に限る。）、第71条（第一種フロン類回収業者及びフロン類破壊業者に係る部分に限る。）、第79条から第81条まで、第82条第１号（第９条第１項に係る部分に限る。）、第２号（第９条第１項に係る部

施　行　令	施　行　規　則　等
附　則 この政令は、法の施行の日（平成14年4月1日）から施行する。ただし、第1条の規定は、法附則第1条第1号に規定する規定の施行の日(平成13年12月21日)から施行する。	附　則(抄) (施行期日) **第1条**　この省令は、特定製品に係るフロン類の回収及び破壊の実施の確保等に関する法律の一部を改正する法律の施行の日〔平成27年4月1日（平成27年政令第32号)〕(附則第4条において「施行日」という。) から施行する。 (経過措置) **第3条**　第52条、第53条及び第84条の規定は、平成28年度

分に限る。)、第３号（第28条及び第33条において準用する第17条第１項に係る部分を除く。）及び第４号から第７号まで、第84条（第28条及び第33条において準用する第13条第１項に係る部分を除く。)、第85条第２号（第70条（第一種フロン類回収業者及びフロン類破壊業者に係る部分に限る。）に係る部分に限る。）及び第４号（第71条第１項中第一種フロン類回収業者及びフロン類破壊業者に係る部分に限る。)、第86条、第87条第１号（第28条及び第33条において準用する第15条第１項に係る部分を除く。）並びに次条第１項から第４項までの規定　公布の日〔平成13年６月22日〕から起算して６月を超えない範囲内において政令で定める日〔平成13年12月21日（平成13年政令第395号)〕

二　第33条において準用する第22条第１項及び第２項、第34条から第38条まで、第39条（同条第２項の規定による指定に係る部分を除く。)、第40条から第43条まで、第52条（第一種フロン類回収業者からのフロン類の引取り及びその破壊に係る部分を除く。)、第57条から第64条まで、第67条第２項、第70条（自動車製造業者等に係る部分に限る。)、第71条（自動車製造業者等に係る部分に限る。)、第83条（第24条第３項及び第55条第３項に係る部分を除く。）並びに第85条第１号（第33条において準用する第22条第１項に係る部分に限る。)、第２号（第33条において準用する第22条第２項に係る部分及び第70条（自動車製造業者等に係る部分に限る。）に係る部分に限る。)、第３号及び第４号（第71条第１項中自動車製造業者等に係る部分に限る。）の規定　この法律の施行の日（以下「施行日」という。）の翌日から平成14年10月31日までの間において政令で定める日〔平成14年10月１日（平成14年政令第232号)〕

三　第78条並びに附則第４条及び第５条の規定　公布の日

(経過措置)

第２条　前条第１号に掲げる規定の施行の際現に第一種フロン類回収業を行っている者は、同号に規定する政令で定める日から同日後６月を経過する日又は施行日の前日のいずれか遅い日までの間（当該期間内に第11条第１項の規定による登録を拒否する処分があったときは、当該処分のあった日までの間）は、第９条第１項の登録を受けないでも、引き続き当該業務を行うことができる。その者がその期間内に当該登録の申請をした場合において、その期間を経過したときは、その申請について登録又は登録の拒否の処分があるまでの間も、同様とする。

２　前項の規定により引き続き第一種フロン類回収業を行うことができる場合において、同項に規定する期間を経過する日（同項後段の場合にあっては、同項後段の登録又は登録の拒否の処分の日）が施行日以後の日となるときは、その者を当該業務を行おうとする区域を管轄する都道府県知事の登録を受けた第一種フロン類回収業者とみなして、第17条第１項（登録の取消しに係る部分を除く。）及び第２項、第19条から第21条まで、第22条第１項及び第２項、第23条、第24条、第52条第１項及び第３項、第53条第２項、第56条並びに第70条から第72条までの規定（これらの規定に係る罰則

施　行　令	施　行　規　則　等
	以降に行う当該各条に規定する報告について適用し、平成27年度に行う報告については、なお従前の例による。 **第４条**　第94条の規定によって行うべき表示は、施行日から６月を経過する日までは、なお従前の例による。 **附　則**（平成27年10月１日経済産業省・環境省令第７号） この省令は、行政手続における特定の個人を識別するための番号の利用等に関する法律（平成25年法律第27号）の施行の日（平成27年10月５日）から施行する。 **附　則**（平成28年３月29日経済産業省・環境省令第２号） この省令は、平成28年４月１日から施行する。 **別表第１**（第40条関係）

フロン類の圧力区分	圧力
低圧ガス（常用の温度での圧力が0.3メガパスカル未満のもの）	0.03メガパスカル
高圧ガス（常用の温度での圧力が0.3メガパスカル以上２メガパスカル未満であって、フロン類の充填量が２キログラム未満のもの）	0.1メガパスカル
高圧ガス（常用の温度での圧力が0.3メガパスカル以上２メガパスカル未満であって、フロン類の充填量が２キログラム以上のもの）	0.09メガパスカル
高圧ガス（常用の温度での圧力が２メガパスカル以上のもの）	0.1メガパスカル

別表第２（第71条関係）

フロン類破壊施設の種類	装置
廃棄物混焼法方式施設	一　燃焼装置 二　フロン類供給装置 三　助燃剤供給装置 四　空気供給装置 五　使用及び管理に必要な計測装置

を含む。）を適用する。

3　前条第１号に掲げる規定の施行の際現に特定製品に冷媒として充てんされているフロン類の破壊を業として行っている者は、同号に規定する政令で定める日から同日後６月を経過する日又は施行日の前日のいずれか遅い日までの間（当該期間内に第44条第１項の許可に係る申請について不許可の処分があったときは、当該処分のあった日までの間）は、同項の許可を受けないでも、引き続き当該業務を行うことができる。その者がその期間内に当該許可の申請をした場合において、その期間を経過したときは、その申請について許可又は不許可の処分があるまでの間も、同様とする。

4　前項の規定により引き続き特定製品に冷媒として充てんされているフロン類の破壊を業として行うことができる場合において、同項に規定する期間を経過する日（同項後段の場合にあっては、同項後段の許可又は不許可の処分の日）が施行日以後の日となるときは、その者を主務大臣の許可を受けたフロン類破壊業者とみなして、第21条第１項、第22条第１項及び第２項、第49条（許可の取消しに係る部分を除く。）、第52条から第55条まで、第56条第１項、第70条から第72条まで並びに第74条の規定（これらの規定に係る罰則を含む。）を適用する。

5　この法律の施行の際現に第二種特定製品引取業を行っている者は、施行日から前条第２号に規定する政令で定める日の前日までの間（当該期間内に第27条第１項の規定による登録を拒否する処分があったときは、当該処分のあった日までの間）は、第25条第１項の登録を受けないでも、引き続き当該業務を行うことができる。その者がその期間内に当該登録の申請をした場合において、その期間を経過したときは、その申請について登録又は登録の拒否の処分があるまでの間も、同様とする。

6　前項後段の規定により引き続き第二種特定製品引取業を行うことができる場合においては、その者を当該業務を行おうとする事業所の所在地を管轄する都道府県知事の登録を受けた第二種特定製品引取業者とみなして、第28条において準用する第17条第１項（登録の取消しに係る部分を除く。）及び第２項、第35条から第37条まで、第38条第１項、第42条第１項、第43条第４項及び第６項、第53条第２項、第63条第１項及び第４項、第64条第１項及び第２項並びに第70条から第72条までの規定（これらの規定に係る罰則を含む。）を適用する。

7　この法律の施行の際現に第二種フロン類回収業を行っている者は、施行日から前条第２号に規定する政令で定める日の前日までの間（当該期間内に第31条第１項若しくは第32条第２項ただし書の規定による登録を拒否する処分又は同条第１項の規定による通知をしないことの決定があったときは、当該処分又は決定のあった日までの間）は、第29条第１項の登録を受けないでも、引き続き当該業務を行うことができる。その者がその期間内に当該登録の申請又は第32条第１項の規定による申出をした場合において、その期間を経過したときは、その申請又は申出について登録若しくは登録の拒否の処分又は同項の規定による通知をしないことの決定があるまでの間も、同様とする。

施　行　令	施　行　規　則　等	
		六　破壊の結果生じた排ガスその他の生成した物質を処理するための装置
	セメント・石灰焼成炉混入法方式施設	一　燃焼装置 二　フロン類供給装置 三　助燃剤供給装置 四　使用及び管理に必要な計測装置 五　破壊の結果生じた排ガスその他の生成した物質を処理するための装置
	液中燃焼法方式施設	一　燃焼装置 二　フロン類供給装置 三　助燃剤供給装置 四　水蒸気供給装置 五　空気供給装置 六　使用及び管理に必要な計測装置 七　破壊の結果生じた排ガスその他の生成した物質を処理するための装置
	プラズマ法方式施設	一　プラズマ反応装置 二　フロン類供給装置 三　水蒸気供給装置 四　空気供給装置（必要がある場合に限る。） 五　オイルフィルター（必要がある場合に限る。） 六　使用及び管理に必要な計測装置 七　破壊の結果生じた排ガスその他の生成した物質を処理するための装置
	触媒法方式施設	一　触媒反応装置 二　フロン類供給装置

法　　律

8　前項後段の規定により引き続き第二種フロン類回収業を行うことができる場合においては、その者を当該業務を行おうとする事業所の所在地を管轄する都道府県知事の登録を受けた第二種フロン類回収業者とみなして、第33条において準用する第17条第1項（登録の取消しに係る部分を除く。）及び第2項、第33条において準用する第22条第1項及び第2項、第37条から第39条まで、第40条第1項、第42条第1項、第43条第1項、第4項及び第6項、第53条第2項、第57条第1項、第63条第1項、第2項及び第4項、第64条第1項及び第2項並びに第70条から第72条までの規定（これらの規定に係る罰則を含む。）を適用する。

第3条　施行日から附則第1条第2号に規定する政令で定める日の前日までの間における第82条の規定の適用については、同条第8号中「特定製品」とあるのは、「第一種特定製品」とする。

（検討）

第4条　政府は、第二種特定製品に関し、第60条の規定により自動車製造業者等がその製造等をした自動車を運行の用に供する者に対して費用の負担を求める方法について検討を加え、その結果に基づいて速やかに必要な措置を講ずるものとする。

2　政府は、第二種特定製品に冷媒として充てんされているフロン類の回収及び破壊については、使用済自動車の循環的な利用の中で一体的に行われることが適当であることにかんがみ、使用済自動車の循環的な利用に関する法律の検討に当たっては、この法律の第二種特定製品からのフロン類の回収及び破壊に関する規定について廃止を含めた見直しを行い、その結果に基づいて必要な措置を講ずるものとする。

第5条　政府は、冷媒以外の用途に使用されているフロン類の回収及び破壊等に関する調査研究を推進し、その結果に基づいて必要な措置を講ずるものとする。この場合において、特に、断熱材に含まれるフロン類の回収及び破壊等については、速やかに調査研究を推進し、その結果に基づいて必要な措置を講ずるものとする。

第6条　政府は、この法律の施行後5年を経過した場合において、この法律の施行の状況について検討を加え、その結果に基づいて必要な措置を講ずるものとする。

附　則（平成14年5月31日法律第54号）（抄）

（施行期日）

第1条　この法律は、平成14年7月1日から施行する。

（経過措置）

第28条　この法律の施行前にこの法律による改正前のそれぞれの法律若しくはこれに基づく命令（以下「旧法令」という。）の規定により海運監理部長、陸運支局長、海運支局長又は陸運支局の事務所の長（以下「海運監理部長等」という。）がした許可、認可その他の処分又は契約その他の行為（以下「処分等」という。）は、国土交通省令で定めるところにより、この法律による改正後のそれぞれの法律若しくはこれに基づく命令（以下「新法令」という。）の規定により相当の運輸監理部長、運輸支局長又は地方運輸局、運輸監理部若しくは運輸支局の事務所の長（以下「運輸監理部長等」

施行令	施行規則等
	<table><tr><td></td><td>三　水蒸気供給装置 四　空気供給装置 五　オイルフィルター（必要がある場合に限る。） 六　使用及び管理に必要な計測装置 七　破壊の結果生じた排ガスその他の生成した物質を処理するための装置</td></tr><tr><td>過熱蒸気反応法方式施設</td><td>一　反応装置 二　フロン類供給装置 三　水蒸気供給装置 四　空気供給装置 五　オイルフィルター（必要がある場合に限る。） 六　使用及び管理に必要な計測装置 七　破壊の結果生じた排ガスその他の生成した物質を処理するための装置</td></tr><tr><td>その他の方式の施設</td><td>主務大臣が適切に破壊を行うために必要と認める装置</td></tr></table> 様式　略

という。）がした処分等とみなす。

第29条　この法律の施行前に旧法令の規定により海運監理部長等に対してした申請、届出その他の行為（以下「申請等」という。）は、国土交通省令で定めるところにより、新法令の規定により相当の運輸監理部長等に対してした申請等とみなす。

第30条　この法律の施行前にした行為に対する罰則の適用については、なお従前の例による。

附　則（平成14年7月12日法律第87号）（抄）

（施行期日）

第1条　この法律は、公布の日から起算して6月を超えない範囲内において政令で定める日〔平成15年1月11日（平成14年政令第388号）〕から施行する。ただし、次の各号に掲げる規定は、当該各号に定める日から施行する。

二　〔前略〕附則〔中略〕第18条及び第19条の規定　公布の日から起算して2年6月を超えない範囲内において政令で定める日〔平成17年1月1日（平成15年政令第345号）〕

（フロン類回収破壊法の一部改正に伴う経過措置）

第19条　附則第1条第2号に掲げる規定の施行の日前に旧フロン類回収破壊法第36条の規定により第二種特定製品引取業者に引き渡された第二種特定製品については、旧フロン類回収破壊法第29条から第34条まで、第37条から第43条まで、第52条から第55条まで、第57条から第64条まで、第70条から第74条まで、第79条及び第80条の規定（これらの規定に係る罰則を含む。）は、なおその効力を有する。

（罰則に関する経過措置）

第22条　この法律（附則第1条各号に掲げる規定については、当該規定）の施行前にした行為に対する罰則の適用については、なお従前の例による。

（政令への委任）

第23条　附則第2条から第12条まで、第16条、第19条及び前条に定めるもののほか、この法律の施行に関し必要な経過措置は、政令で定める。

附　則（平成16年6月2日法律第76号）（抄）

（施行期日）

第1条　この法律は、破産法（平成16年法律第75号。次条第8項並びに附則第3条第8項、第5条第8項、第16項及び第21項、第8条第3項並びに第13条において「新破産法」という。）の施行の日〔平成17年1月1日〕から施行する。

（罰則の適用等に関する経過措置）

第12条　施行日前にした行為並びに附則第2条第1項、第3条第1項、第4条、第5条第1項、第9項、第17項、第19項及び第21項並びに第6条第1項及び第3項の規定によりなお従前の例によることとされる場合における施行日以後にした行為に対する罰則の適用については、なお従前の例による。

2～4　〔略〕

施　行　令	施　行　規　則　等

法　　律
5　施行日前にされた破産の宣告、再生手続開始の決定、更生手続開始の決定又は外国倒産処理手続の承認の決定に係る届出、通知又は報告の義務に関するこの法律による改正前の〔中略〕特定製品に係るフロン類の回収及び破壊の実施の確保等に関する法律〔中略〕の規定並びにこれらの規定に係る罰則の適用については、なお従前の例による。 （政令への委任） **第14条**　附則第２条から前条までに規定するもののほか、この法律の施行に関し必要な経過措置は、政令で定める。 **附　則**（平成18年６月８日法律第59号） （施行期日） **第１条**　この法律は、平成19年10月１日から施行する。ただし、附則第７条の規定は、公布の日から施行する。 （第一種特定製品に係るフロン類に関する経過措置） **第２条**　この法律による改正後の特定製品に係るフロン類の回収及び破壊の実施の確保等に関する法律（以下「新法」という。）第18条の２及び第37条の規定は、この法律の施行前に整備に着手された第一種特定製品に冷媒として充てんされているフロン類については、適用しない。 ２　この法律の施行前に整備に着手された第一種特定製品に冷媒として充てんされているフロン類の回収又は運搬に関する基準の遵守については、なお従前の例による。 ３　新法第19条の３第２項から第７項まで及び第20条の２の規定は、この法律の施行前に締結された第一種フロン類回収業者への引渡しの委託に係る契約に係る第一種特定製品に冷媒として充てんされているフロン類については、適用しない。 （第一種フロン類回収業者の登録に関する経過措置） **第３条**　この法律の施行の際現にこの法律による改正前の特定製品に係るフロン類の回収及び破壊の実施の確保等に関する法律（以下「旧法」という。）第９条第１項の登録を受けている者は、新法第９条第１項の登録を受けたものとみなす。 ２　前項の規定により新法第９条第１項の登録を受けたものとみなされた者についての新法第12条第１項の規定の適用については、その者が旧法第９条第１項の登録を受けた日を新法第９条第１項の登録を受けた日とみなす。 ３　この法律の施行の際現に第一種特定製品整備時フロン類回収業（第一種特定製品が整備される場合において当該第一種特定製品に冷媒として充てんされているフロン類を回収することを業として行うことをいう。次項において同じ。）又は第一種特定製品譲渡時フロン類回収業（第一種特定製品の全部又は一部を原材料又は部品その他製品の一部として利用することを目的として第一種特定製品が有償又は無償で譲渡される場合において当該第一種特定製品に冷媒として充てんされているフロン類を回収することを業として行うことをいう。第５項において同じ。）を行っている者（第１項に規定する者を除く。）は、この法律の施行の日から３月を経過する日までの間（当

施　行　令	施　行　規　則　等

法　　　　　　　　律
該期間内に新法第10条第１項の規定による登録又は新法第11条第１項の規定による登録の拒否の処分があったときは、当該処分のあった日までの間）は、新法第９条第１項の登録を受けないでも、引き続き当該業務を行うことができる。これらの者がその期間内に当該登録の申請をした場合において、その期間を経過したときは、その申請について登録又は登録の拒否の処分があるまでの間も、同様とする。 4　前項の規定により引き続き第一種特定製品整備時フロン類回収業を行うことができる場合においては、その者を当該業務を行う区域を管轄する都道府県知事の登録を受けた第一種フロン類回収業者とみなして、新法第17条第１項（登録の取消しに係る部分を除く。）及び第２項、第18条の２、第21条、第22条第１項から第３項まで、第23条、第24条第３項から第５項まで、第33条第１項及び第４項、第34条第２項、第37条第１項及び第２項並びに第43条から第45条までの規定（これらの規定に係る罰則を含む。）を適用する。 5　第３項の規定により引き続き第一種特定製品譲渡時フロン類回収業を行うことができる場合においては、その者を当該業務を行う区域を管轄する都道府県知事の登録を受けた第一種フロン類回収業者とみなして、新法第17条第１項（登録の取消しに係る部分を除く。）及び第２項、第19条、第19条の３第１項及び第６項、第20条、第20条の２第１項、第２項及び第６項、第21条、第22条第１項から第３項まで、第23条、第24条第２項から第５項まで、第33条第１項及び第４項、第34条第２項、第37条第１項及び第２項並びに第43条から第45条までの規定（これらの規定に係る罰則を含む。）を適用する。 （処分、手続等の効力に関する経過措置） **第４条**　前条に規定するもののほか、この法律の施行前に旧法（これに基づく命令を含む。）の規定によってした処分、手続その他の行為であって、新法（これに基づく命令を含む。）の規定に相当の規定があるものは、これらの規定によってした処分、手続その他の行為とみなす。 （第一種フロン類回収業の登録の取消し等に関する経過措置） **第５条**　附則第３条第１項の規定により新法第９条第１項の登録を受けたものとみなされた者がこの法律の施行前にした旧法第17条第１項第１号又は第４号に該当する行為は、新法第17条第１項第１号又は第４号に該当する行為とみなして、同項の規定を適用する。 （罰則に関する経過措置） **第６条**　この法律の施行前にした行為に対する罰則の適用については、なお従前の例による。 （政令への委任） **第７条**　附則第２条から前条までに定めるもののほか、この法律の施行に関し必要な経過措置は、政令で定める。 （検討）

施　行　令	施　行　規　則　等

法　　　　律
第8条　政府は、この法律の施行後5年を経過した場合において、新法の施行の状況を勘案し、必要があると認めるときは、新法の規定について検討を加え、その結果に基づいて必要な措置を講ずるものとする。 　　**附　則**（平成25年6月12日法律第39号）（抄） （施行期日） **第1条**　この法律は、公布の日から起算して2年を超えない範囲内において政令で定める日〔平成27年4月1日（平成27年政令第32号）〕から施行する。ただし、次の各号に掲げる規定は、当該各号に定める日から施行する。 二　次条及び附則第3条の規定　公布の日から起算して3月を超えない範囲内において政令で定める日〔平成25年9月11日（平成25年政令第250号）〕 （準備行為） **第2条**　この法律による改正後のフロン類の使用の合理化及び管理の適正化に関する法律（以下「新法」という。）第50条第1項の許可を受けようとする者は、この法律の施行前においても、同条第2項の規定の例により、その申請を行うことができる。 2　前項の規定による申請に係る申請書又はこれに添付すべき書類に虚偽の記載をして提出した者は、1年以下の懲役又は50万円以下の罰金に処する。 3　法人の代表者又は法人若しくは人の代理人、使用人その他の従業者が、その法人又は人の業務に関し、前項の違反行為をしたときは、行為者を罰するほか、その法人又は人に対して同項の罰金刑を科する。 **第3条**　新法第76条第1項の規定による指定及びこれに関し必要な手続その他の行為は、この法律の施行の日（以下「施行日」という。）前においても、同条並びに新法第78条及び第79条第1項の規定の例により行うことができる。 （経過措置） **第4条**　新法第19条第1項（同条第2項の規定により適用する場合を含む。）の規定は、施行日の属する年度の翌年度以降に行う同条第1項に規定する報告について適用する。 **第5条**　新法第37条、第39条第2項及び第6項、第59条、第60条、第69条第2項、第70条、第74条第2項並びに第75条の規定は、施行日前に整備又は廃棄等に着手された第一種特定製品に係るフロン類については、適用しない。 2　新法第39条第4項、第46条第1項、第69条第5項及び第74条（第2項を除く。）の規定は、施行日以後に整備又は廃棄等に着手された第一種特定製品に係るフロン類について適用し、施行日前に整備又は廃棄等に着手された第一種特定製品に係るフロン類については、なお従前の例による。 **第6条**　この法律の施行の際現にこの法律による改正前の特定製品に係るフロン類の回収及び破壊の実施の確保等に関する法律（以下「旧法」という。）第9条第1項の登録を受けている者は、新法第27条第1項の登録を受けたものとみなす。 2　前項の規定により新法第27条第1項の登録を受けたものとみなされた者についての新法第30条第1項の規定の適用については、その者が旧法第9条第1項の登録を受け

施　行　令	施　行　規　則　等

法　　　律
た日を新法第27条第1項の登録を受けた日とみなす。 3　この法律の施行の際現に第一種特定製品の整備が行われる場合において当該第一種特定製品に冷媒としてフロン類を充塡すること（次項において「フロン類充塡」という。）を業として行っている者（第1項に規定する者を除く。）は、施行日から6月を経過する日までの間（当該期間内に新法第29条第1項の規定による登録の拒否の処分があったときは、当該処分のあった日までの間）は、新法第27条第1項の登録を受けないでも、引き続き当該業務を行うことができる。その者がその期間内に当該登録の申請をした場合において、その期間を経過したときは、その申請について登録又は登録の拒否の処分があるまでの間も、同様とする。 4　前項の規定により引き続きフロン類充塡を業として行うことができる場合においては、そのフロン類充塡については、その者を当該業務を行う区域を管轄する都道府県知事の登録を受けた第一種フロン類充塡回収業者とみなして、新法第35条第1項（登録の取消しに係る部分を除く。）及び第2項、第37条、第38条第1項、第47条第1項から第3項まで、第48条、第49条第1項、第2項、第5項及び第7項並びに第91条から第93条までの規定（これらの規定に係る罰則を含む。）を適用する。 **第7条**　前条第1項の規定により新法第27条第1項の登録を受けたものとみなされた者がこの法律の施行前にした旧法第17条第1項第1号又は第4号に該当する行為は、新法第35条第1項第1号又は第4号に該当する行為とみなして、同項の規定を適用する。 **第8条**　前2条に規定するもののほか、この法律の施行前に旧法（これに基づく命令を含む。）の規定によってした処分、手続その他の行為であって、新法（これに基づく命令を含む。）の規定に相当の規定があるものは、これらの規定によってした処分、手続その他の行為とみなす。 （罰則に関する経過措置） **第9条**　この法律の施行前にした行為及び附則第5条第2項の規定によりなお従前の例によることとされる場合におけるこの法律の施行後にした行為に対する罰則の適用については、なお従前の例による。 （政令への委任） **第10条**　この附則に定めるもののほか、この法律の施行に伴い必要な経過措置は、政令で定める。 （検討） **第11条**　政府は、この法律の施行後5年を経過した場合において、新法の施行の状況、新法第98条のフロン類代替物質の研究開発その他のフロン類の使用の合理化に関する技術の研究開発及び特定製品に使用されるフロン類の管理の適正化に関する技術の研究開発の状況等を勘案し、必要があると認めるときは、新法の規定について検討を加え、その結果に基づいて必要な措置を講ずるものとする。

施　行　令	施　行　規　則　等

2）省令

◉第二種特定製品が搭載されている自動車の整備の際のフロン類の回収及び運搬に関する基準を定める省令

〔平成16年12月17日
経済産業省・国土交通省・環境省令第1号〕

平成27年1月8日経済産業省・国土交通省・環境省令第1号改正現在

（用語）

第1条　この省令において使用する用語は、フロン類の使用の合理化及び管理の適正化に関する法律（平成13年法律第64号。以下「法」という。）及びフロン類の使用の合理化及び管理の適正化に関する法律施行規則（平成26年経済産業省・環境省令第7号）において使用する用語の例による。

（自動車の整備の際のフロン類の回収及び運搬に関する基準）

第2条　法第88条の主務省令で定める基準は、次のとおりとする。

一　フロン類の回収に関する基準

イ　第二種特定製品の冷媒回収口における圧力（絶対圧力をいう。以下同じ。）の値が、一定時間経過した後、次の表の上欄に掲げるフロン類の充塡量に応じ、同表の下欄に掲げる圧力以下になるよう吸引すること。

フロン類の充てん量	圧力
2キログラム未満	0.1メガパスカル
2キログラム以上	0.09メガパスカル

ロ　フロン類及びフロン類の回収方法について十分な知見を有する者が、フロン類の回収を自ら行い又はフロン類の回収に立ち会うこと。

二　フロン類の運搬に関する基準

イ　回収したフロン類の移充塡をみだりに行わないこと。

ロ　フロン類回収容器は、転落、転倒等による衝撃及びバルブ等の損傷による漏えいを防止する措置を講じ、かつ、粗暴な取扱いをしないこと。

附　則

（施行期日）

第1条　この省令は、使用済自動車の再資源化等に関する法律附則第1条第2号に規定する規定の施行の日（平成17年1月1日）から施行する。

（第二種フロン類回収業に係る登録手続の特例等に関する省令の廃止）

第2条　第二種フロン類回収業に係る登録手続の特例等に関する省令（平成14年経済産業省・国土交通省・環境省令第1号）は、廃止する。

2　この省令の施行前に使用済自動車の再資源化等に関する法律附則第18条の規定による改正前の法第36条の規定により第二種特定製品引取業者に引き渡された第二種特定製品

については、この省令による廃止前の第二種フロン類回収業に係る登録手続の特例等に関する省令の規定は、なおその効力を有する。

◉フロン類算定漏えい量等の報告等に関する命令

〔平成26年12月10日
内閣府・総務省・法務省・外務省・財務省・文部科学省・厚生労働省・農林水産省・経済産業省・国土交通省・環境省・防衛省令第2号〕

平成28年3月29日内閣府・総務省・法務省・外務省・財務省・文部科学省・厚生労働省・農林水産省・経済産業省・国土交通省・環境省・防衛省令第1号改正現在

（用語）

第１条　この命令において使用する用語は、フロン類の使用の合理化及び管理の適正化に関する法律（以下「法」という。）において使用する用語の例による。

（フロン類算定漏えい量の算定の方法）

第２条　法第19条第１項（同条第２項の規定により適用する場合を含む。以下同じ。）の主務省令で定める方法は、第一種特定製品の管理者が管理する全ての管理第一種特定製品（その者が連鎖化事業者である場合にあっては、定型的な約款による契約に基づき、特定の商標、商号その他の表示を使用させ、商品の販売又は役務の提供に関する方法を指定し、かつ、継続的に経営に関する指導を行う事業（第５条第２項において「連鎖化事業」という。）の加盟者が管理第一種特定製品の使用等に関する事項であって第５条で定めるものに係るものとして使用等をする管理第一種特定製品を含む。）について、フロン類の種類（フロン類の使用の合理化及び管理の適正化に関する法律施行規則（平成26年経済産業省・環境省令第７号）第１条第３項に規定するフロン類の種類をいう。以下この条及び第４条第２項において同じ。）ごとに、第１号に掲げる量から第２号に掲げる量を控除して得た量（第４条第２項第５号及び第６号において「実漏えい量」という。）に、第３号に掲げる係数を乗じて得られる量を算定し、当該フロン類の種類ごとに算定した量（トンで表した量をいう。）を合計する方法とする。

一　前年度（年度は、４月１日から翌年３月31日までをいう。次号及び第４条第２項において同じ。）において当該管理第一種特定製品の整備が行われた場合において当該管理第一種特定製品に冷媒として充塡したフロン類の量（当該管理第一種特定製品の設置の際に当該管理第一種特定製品に冷媒として充塡した量を除く。）の合計量（キログラムで表した量をいう。次号において同じ。）

二　前年度において当該管理第一種特定製品の整備が行われた場合において回収したフロン類の量の合計量

三　当該管理第一種特定製品に冷媒として充塡されているフロン類の地球温暖化係数（フロン類の種類ごとに地球の温暖化をもたらす程度の二酸化炭素に係る当該程度に対する比を示す数値として国際的に認められた知見に基づき環境大臣及び経済産業大臣が定める係数をいう。）

（特定漏えい者）

第３条　法第19条第１項の主務省令で定める者（以下「特定漏えい者」という。）は、前条に定める方法により算定されたフロン類算定漏えい量が1,000トン以上である者とする。

（フロン類算定漏えい量等の報告の方法等）

第４条　特定漏えい者が行う法第19条第１項の規定による報告は、毎年度７月末日までに、同項の主務省令で定める事項を記載した報告書を提出して行わなければならない。

2　特定漏えい者が行う法第19条第１項の規定による報告に係る同項の主務省令で定める事項は、次に掲げる事項とする。

一　特定漏えい者の氏名又は名称及び住所並びに法人にあってはその代表者の氏名

二　特定漏えい者において行われる事業

三　前年度におけるフロン類算定漏えい量

四　前号に掲げる量について、フロン類の種類ごとの量並びに当該フロン類の種類ごとの量を都道府県別に区分した量及び当該都道府県別に区分した量を都道府県ごとに合計した量

五　前年度におけるフロン類の種類ごとの実漏えい量及び当該フロン類の種類ごとの実漏えい量を都道府県別に区分した量

六　特定漏えい者が設置している事業所のうち、一の事業所に係るフロン類算定漏えい量が1,000トン以上であるもの（以下この号において「特定事業所」という。）があるときは、特定事業所ごとに次に掲げる事項

イ　特定事業所の名称及び所在地

ロ　特定事業所において行われる事業

ハ　前年度における特定事業所に係るフロン類算定漏えい量

ニ　前号に掲げる量について、フロン類の種類ごとの量

ホ　前年度における特定事業所に係るフロン類の種類ごとの実漏えい量

3　特定漏えい者が行う法第19条第１項の規定による報告は、法第23条第１項の規定による提供の有無を明らかにして行うものとする。

4　２以上の事業を行う特定漏えい者が行う法第19条第１項の規定による報告は、当該特定漏えい者に係る事業を所管する大臣に対して行わなければならない。

5　第１項に規定する報告書の様式は、様式第１によるものとする。

（連鎖化事業者に係る定型的な約款の定め）

第５条　法第19条第２項の主務省令で定める事項は、加盟者が第一種特定製品の管理者となる管理第一種特定製品の機種、性能又は使用等の管理の方法の指定及び当該管理第一種特定製品についての使用等の管理の状況の報告に関する事項とする。

2　連鎖化事業者と当該連鎖化事業者が行う連鎖化事業の加盟者との間で締結した約款以外の契約書又は当該事業を行う者が定めた方針、行動規範若しくはマニュアルに前項に規定する事項に関する定めがあって、当該事項を遵守するよう約款に定めがある場合には、約款に同項の定めがあるものとみなす。

（フロン類算定漏えい量の増減の状況に関する情報その他の情報の提供）

第６条　特定漏えい者が行う法第23条第１項の規定による情報の提供は、第４条第１項に規定する報告書に、様式第２による書類を添付することにより行うことができるものとする。

（磁気ディスクによる報告等の方法）

第７条　磁気ディスクにより法第19条第１項の規定による報告又は法第23条第１項の規定による提供をしようとする者は、第４条第１項及び前条の規定にかかわらず、これらの条項に規定する書類に記載すべき事項を記録した磁気ディスク及び様式第３による磁気ディスク提出票を提出することにより行わなければならない。

２　磁気ディスクにより法第21条第１項（法第23条第５項において準用する場合を含む。）の請求をしようとする者は、法第21条第２項各号に掲げる事項を記録した磁気ディスク及び様式第３による磁気ディスク提出票を提出することにより行わなければならない。

（磁気ディスクによる開示の方法）

第８条　主務大臣は、磁気ディスクにより法第22条（法第23条第５項において準用する場合を含む。）の規定による開示を行うときは、法第21条第１項（法第23条第５項において準用する場合を含む。）の請求をした者に対し、ファイル記録事項のうち、当該請求に係る事項を磁気ディスクに複写したものの交付をしなければならない。

（電子情報処理組織による申請等の指定）

第９条　この命令において、行政手続等における情報通信の技術の利用に関する法律（平成14年法律第151号。以下この条、第11条及び第12条において「情報通信技術利用法」という。）第３条第１項の規定に基づき、電子情報処理組織（同項に規定する電子情報処理組織をいう。以下同じ。）を使用して行わせることができる申請等（情報通信技術利用法第２条第６号に規定する申請等をいう。）は、法第19条第１項の規定による報告及び法第23条第１項の規定による提供（以下「報告等」という。）とする。

（事前届出）

第10条　電子情報処理組織を使用して報告等を行おうとする特定漏えい者は、様式第４による電子情報処理組織使用届出書を環境大臣又は経済産業大臣にあらかじめ届け出なければならない。

２　環境大臣又は経済産業大臣は、前項の規定による届出を受理したときは、当該届出をした特定漏えい者に識別符号を付与するものとする。

３　第１項の規定による届出をした特定漏えい者は、届け出た事項に変更があったとき又は電子情報処理組織の使用を廃止するときは、遅滞なく、様式第５又は様式第６によりその旨を環境大臣又は経済産業大臣に届け出なければならない。

４　環境大臣又は経済産業大臣は、第１項の規定による届出をした特定漏えい者が電子情報処理組織の使用を継続することが適当でないと認めるときは、電子情報処理組織の使用を停止することができる。

（報告等の入力事項等）

第11条　電子情報処理組織を使用して報告等を行おうとする特定漏えい者は、当該報告等を書面等（情報通信技術利用法第２条第３号に規定する書面等をいう。）により行うときに記載すべきこととされている事項、前条第２項の規定により付与された識別符号及び当該特定漏えい者がその使用に係る電子計算機において設定した暗証符号（次条において「暗証符号」という。）を、当該電子計算機から入力して、当該報告等を行わなければならない。

（報告等において名称を明らかにする措置）

第12条 報告等においてすべきこととされている署名等（情報通信技術利用法第２条第４号に規定する署名等をいう。）に代わるものであって、情報通信技術利用法第３条第４項に規定する主務省令で定めるものは、第10条第２項の規定により付与された識別符号及び暗証符号を電子情報処理組織を使用して報告等を行おうとする特定漏えい者の使用に係る電子計算機から入力することをいう。

附　則

この命令は、特定製品に係るフロン類の回収及び破壊の実施の確保等に関する法律の一部を改正する法律（平成25年法律第39号）の施行の日〔平成27年４月１日（平成27年政令第32号)〕から施行する。

様式　略

◉フロン類の使用の合理化及び管理の適正化に関する法律に係る民間事業者等が行う書面の保存等における情報通信の技術の利用に関する法律施行規則

〔平成19年７月31日
経済産業省・環境省令第８号〕

平成27年１月８日経済産業省・環境省令第１号改正現在

（趣旨）

第１条 民間事業者等が、フロン類の使用の合理化及び管理の適正化に関する法律（平成13年法律第64号）に係る保存等を、電磁的記録を使用して行う場合については、他の法律及び法律に基づく命令（告示を含む。）に特別の定めのある場合を除くほか、この省令の定めるところによる。

（定義）

第２条 この省令において使用する用語は、特別の定めのある場合を除くほか、民間事業者等が行う書面の保存等における情報通信の技術の利用に関する法律（以下「法」という。）において使用する用語の例による。

（法第３条第１項の主務省令で定める保存）

第３条 法第３条第１項の主務省令で定める保存は、フロン類の使用の合理化及び管理の適正化に関する法律第43条第３項、第４項及び第７項、第45条第１項から第３項まで及び第５項、第47条第１項、第59条第１項から第３項まで、第60条第１項、第70条第１項、同条第２項において準用する第59条第２項及び第３項並びに第71条第１項の規定に基づく書面の保存とする。

（電磁的記録による保存）

第４条　民間事業者等が、法第３条第１項の規定に基づき、前条に規定する書面の保存に代えて当該書面に係る電磁的記録の保存を行う場合は、次に掲げる方法のいずれかにより行わなければならない。

一　作成された電磁的記録を民間事業者等の使用に係る電子計算機に備えられたファイル又は磁気ディスク、シー・ディー・ロムその他これらに準ずる方法により一定の事項を確実に記録しておくことができる物（以下「磁気ディスク等」という。）をもって調製するファイルにより保存する方法

二　書面に記載されている事項をスキャナ（これに準ずる画像読取装置を含む。）により読み取ってできた電磁的記録を民間事業者等の使用に係る電子計算機に備えられたファイル又は磁気ディスク等をもって調製するファイルにより保存する方法

２　民間事業者等が、前項の規定に基づく電磁的記録の保存を行う場合は、必要に応じ電磁的記録に記録された事項を出力することにより、直ちに整然とした形式及び明瞭な状態で民間事業者等の使用に係る電子計算機その他の機器に表示及び書面を作成できなければならない。

３　民間事業者等が、第１項の規定に基づき、前条に規定する書面の保存に代えて当該書面に係る電磁的記録の保存を行う場合は、主務大臣が定める基準を確保するよう努めなければならない。

（法第４条第１項の主務省令で定める作成）

第５条　法第４条第１項の主務省令で定める作成は、フロン類の使用の合理化及び管理の適正化に関する法律第43条第１項、第２項及び第４項から第６項まで、第45条第１項及び第２項、第47条第１項、第59条第１項、第60条第１項、第70条第１項並びに第71条第１項の規定に基づく書面の作成とする。

（電磁的記録による作成）

第６条　民間事業者等が、法第４条第１項の規定に基づき、前条に規定する書面の作成に代えて当該書面に係る電磁的記録の作成を行う場合は、民間事業者等の使用に係る電子計算機に備えられたファイルに記録する方法又は磁気ディスク等をもって調製する方法により作成を行わなければならない。

（法第５条第１項の主務省令で定める縦覧等）

第７条　法第５条第１項の主務省令で定める縦覧等は、フロン類の使用の合理化及び管理の適正化に関する法律第47条第２項、第60条第２項及び第71条第２項の規定に基づく書面の縦覧等とする。

（電磁的記録による縦覧等）

第８条　民間事業者等が、法第５条第１項の規定に基づき、前条に規定する書面の縦覧等に代えて当該書面に係る電磁的記録に記録されている事項の縦覧等を行う場合は、当該事項を民間事業者等の事務所に備え置く電子計算機の映像面における表示又は当該事項を記載した書類により行わなければならない。

（法第６条第１項の主務省令で定める交付等）

第９条　法第６条第１項の主務省令で定める交付等は、フロン類の使用の合理化及び管理の適正化に関する法律第43条第１項、第２項及び第４項から第６項まで、第45条第１

項及び第２項、第59条第１項から第３項まで並びに第70条第１項、同条第２項において準用する第59条第２項及び第３項の規定に基づく書面の交付等とする。

（電磁的記録による交付等）

第10条　民間事業者等が、法第６条第１項の規定に基づき、前条に規定する書面の交付等に代えて当該書面に係る電磁的記録に記録されている事項の交付等を行う場合は、次に掲げる方法により行わなければならない。

一　電子情報処理組織を使用する方法のうちイ又はロに掲げるもの

イ　民間事業者等の使用に係る電子計算機と交付等の相手方の使用に係る電子計算機とを接続する電気通信回線を通じて送信し、受信者の使用に係る電子計算機に備えられたファイルに記録する方法

ロ　民間事業者等の使用に係る電子計算機に備えられたファイルに記録された書面に記載すべき事項を電気通信回線を通じて交付等の相手方の閲覧に供し、当該相手方の使用に係る電子計算機に備えられたファイルに当該事項を記録する方法（法第６条第１項に規定する方法による交付等を受ける旨の承諾又は受けない旨の申出をする場合にあっては、民間事業者等の使用に係る電子計算機に備えられたファイルにその旨を記録する方法）

二　磁気ディスク等をもって調製するファイルに書面に記載すべき事項を記録したものを交付する方法

２　前項に掲げる方法は、交付等の相手方がファイルへの記録を出力することにより書面を作成することができるものでなければならない。

（電磁的方法による承諾）

第11条　民間事業者等が行う書面の保存等における情報通信の技術の利用に関する法律施行令第２条第１項の規定により示すべき交付等の相手方に示すべき方法の種類及び内容は、次に掲げる事項とする。

一　前条第１項に規定する方法のうち民間事業者等が使用するもの

二　ファイルへの記録の方式

附　則（抄）

（施行期日）

第１条　この省令は、特定製品に係るフロン類の回収及び破壊の実施の確保等に関する法律の一部を改正する法律（平成18年法律第59号）の施行の日（平成19年10月１日）から施行する。

◉特定解体工事元請業者が特定解体工事発注者に交付する書面に記載する事項を定める省令

〔平成18年12月18日
経済産業省・国土交通省・環境省令第3号〕

平成27年1月8日経済産業省・国土交通省・環境省令第1号改正現在

(用語)

第1条　この省令において使用する用語は、フロン類の使用の合理化及び管理の適正化に関する法律(平成13年法律第64号。以下「法」という。)において使用する用語の例による。

2　この省令において「特定解体工事」とは、建築物その他の工作物(当該建築物その他の工作物に第一種特定製品が設置されていないことが明らかなものを除く。)の全部又は一部を解体する建設工事(他の者から請け負ったものを除く。)をいう。

(特定解体工事元請業者が特定解体工事発注者に交付する書面に記載する事項)

第2条　法第42条第1項の主務省令で定める事項は、次のとおりとする。

一　書面の交付年月日
二　特定解体工事元請業者の氏名又は名称及び住所
三　特定解体工事発注者の氏名又は名称及び住所
四　特定解体工事の名称及び場所
五　建築物その他の工作物における第一種特定製品の設置の有無の確認結果

附　則

この省令は、平成19年10月1日から施行する。

3) 告示

◉フロン類の使用の合理化及び特定製品に使用されるフロン類の管理の適正化に関する指針

〔平成26年12月10日
経済産業省・国土交通省・環境省告示第87号〕

フロン類の使用の合理化及び管理の適正化に関する法律(平成13年法律第64号)第3条第1項の規定に基づき、フロン類の使用の合理化及び特定製品に使用されるフロン類の管理の適正化に関する指針を次のとおり定めたので、同条第3項の規定に基づき、告示する。

なお、特定製品の使用及び廃棄に際してのフロン類の排出抑制に関する指針(平成14年経済産業省・国土交通省・環境省告示第1号)は、平成27年3月31日限り廃止する。

フロン類の使用の合理化及び特定製品に使用されるフロン類の管理の適正化に関する指針

地球規模のオゾン全量は現在も少ない状態が続いており、南極域の春季に形成されるオゾンホールの規模は縮小の兆しが未だ見られず、依然として深刻な状況にある。また、地球温暖化の進行は、気候変動により人類の生存基盤及び社会経済の存立基盤を揺るがす重大な脅威となっており、気候変動に関する国際連合枠組条約に基づく国際枠組みを受けた我が国における地球温暖化対策の中で、フロン類対策は重要な柱の一つとされている。

これまでクロロフルオロカーボン及びハイドロクロロフルオロカーボンの生産量及び消費量については着実に減少している一方で、これらの物質に代替するものとしてハイドロフルオロカーボン（地球温暖化対策の推進に関する法律（平成10年法律第117号）第２条第３項第４号に掲げる物質をいう。以下「HFC」という。）の排出が急増する見込みであり、この抑制が特に重要である。特にフロン類が冷媒として使用される第一種特定製品については、廃棄時における冷媒の回収率が依然として低く、また、第一種特定製品の使用中に冷媒が多く漏えいしている状況を踏まえた対応が必要である。

このような趣旨から、オゾン層を破壊し又は地球温暖化に深刻な影響をもたらすフロン類の大気中への排出を抑制するため、フロン類の使用の合理化及び特定製品に使用されるフロン類の管理の適正化に関する事項について定めるものである。

1　目指すべき姿

今後見込まれるHFCの排出量の急増傾向を早期に減少に転換させることを含め、フロン類の段階的な削減を着実に進め、フロン類を中長期的には廃絶することを目指す。なお、フロン類の使用の合理化及び管理の適正化に関する法律（以下「法」という。）に基づく対策を進めることによる温室効果ガスの排出削減効果は、当該対策を実施しなかった場合に比べて平成32年においては970万トンから1,560万トンまでの間の数値（フロン類の排出削減量に地球温暖化係数（フロン類の種類ごとに地球の温暖化をもたらす程度の二酸化炭素に係る当該程度に対する比を示す数値として国際的に認められた知見に基づき環境大臣及び経済産業大臣が定める係数をいう。以下同じ。）を乗じて得た量の合計量をいう。また、この効果は、当該対策を実施しなかった場合の排出量の推計値と比べて約24％から約39％の削減に相当する。）に、平成42年においては同じく2,550万トンから3,180万トンまでの間の数値（同じく約53％から約66％の削減に相当する。）になることが見込まれる。

短期的には、市中にあるフロン類の大気中への排出を可能な限り抑制することを目指し、特に排出量の増加が見込まれる第一種特定製品について、その使用の際の管理の徹底並びに整備及び廃棄の際のフロン類の回収並びに再生及び破壊の適正かつ確実な実施を図る。

また、フロン類の使用の合理化及び管理の適正化に資する優れた技術の開発及び導入を目指すとともに、フロン類対策で世界を牽引し、また、これを世界に向けて発信することにより、フロン類が使用されない製品（以下「ノンフロン製品」という。）並びにフロン類使用製品のうち使用されるフロン類の地球温暖化係数の低減、当該フロン類の使用量の削減その他フロン類の使用の合理化のために必要な措置を講じることによりオゾン層の破壊及び地球温暖化への影響の程度（以下「環境影響度」という。）を低減させた製品（以下「低GWP製品」という。）の世界的な普及に努める。さらに、HFCの生産や消費に関する世界共通の規制基準の導入等を含む世界的規模でのフロン類の使用の合理化及び管理の適正化の推進について国際的な議論を主導する。

2　対策の基本的な方向性

⑴　フロン類代替物質の開発、使用済みのフロン類の再生等により、新たに製造等を行うフロン類の地球温暖化係数の低減及び当該フロン類の製造等の量の削減を促進する。
⑵　フロン類使用製品について、国内外の今後の技術進歩や市場の動向等も踏まえつつ、使用フロン類の環境影響度を低減させた製品（ノンフロン製品が上市されている場合又は上市の技術的見通しがある場合はノンフロン製品、その他の場合はその時点において最も環境影響度の低い製品）の普及（以下「ノンフロン・低GWP化」という。）を促進する。
⑶　第一種特定製品の使用等に際してのフロン類の漏えいを防止するため、第一種特定製品に使用されるフロン類の管理の適正化を推進する。
⑷　第一種特定製品の整備に際しての充塡の適正化並びに特定製品の整備及び廃棄の際のフロン類の回収を推進するとともに、回収されたフロン類の適切な破壊及び再生を促進する。

3　判断の基準に係る重要事項

法に基づき主務大臣が定める判断の基準に係る重要事項について、1に示す目指すべき姿の達成に資する観点から以下のように定める。

⑴　フロン類の製造業者等の判断の基準

①　主務大臣は、フロン類使用製品のノンフロン・低GWP化の状況、フロン類の再生技術の向上の状況、国際的動向等を踏まえつつ、中長期的なフロン類の廃絶を目指し、フロン類の製造業者等に対し、製造等が行われるフロン類の地球温暖化係数の低減及び当該フロン類の製造等の量の削減によりフロン類の段階的な削減を求めるための判断の基準を以下のように定める。

ア　判断の基準は、フロン類の製造量、輸入量等の定量的な指標を用いて設定する。

イ　目標値や目標年度は、指定製品の製造業者等の判断の基準との整合性に留意しつつ、フロン類使用製品のノンフロン・低GWP化の状況、再生技術の向上の状況、国際的動向等を勘案したフロン類の需給の見通しを踏まえつつ、計画的な環境影響度の低減ができるよう設定する。

②　①に基づき定められる基準を踏まえた取組の進捗を効率的かつ効果的に把握し、当該基準が実効性あるものとすべく、フロン類の製造業者等は当該進捗について能動的に主務大臣に報告する。

③　判断の基準は、フロン類代替物質の開発の状況等の事情の変動に応じて必要な改定をする。

⑵　指定製品の製造業者等の判断の基準

①　主務大臣は、国内外の今後の技術進歩や市場の動向等も踏まえつつ、指定製品のノンフロン・低GWP化を促進するため、指定製品の製造業者等に対し、指定製品に使用されるフロン類の地球温暖化係数の低減及び当該フロン類の使用量の削減によるフロン類の段階的な削減を求めるための判断の基準を以下のように定める。

ア　判断の基準は、指定製品の種類に応じて、同一の転換目標を目指すことが適切な区分ごとに設定する。その際、使用されるフロン類やフロン類代替物質の物理化学的な特性、当該指定製品の形状、寸法、構造、能力及び市場構造並びに関連する法規制等に留意する。

イ　目標値は、指定製品の区分ごとにおける製品出荷台数で加重平均した使用されるフロン類の地球温暖化係数、目標年度において使用されるフロン類が一定の地球温暖化係数を達成した製品の出荷割合等を基本的な指標として設定する。

ウ　目標値は、代替技術の安全性（燃焼性、毒性その他の人の生命、身体又は財産への危害に関するものをいう。以下同じ。）、経済性（価格、供給安定性、漏えい防止による経済的便益、回収並びに再生及び破壊に要する費用等を総合的に勘案したものをいう。以下同じ。）、性能（エネルギー消費性能（一定の条件での使用に際し消費されるエネルギーの量を基礎として評価される性能をいう。）を含む。）、新たな技術開発及び商品化の将来の見通し等に留意しつつ、指定製品の区分ごとに、上市されているもの又は上市の技術的見通しがあるものの中でノンフロン製品又は最も環境影響度の低いフロン類使用製品を計画的に普及できるよう設定する。

エ　既にフロン類代替物質を使用した製品又はフロン類を使用しない代替製品があり、フロン類を使用する必要のない用途については、フロン類の使用を期限を定めて規制する。

オ　目標年度は、新たな技術開発及び商品化の将来の見通し等を踏まえ、製品開発や設備投資に要する期間等の合理的な準備期間を考慮した上で設定する。

カ　基準設定の例外となる製品は、法律上の指定要件を満たさないものに限定する。

②　フロン類の使用状況や環境影響度に関する指定製品の使用者の認識を高め、ノンフロン製品及び低GWP製品の導入を促進するよう、指定製品の製造業者等に対して、その使用者や消費者にとってわかりやすい表示の充実を求める。

③　指定製品の製造業者等に対して、充塡量の低減、漏えい防止及び回収のしやすさに配慮した設計や製造を求める。

④　①から③までに基づき定められる基準を踏まえた取組の進捗を効率的かつ効果的に把握し、当該基準が実効性あるものとすべく、指定製品の製造業者等は当該進捗について能動的に主務大臣に報告する。

⑤　判断の基準は、ノンフロン・低GWP化に関する技術開発の将来の見通し等の事情の変動に応じて必要な改定をする。

(3)　第一種特定製品の管理者の判断の基準

主務大臣は、第一種特定製品の使用時の冷媒の漏えいを防止するため、第一種特定製品の管理者に対し、第一種特定製品に使用されるフロン類の管理の適正化を求めるための判断の基準を以下のように定める。

①　第一種特定製品の管理者の知見及び能力の現状を考慮しつつ、実効的な漏えい量の削減がなされるよう、当該製品の適切な管理を求める。

②　適切な設置環境並びに使用環境の確保及び維持に配慮する。フロン類の充塡量が多い機器及び使用時における漏えいのリスクが高い機器については、使用時の冷媒の排出の増加に大きな影響を及ぼし得ることを踏まえ、中小事業者に過度の負担とならないよう配慮しつつ、冷媒漏えいに関して知見を有する者による定期的な点検

の実施を求める。

③　点検等により漏えいが発見された場合には、可能な限り速やかに漏えい箇所を特定し、原則として、充塡する前に漏えい防止のための適切な措置を講ずることを求める。

④　定期的な点検及び漏えいの発見時における処理に関する結果の記録及びその保存を求める。

4　各主体が講ずべき事項

フロン類の使用の合理化及び特定製品に使用されるフロン類の管理の適正化のため、関係する各主体は、法に基づき定められる基準に加え、下記に定める事項に沿って、必要な取組を講ずるものとする。

(1)　製造業者等に関する事項

①　フロン類の製造業者は、フロン類使用製品の製造業者等と連携し、安全性、経済性等に配慮しつつ、フロン類代替物質の技術開発及び商品化を行うよう努める。また、技術開発及び商品化した製品の安全性等の関連情報の提供に努める。

②　指定製品又は特定製品の製造業者は、フロン類の製造業者及びフロン類使用製品の管理者と連携し、安全性、経済性、性能等を確保したノンフロン製品及び低GWP製品の技術開発及び商品化を行うように努める。また、ノンフロン化を達成した製品群については、その状態を維持する。さらに、技術開発及び商品化した製品の安全性等の関連情報の提供に努める。

③　特定製品の製造業者は、特定製品を設計し、製造する場合には、フロン類の充塡量の削減、一層の漏えい防止、回収のしやすさ等に配慮するよう努めるとともに、併せてこれらの情報を開示し、使用者の製品選択の際の参考情報として活用できるよう努める。

④　フロン類の製造業者等及び特定製品の製造業者等は、国及び地方公共団体における特定製品に使用されているフロン類の適正かつ確実な回収並びに再生及び破壊のために講ずる措置に協力して、フロン類及び特定製品に係る技術的知識の提供、フロン類の回収並びに再生及び破壊の促進に関する啓発及び知識の普及等に努める。

⑤　特定製品からのフロン類の回収の用に供する設備の製造を行う事業者並びにフロン類再生施設及びフロン類破壊施設の製造を行う事業者は、使用及び管理が容易で効率の高い設備及び施設の開発及び商品化に努める。

(2)　指定製品又は特定製品の管理者に関する事項

①　指定製品又は特定製品の管理者（一般消費者が管理者である場合を含む。）は、指定製品又は特定製品を買換え又は新たに購入する際、ノンフロン製品が上市されている場合はノンフロン製品、その他の場合は上市されているもののうち最も環境影響度の低いフロン類使用製品について、安全性、経済性、性能等も勘案しつつ、当該製品を購入することを検討し、可能な限りノンフロン製品又は低GWP製品を選択するよう努める。さらに、ノンフロン製品及び低GWP製品の開発及び商品化への協力に努める。

②　特定製品の管理者は、特定製品に使用されるフロン類の回収並びに再生及び破壊

の意義及び法を遵守するために必要な知識について、従業員その他関係者に十分理解させるよう、様々な手段によりその周知徹底に努める。

③ 他の者に委託して、フロン類又は特定製品の引渡しを行おうとする特定製品の廃棄等実施者は、フロン類の回収又は引取り及び再生又は破壊が適切に行われるよう、委託する他の者に対して、登録を受けた充塡回収業者又は引取業者及び許可を受けた再生業者又は破壊業者に確実に引渡しが行われるよう指示するとともに、適正な費用を負担するものとする。

(3) 特定製品又は特定製品に使用されるフロン類を取り扱う事業者に関する事項

① 第一種フロン類充塡回収業者及び第二種フロン類回収業者は、フロン類回収設備によるフロン類回収作業の開始前に、可能な限りフロン類が回収されるような準備作業を行う等可能な限り回収効率を高めるよう努める。

② 第一種フロン類充塡回収業者及び第二種特定製品が搭載されている自動車の整備を行う事業者は、整備に際しフロン類を充塡する場合には、フロン類の大気中への排出ができる限り少ない方法により行うように努める。また、知見を有する者の確保、養成等に努める。

③ 第一種特定製品の整備を行う事業者は、整備に際し、それぞれの製品の特徴に応じた方法により、フロン類の大気中への排出をできる限り少なくするように努める。また、整備に際し、フロン類を充塡又は回収する必要がある場合には、登録を受けた第一種フロン類充塡回収業者に委託して行うことを徹底する。

④ 第二種特定製品が搭載されている自動車の整備を行う事業者は、整備に際し回収されたフロン類についても、破壊又は再利用により、大気中への排出を抑制するように努める。

⑤ 第一種特定製品の整備を行う事業者及び第二種特定製品が搭載されている自動車の整備を行う事業者は、冷媒漏えいの早期発見のための技術水準の向上を図り、知見を有する者の確保、養成等に努める。

⑥ 第一種フロン類再生業者は、フロン類再生施設の使用及び管理の方法を遵守し、再生時の大気中への排出を防止するとともに、用途に応じた適切な再生を行う。

⑦ フロン類破壊業者は、フロン類破壊施設の使用及び管理の方法を遵守し、破壊時の大気中への排出を防止するとともに、作業の安全性等を確保することを前提として、可能な限り分解効率を高めるよう努める。

(4) 国に関する事項

① 自らが指定製品又は特定製品の使用事業者となる場合、「(2) 指定製品又は特定製品の管理者に関する事項」について、率先して実行する。

② 事業者及び国民に対して、法制度、特に第一種特定製品の適正管理、整備又は廃棄の際の回収の必要性、引渡しや費用負担等の義務について、理解と協力を得るための普及啓発、適切な指導助言等を行う。

③ フロン類の製造等から使用、回収、再生、破壊に至るまでの各過程における量を把握するためのシステムの構築を図る。

④ ノンフロン製品及び低GWP製品等に係る技術開発の支援及び導入の補助、税制

上の軽減措置、人材の育成、表示の充実並びに普及啓発を行い、当該製品の導入の加速化を図る。

⑤　充塡回収業者、整備業者、破壊業者及び再生業者の技術力を確保し、向上させる取組の推進等、特定製品の適切な整備やフロン類の適切な充塡、回収並びに再生及び破壊を促進するための必要な支援を行う。

⑥　フロン類の使用及び大気中への排出を抑制するための国際連携及び開発途上国支援を行う。

⑦　現在主に使われている冷媒に比べて地球温暖化係数の小さいHFC－32等の使用に係る高圧ガス保安法（昭和26年法律第204号）に基づく基準の整備について、「規制改革実施計画（平成25年６月14日閣議決定）」に基づき、HFC－32、HFC－1234yf、HFC－1234ze及び二酸化炭素について、技術的事項について検討し、検討を踏まえ当該ガスの利用に伴う条件の緩和や適用除外の措置を講じることについて検討を行う等、法及び他の法令との合理的な調和を図る。

⑧　建設工事に係る資材の再資源化等に関する法律（平成12年法律第104号。以下「建設リサイクル法」という。）等と連携した建築物の解体工事における取組の強化、第一種特定製品の管理の適正化等に関する必要な支援を行うとともに、第一種特定製品の適正処理の確保に関して先進的な取組を実施している都道府県等の事例の収集や発信を行う。

⑨　事業者が実施するフロン類等の対策の取組が適正に評価される環境づくりについて検討する。

⑸　地方公共団体に関する事項

①　自らが指定製品又は特定製品の使用事業者となる場合、「⑵　指定製品又は特定製品の管理者に関する事項」について、率先して実行する。

②　関係機関や関係団体との協議会の設置による連携等を通じ、第一種特定製品の管理者をはじめとする事業者や国民に対して、第一種特定製品の適正管理、整備又は廃棄の際の回収の必要性、引渡しや費用負担の義務等の法制度について、理解と協力を得るための普及啓発、適切な指導及び助言等を行う。

③　ノンフロン製品及び低GWP製品の普及のための広報活動に関し、国の施策に協力するように努める。

④　建設リサイクル法等と連携した建築物の解体工事における指導の強化、第一種特定製品の管理の適正化等に関して必要な支援を行う等、地域の実情に応じた施策の実施に努める。

⑹　国民及び事業者に関する事項

①　国民及び事業者は、フロン類使用製品を買換え又は新たに購入する際、ノンフロン製品又は低GWP製品が上市されている場合には当該製品を購入することを検討するよう努める。

②　国民及び事業者は、国及び地方公共団体が講ずる施策に協力して、フロン類の使用の合理化及び特定製品に使用されるフロン類の管理の適正化に関する教育及び学習の振興並びに広報活動に参加及び協力するように努める。特に、フロン類使用製

品の販売を行う事業者は、ノンフロン製品及び低GWP製品の普及のための広報活動に関し、国及び地方公共団体の施策に協力するように努める。

5　施策の進捗状況の調査等

環境省及び経済産業省は、法に基づく事業者の取組の進捗状況を含む、法の施行状況について定期的に調査及び評価し、その内容を公表する。また、特定製品に係るフロン類の回収及び破壊の実施の確保等に関する法律の一部を改正する法律（平成25年法律第39号）の施行後5年を経過した場合においては、法の施行状況を可能な限り定量的に検証し、必要があると認めるときは、制度の内容について検討を加え、その結果に基づいて必要な措置を講ずる。

附　則

この告示は、特定製品に係るフロン類の回収及び破壊の実施の確保等に関する法律の一部を改正する法律（平成25年法律第39号）の施行の日〔平成27年4月1日（平成27年政令第32号)〕から施行する。

◉第一種特定製品の管理者の判断の基準となるべき事項

〔平成26年12月10日
経済産業省・環境省告示第13号〕

フロン類の使用の合理化及び管理の適正化に関する法律（平成13年法律第64号）第16条第1項の規定に基づき、第一種特定製品の管理者の判断の基準となるべき事項を次のとおり定めたので、告示する。

第一種特定製品の管理者の判断の基準となるべき事項

第1　管理第一種特定製品の設置及び使用する環境の維持保全に関する事項

1　第一種特定製品の管理者は、次の事項に留意して管理第一種特定製品を設置すること。

(1)　管理第一種特定製品の設置場所の周囲に、金属加工機械その他の当該管理第一種特定製品に損傷等を与えるおそれのある著しい振動を発生する設備等がないこと。

(2)　管理第一種特定製品の設置場所の周囲に、当該管理第一種特定製品の点検及び修理（フロン類の漏えい（以下単に「漏えい」という。）を防止するために必要な措置をいう。以下同じ。）の障害となるものがなく、点検及び修理を行うために必要な作業空間や通路等が適切に確保されていること。

2　第一種特定製品の管理者は、次の事項に留意して管理第一種特定製品を使用し、かつ、使用する環境の維持保全を図ること。

(1)　1により設置した管理第一種特定製品の設置場所の周囲の状況の維持保全を行うこと。

(2)　他の設備等を管理第一種特定製品に近接して設置する場合は、当該管理第一種特定製品の損傷等その他の異常を生じないよう必要な措置を講ずること。

⑶　管理第一種特定製品に関し、定期的に、凝縮器、熱交換器等の汚れ等の付着物を除去し、また、排水受け（管理第一種特定製品から生じる排水を一時的に貯留する構造のものをいう。）に溜まった排水の除去その他の清掃を行うこと。

第２　管理第一種特定製品の点検に関する事項

第一種特定製品の管理者は、管理第一種特定製品からの漏えい又は漏えいを現に生じさせている蓋然性が高い故障又はその徴候（以下「故障等」という。）を早期に発見するため、次により、定期的に管理第一種特定製品の点検を行うこと。

1　管理第一種特定製品の簡易点検及び専門点検

⑴　第一種特定製品の管理者は、３月に１回以上、管理第一種特定製品について簡易な点検（以下「簡易点検」という。）を行うこと。

⑵　簡易点検は、次により行うこと。

①　別表１の第１欄に掲げる管理第一種特定製品の種類に応じ、それぞれ同表の第２欄に掲げる事項について、検査を行うこと。ただし、管理第一種特定製品の設置場所の周囲の状況又は第一種特定製品の管理者の技術的能力により、検査を行うことが困難な事項については、この限りでない。この場合においては、周囲の状況又は技術的能力を踏まえ可能な範囲内で検査を行うこと。

②　①の検査により、漏えい又は故障等を確認した場合には、可能な限り速やかに、専門的な点検（以下「専門点検」という。）を行うこと。

③　②の専門点検は、次により行うこと。

イ　直接法（発泡液の塗布、冷媒漏えい検知器を用いた測定又は蛍光剤若しくは窒素ガス等の第一種特定製品への充塡により直接第一種特定製品からの漏えいを検知する方法をいう。以下同じ。）、間接法（蒸発器の圧力、圧縮器を駆動する電動機の電圧又は電流その他第一種特定製品の状態を把握するために必要な事項を計測し、当該計測の結果が定期的に計測して得られた値に照らして、異常がないことを確認する方法をいう。以下同じ。）又はこれらを組み合わせた方法による検査を行うこと。

ロ　フロン類の性状及び取扱いの方法並びにエアコンディショナー、冷蔵機器及び冷凍機器の構造並びに運転方法について十分な知見を有する者が、検査を自ら行い又は検査に立ち会うこと。

2　一定規模以上の管理第一種特定製品の定期点検

⑴　別表２の第１欄に掲げる管理第一種特定製品の種類ごとに、それぞれ同表の第２欄に掲げる管理第一種特定製品の区分に応じ、同表の第３欄に掲げる回数で管理第一種特定製品の点検（以下「定期点検」という。）を行うこと。

⑵　⑴の定期点検は、次により行うこと。

①　管理第一種特定製品からの異常音の有無についての検査並びに管理第一種特定製品の外観の損傷、摩耗、腐食及びさびその他の劣化、油漏れ並びに熱交換器への霜の付着の有無についての目視による検査並びに直接法、間接法又はこれらを組み合わせた方法による検査を行うこと。

②　フロン類及び第一種特定製品の専門点検の方法について十分な知見を有する者

が、検査を自ら行い又は検査に立ち会うこと。

第３　管理第一種特定製品からのフロン類の漏えい時の措置

１　第一種特定製品の管理者は、簡易点検若しくは定期点検又は第一種フロン類充塡回収業者からの通知等によって、漏えい又は故障等を確認した場合は、速やかに、次に掲げる事項を行うこと。

① 漏えいを確認した場合にあっては、当該漏えいに係る点検及び当該点検により漏えい箇所が特定された場合には当該箇所の修理

② 故障等を確認した場合にあっては、当該故障等に係る点検及び修理

２　漏えい又は故障等を確認したときは、１に掲げる事項を行うまで第一種特定製品整備者を通じて管理第一種特定製品に冷媒としてフロン類を充塡することを委託してはならないこと。ただし、漏えい箇所の特定又は修理の実施が著しく困難な場所に当該漏えいが生じている場合においては、この限りでない。

３　２の場合において、人の健康を損なう事態又は事業への著しい損害が生じないよう、環境衛生上必要な空気環境の調整、被冷却物の衛生管理又は事業の継続のために修理を行わずに応急的にフロン類を充塡することが必要であり、かつ、漏えいを確認した日から60日以内に当該漏えい箇所の修理を行うことが確実なときは、１に掲げる事項を行う前に、１回に限り充塡を委託することができることとする。

第４　管理第一種特定製品の点検及び整備に係る記録等に関する事項

１　第一種特定製品の管理者は、管理第一種特定製品ごとに、点検及び整備に係る次の事項を記載した記録簿（２による記録が行われたファイル又は磁気ディスクを含む。以下同じ。）を備え、当該管理第一種特定製品を廃棄するまで、保存すること。

(1) 管理第一種特定製品の管理者の氏名又は名称（法人にあっては、実際に管理に従事する者の氏名を含む。）

(2) 管理第一種特定製品の所在及び当該管理第一種特定製品を特定するための情報

(3) 管理第一種特定製品に冷媒として充塡されているフロン類の種類（フロン類の使用の合理化及び管理の適正化に関する法律施行規則（平成26年経済産業省・環境省令第７号）第１条第３項に規定するフロン類の種類をいう。以下同じ。）及び量

(4) 第２に基づく管理第一種特定製品の点検の実施年月日、当該点検を行った者の氏名（法人にあっては、その名称及び当該点検を行った者の氏名を含む。）並びに当該点検の内容及びその結果（漏えい又は故障等が認められた場合にあっては、漏えい又は故障等の箇所その他の状況に関する事項を含む。ただし、簡易点検のみを行った場合にあっては、点検を行った旨及びその実施年月日を記載すること。）

(5) 第２に基づく管理第一種特定製品の修理の実施年月日、当該修理を行った者の氏名（法人にあっては、その名称及び当該修理を行った者の氏名を含む。）並びに当該修理の内容及びその結果

(6) 漏えい又は故障等が確認された場合における速やかな修理が困難である理由及び修理の予定時期

(7) 管理第一種特定製品の整備が行われる場合において管理第一種特定製品に冷媒としてフロン類を充塡した年月日、当該充塡に係る第一種フロン類充塡回収業者の氏

名（法人にあっては、その名称及び当該充塡を行った者の氏名を含む。）並びに充塡したフロン類の種類及び量

(8) 管理第一種特定製品の整備が行われる場合においてフロン類を回収した年月日、回収した第一種フロン類充塡回収業者の氏名（法人にあっては、その名称及び当該回収を行った者の氏名を含む。）並びに回収したフロン類の種類及び量

2　1の記録簿が、電子計算機に備えられたファイル又は磁気ディスク（これに準ずる方法により一定の事項を確実に記録しておくことができる物を含む。）に記録され、必要に応じ電子計算機その他の機器を用いて当該記録された情報の内容を確認できるときは、当該記録をもって記録簿に代えることができる。

3　第一種特定製品の管理者は、第一種特定製品整備者又は第一種フロン類充塡回収業者から、管理第一種特定製品の整備に際して1の記録簿の提示を求められたときは、速やかに、これに応じること。

4　管理第一種特定製品の整備又は廃棄等を行う際、当該管理第一種特定製品にフロン類の使用の合理化及び管理の適正化に関する法律第87条第3号の規定に基づき特定製品の製造業者等が表示したフロン類以外の冷媒が現に充塡されている場合は、当該管理第一種特定製品の整備を行う場合にあっては第一種特定製品整備者（管理者が自ら当該管理第一種特定製品の整備を行う場合にあっては第一種フロン類充塡回収業者）、当該管理第一種特定製品の廃棄等を行う場合にあっては第一種フロン類充塡回収業者（当該管理第一種特定製品に冷媒として充塡されているフロン類の第一種フロン類充塡回収業者への引渡しを他の者に委託する場合にあっては第一種フロン類引渡受託者）に対して、1の記録簿を提示することその他の適切な方法により、当該管理第一種特定製品に現に充塡されている冷媒の種類を説明しなければならない。ただし、当該管理第一種特定製品に現に充塡されている冷媒の種類を見やすく、かつ、容易に消滅しない方法で表示している場合は、この限りでない。

5　管理第一種特定製品を他者に売却する場合、1の記録簿又はその写しを当該管理第一種特定製品と合わせて売却の相手方に引き渡すこと。

附　則

この告示は、特定製品に係るフロン類の回収及び破壊の実施の確保等に関する法律の一部を改正する法律（平成25年法律第39号）の施行の日〔平成27年4月1日（平成27年政令第32号)〕から施行する。

別表1

第1欄	第2欄
管理第一種特定製品の種類	検査を行う事項
エアコンディショナー	(1) 管理第一種特定製品からの異常音並びに管理第一種特定製品の外観の損傷、摩耗、腐食及びさびその他の劣化、油漏れ並びに熱交換器への霜の付着の有

	無
冷蔵機器及び冷凍機器	(1) 管理第一種特定製品からの異常音並びに管理第一種特定製品の外観の損傷、摩耗、腐食及びさびその他の劣化、油漏れ並びに熱交換器への霜の付着の有無 (2) 管理第一種特定製品により冷蔵又は冷凍の用に供されている倉庫、陳列棚その他の設備における貯蔵又は陳列する場所の温度

別表2

第1欄	第2欄	第3欄
管理第一種特定製品の種類	管理第一種特定製品の区分	点検を行う回数
エアコンディショナー	圧縮機を駆動する電動機の定格出力又は圧縮機を駆動する内燃機関の定格出力が7.5キロワット以上50キロワット未満であるもの	3年に1回以上
	圧縮機を駆動する電動機の定格出力又は圧縮機を駆動する内燃機関の定格出力が50キロワット以上であるもの	1年に1回以上
冷蔵機器及び冷凍機器	圧縮機を駆動する電動機の定格出力又は圧縮機を駆動する内燃機関の定格出力が7.5キロワット以上（輸送用冷凍冷蔵ユニットのうち、車両その他の輸送機関を駆動するための内燃機関により輸送用冷凍冷蔵ユニットの圧縮機を駆動するものにあっては、当該内燃機関の定格出力のうち当該圧縮機を駆動するために用いられる出力が7.5キロワット以上）であるもの	1年に1回以上

備考　第2欄の管理第一種特定製品の区分は、2以上の電動機又は内燃機関により圧縮機を駆動する第一種特定製品にあっては、当該電動機又は当該内燃機関の定格出力の合計により適用する。

◉フロン類の製造業者等の判断の基準となるべき事項

〔平成27年3月31日
経済産業省告示第49号〕

フロン類の使用の合理化及び管理の適正化に関する法律（平成13年法律第64号）第9条第1項の規定に基づき、フロン類の製造業者等の判断の基準となるべき事項を次のように定める。

フロン類の製造業者等の判断の基準となるべき事項

第一　フロン類使用見通し

1　フロン類（地球温暖化対策の推進に関する法律（平成10年法律第117号）第2条第3項第4号に掲げる物質に限る。以下同じ。）の製造業者等（フロン類の使用の合理化及び管理の適正化に関する法律（平成13年法律第64号。以下「法」という。）第2条第7項に規定する者をいう。以下同じ。）は、フロン類に代替する物質であってオゾン層の破壊をもたらさず、かつ、地球温暖化に深刻な影響をもたらさないもの（以下「フロン類代替物質」という。）の開発その他フロン類の使用の合理化（法第2条第6項に規定する使用の合理化をいう。以下同じ。）のために必要な措置を講じることにより、フロン類の製造業者等が製造等を行うフロン類のうち、国内向けに出荷する量に相当する量として、付録の算定式によって算出される量（トンで表した量をいう。以下「フロン類出荷相当量」という。）の低減に取り組むものとする。その際、フロン類の製造業者等は、法第12条第1項に基づく指定製品の製造業者等の判断の基準となるべき事項（以下「指定製品の判断基準」という。）に基づく、指定製品に使用されているフロン類の環境影響度の低い物質への転換（以下「指定製品における転換」という。）の状況との整合性を踏まえて主務大臣が算定する、国内で使用されるフロン類の量に相当する量の将来見通し（フロン類の種類ごとに、将来使用が見込まれるフロン類の数量に、当該フロン類の地球温暖化係数（地球温暖化対策の推進に関する法律施行令(平成11年政令第143号)第4条第4号から第22号に定める係数をいう。以下同じ。）を乗じて得られる数量を合算して得られる数量（トンで表した量をいう。以下「フロン類使用見通し」という。）が、平成32年度（2020年度）において、4340万トン、平成37年度（2025年度）において、3650万トンであることを踏まえて、製造等をするフロン類の量の低減に取り組むものとする（年度は、4月1日から翌年3月31日までをいう。以下同じ。)。

2　主務大臣は、指定製品の判断基準の制定又は改廃その他の事情に著しい変動が生じた場合において、必要があると認めるときは、フロン類使用見通しを改定するものとする。

第二　フロン類使用合理化計画

1　フロン類の製造業者等は、フロン類代替物質の製造等その他のフロン類の使用の合理化を計画的に行うため、自らのフロン類の使用の合理化に関する計画（以下「フロン類使用合理化計画」という。）を策定するものとする。

2　フロン類使用合理化計画には、次に掲げる事項を記載するものとする。

⑴　平成32年度（2020年度）におけるフロン類出荷相当量の削減目標（フロン類使用合理化計画を策定する年度において、新たにフロン類の製造等を開始した者にあっては、平成32年度（2020年度）におけるフロン類出荷相当量の制限目標）

⑵　フロン類代替物質の製造に必要な設備の整備及び技術の向上その他のフロン類の使用の合理化のための取組に関する事項

⑶　フロン類の回収並びに再生及び破壊に係る取組に関する事項

3　2⑴のフロン類出荷相当量の削減目標又は制限目標の策定に当たっては、指定製品の判断基準に基づく、指定製品における転換その他のフロン類の使用の合理化の進展が見込まれることを踏まえ、国が策定するフロン類使用見通しを目安として、これに留意しつつ、フロン類の使用の合理化の進展に資するよう行うものとする。

4　主務大臣は、フロン類の製造業者等が2⑴により策定したフロン類出荷相当量の削減目標又は制限目標の合計値が当該年度におけるフロン類使用見通しの量を超えるものとならないよう、フロン類の製造及び輸出入の状況及びその他の事情を勘案して、フロン類の製造業者等に対して必要な情報の提供並びに法第10条に基づく指導及び助言を行うものとする。

5　フロン類の製造業者等は、フロン類使用合理化計画の実施の状況について、記録を行うものとする。

第三　フロン類の製造業者等の責務

フロン類の製造業者等は、次の事項に留意しつつ、フロン類の使用の合理化のために必要な措置を講じるよう努めるものとする。

1　フロン類使用製品の製造業者等と連携し、安全性、経済性及び環境への影響等に配慮しつつ、フロン類代替物質の開発及び商品化、当該物質及び当該物質の使用に係る安全性の評価並びに当該物質を使用した製品の性能評価に努めること。

2　自らが製造等するフロン類及びフロン類代替物質の安全性その他の関連する情報の収集及び提供に努めること。

3　フロン類の製造時におけるフロン類の排出量の一層の削減（副生ガスの回収等を含む。）に取り組むこと。

4　技術的かつ経済的に可能な範囲でフロン類の再生技術の向上その他フロン類の回収、再生及び破壊に係るシステムの高度化に取り組むよう努めること。

5　高圧ガス保安法（昭和26年法律第204号）その他の法令及び法令に基づいてする行政庁の処分を遵守し、フロン類の製造及び運搬を行うこと。

第四　フロン類の製造業者等の判断の基準となるべき事項の見直し

主務大臣は、フロン類の使用の合理化が、フロン類使用見通しを大幅に上回って進展することが確実であると見込まれる場合若しくは法に基づく取組以外の要因でフロン類の需給又はフロン類の使用の合理化に係る規制に関する国際的動向その他の事情に著しい変動を生じた場合において、必要があると認めるときは、本判断の基準となるべき事項に検討を加え、必要な改定をするものとする。

付録　フロン類出荷相当量の算定式

フロン類出荷相当量＝Σ（A＋B－C－D－E－F）×G

算式の符号
A　算定期間におけるフロン類の種類ごとの製造量
B　算定期間におけるフロン類の種類ごとの輸入量
C　算定期間におけるフロン類の種類ごとの輸出量（自ら製造等を行ったものであって、当該製造等を行った者が自ら使用することなく又は他者に譲渡されることなく輸出されたものに限る。）
D　算定期間におけるフロン類の種類ごとの破壊量（他の物質の製造に当たって副生されたものであって、当該製造を行った者が自ら使用することなく破壊されるもの又は他者に譲渡されることなく破壊されるもの若しくは破壊を目的として輸入されたものに限る。）
E　算定期間におけるフロン類の種類ごとの原料用途等使用量（自らが他の化学物質の製造のための原料として使用するために製造等するもの若しくは他者が他の化学物質の製造のための原料として使用するために製造等し、当該他者に譲渡等するもの又は他の製品の製造工程等において当該製品を製造等する施設若しくは設備の外へ放出されるおそれがない方法で自ら若しくは他者が使用するためのものとして製造等される場合であって、当該使用により当該フロン類が分解され、かつ、分解されなかった当該フロン類がすべて破壊されるものをいう。）
F　算定期間におけるフロン類の種類ごとの試験研究用途使用量（自らが試験研究用途で使用するために製造等するもの、又は、他者が試験研究用途で使用するために製造等し、当該他者に譲渡等するものをいう。）
G　フロン類の地球温暖化係数

附　則

この告示は、平成27年4月1日から施行する。

◉エアコンディショナーの製造業者等の判断の基準となるべき事項

〔平成27年3月31日
経済産業省告示第50号〕

フロン類の使用の合理化及び管理の適正化に関する法律（平成13年法律第64号）第12条第1項及び第14条の規定に基づき、エアコンディショナーの製造業者等の判断の基準となるべき事項を次のように定める。

エアコンディショナーの製造業者等の判断の基準となるべき事項

第一　環境影響度の目標値及び目標年度
1　家庭用エアコンディショナー
経済産業省関係フロン類の使用の合理化及び管理の適正化に関する法律施行規則（平成27年経済産業省令第29号。以下「規則」という。）第3条に規定する家庭用エアコンディショナー（以下単に「家庭用エアコンディショナー」という。）の製造業者等（フロン類の使用の合理化及び管理の適正化に関する法律（平成13年法律第64号。以下「法」という。）第２条第７項に規定する者をいう。以下同じ。）は、次の表の左欄に掲げる区分ごとに、目標年度（次の表の右欄に掲げる年の４月１日から翌年３月31日までをいう。）以降の各年度において国内向けに出荷する製品に使用されたフロン類及びフロン類代替物質（以下「フロン類等」という。）の環境影響度（地球温暖化への影響の程度であって、フロン類等の種類ごとに地球の温暖化をもたらす程度の二酸化炭素に係る当該程度に対する比を示す数値として国際的に認められた知見に基づき経済産業大臣が定める係数（平成27年経済産業省告示第54号）で表されたものをいう。以下同じ。）の低減について、環境影響度を製造業者等ごとの出荷台数で加重平均した値が、次の表の中欄に掲げる値を上回らないようにすること。

区分	環境影響度の目標値	目標年度
家庭用エアコンディショナー	750	2018

2　店舗・事務所用エアコンディショナー

規則第３条に規定する店舗・事務所用エアコンディショナー（以下単に「店舗・事務所用エアコンディショナー」という。）の製造業者等は、次の表の左欄に掲げる区分ごとに、目標年度（次の表の右欄に掲げる年の４月１日から翌年３月31日までをいう。）以降の各年度において国内向けに出荷する製品のフロン類等の環境影響度の低減について、環境影響度を製造業者等ごとの出荷台数で加重平均した値が、次の表の中欄に掲げる値を上回らないようにすること。

区分	環境影響度の目標値	目標年度
店舗・事務所用エアコンディショナー	750	2020

3　自動車用エアコンディショナー

規則第３条に規定する自動車用エアコンディショナー（以下単に「自動車用エアコンディショナー」という。）の製造業者等は、次の表の左欄に掲げる区分ごとに、目標年度（次の表の右欄に掲げる年の４月１日から翌年３月31日までをいう。）以降の各年度において国内向けに出荷する製品のフロン類等の環境影響度の低減について、環境影響度を製造業者等ごとの出荷台数で加重平均した値が、次の表の中欄に掲げる値を上回らないようにすること。

区分	環境影響度の目標値	目標年度
自動車用エアコンディショナー	150	2023

第二　指定製品の製造業者等が取り組むべき事項について

1　エアコンディショナー（指定製品であるものに限る。第二２及び３において同じ。）の製造業者等は、フロン類の製造業者やフロン類使用製品の管理者と連携し、安全性、経済性、健康影響等に配慮しつつ、フロン類を使用しない製品や環境影響度の低い冷媒等を用いた製品の開発及び商品化に努めるものとする。また、オゾン層の破壊をもたらさず、かつ、地球温暖化に深刻な影響をもたらさないこと（ノンフロン・低GWP化）を達成した製品群については、その状態を維持するものとする。さらに、開発した製品の安全性等の関連情報の収集・提供等に努めるものとする。

2　エアコンディショナーの製造業者等は、製品の設計及び製造等に当たっては、施工事業者等とも連携し、フロン類の充填量の低減、一層の漏えい防止、回収のしやすさ等に配慮するとともに、これらの情報を開示し、消費者の商品選択の際の参考情報として活用できるよう努めるものとする。

3　エアコンディショナーの製造業者等は、施工事業者等とも連携し、エアコンディショナーの管理者や消費者にもフロン類使用製品に係る使用の合理化や管理の適正化への取組の必要性について容易に理解が可能な表示の充実に努めるものとする。

第三　表示事項等

次の表の第１欄に掲げる製品の製造業者等は、同表の第１欄に掲げる製品の区分ごとに、次の事項を表示するものとする。

製品の区分	本体への表示事項	カタログへの表示事項	その他遵守事項
家庭用エアコンディショナー	①使用するフロン類等の種類、数量及び環境影響度 ②品名及び形名 ③製造業者等の氏名又は名称	・本体への表示事項 ・目標値及び目標年度	・フロン類等の数量は、キログラム単位で表示すること（ただし、当該製品に使用されたフロン類等の数量が１キログラム未満の場合は、グラム単位で表示することができる。）
店舗・事務所用エアコンディショナー	①使用するフロン類等の種類、数量及び環境影響度（法第87条に基づき当該事項に関して表示を行っている場合を除く。） ②品名及び形名 ③製造業者等の氏名又は名称	・本体への表示事項 ・目標値及び目標年度	・フロン類等の数量は、キログラム単位で表示すること（ただし、当該製品に使用されたフロン類等の数量が１キログラム未満の場合は、グラム単位で表示することができる。）

自動車用エアコンディショナー	①使用するフロン類等の種類、数量及び環境影響度（法第87条に基づき当該事項に関して表示を行っている場合を除く。） ②当該製品が搭載される乗用自動車の製造事業者等の氏名又は名称	・本体への表示事項 ・当該製品が搭載される乗用自動車の車名及び型式 ・目標値及び目標年度	・フロン類等の数量の単位は、グラム単位で表示すること

附　則

この告示は、平成27年４月１日から施行する。ただし、第三の規定は、平成27年10月１日から施行する。

◉冷蔵機器及び冷凍機器の製造業者等の判断の基準となるべき事項

〔平成27年３月31日
経済産業省告示第51号〕

フロン類の使用の合理化及び管理の適正化に関する法律（平成13年法律第64号）第12条第１項及び第14条の規定に基づき、冷蔵機器及び冷凍機器の製造業者等の判断の基準となるべき事項を次のように定める。

冷蔵機器及び冷凍機器の製造業者等の判断の基準となるべき事項

第一　環境影響度の目標値及び目標年度

１　コンデンシングユニット等

経済産業省関係フロン類の使用の合理化及び管理の適正化に関する法律施行規則（平成27年経済産業省令第29号。以下「規則」という。）第３条に規定するコンデンシングユニット等（以下単に「コンデンシングユニット等」という。）の製造業者等（フロン類の使用の合理化及び管理の適正化に関する法律（平成13年法律第64号。以下「法」という。）第２条第７項に規定する者をいう。以下同じ。）は、次の表の左欄に掲げる区分ごとに、目標年度（次の表の右欄に掲げる年の４月１日から翌年３月31日までをいう。）以降の各年度において国内向けに出荷する製品に使用されたフロン類及びフロン類代替物質（以下「フロン類等」という。）の環境影響度（地球温暖化への影響の程度であって、フロン類等の種類ごとに地球の温暖化をもたらす程度の二酸化炭素に係る当該程度に対する比を示す数値として国際的に認められた知見に基づき経済産業大臣が定める係数（平成27年経済産業省告示第54号）で表されたものをいう。以下同じ。）の低減について、環境影響度を製造業者等ごとの出荷台数で加重平均した値が、次の表の中欄に掲げる値を上回らないようにすること。ただし、試験研究のためのものであって、特殊な構造を有するものは、この限りではない。

区分	環境影響度の目標値	目標年度
コンデンシングユニット等	1500	2025

2　中央方式冷凍冷蔵機器

規則第３条に規定する中央方式冷凍冷蔵機器（以下単に「中央方式冷凍冷蔵機器」という。）の製造業者等は、次の表の左欄に掲げる区分ごとに、目標年度（次の表の右欄に掲げる年の４月１日から翌年３月31日までをいう。）以降の各年度において国内向けに出荷する製品のフロン類等の環境影響度の低減について、環境影響度を製造業者等ごとの出荷台数で加重平均した値が、次の表の中欄に掲げる値を上回らないようにすること。

区分	環境影響度の目標値	目標年度
中央方式冷凍冷蔵機器	100	2019

3　フロン類等の環境影響度の算定に係る特例

上記１において、製造業者等が国内向けに出荷する製品が多元冷凍方式のものである場合にあっては、次の算式により算定した環境影響度（その環境影響度に小数点以下一位未満の端数があるときは、これを四捨五入する。）を、当該製品に使用されたフロン類等の環境影響度とする。

算式

$$G=(G1\times W1+G2\times W2)\div(W1+W2)$$

算式の符号

G　環境影響度

G１　低温側に使用されたフロン類等の環境影響度

G２　高温側に使用されたフロン類等の環境影響度

W１　低温側に使用されたフロン類等の質量

W２　高温側に使用されたフロン類等の質量

ただし、設置場所に応じて冷媒を通ずる配管（附帯設備であるものをいい、冷蔵設備又は冷凍設備に属するものを除く。以下同じ。）の長さを調整して使用する製品の場合においては、配管の長さについては20メートルとし、また、配管の径については当該製品に取り付ける標準的な配管の径を用いて、W１またはW２を算定することとする。

第二　指定製品の製造業者等が取り組むべき事項について

1　冷蔵機器及び冷凍機器（指定製品であるものに限る。第二２及び３において同じ。）の製造業者等は、フロン類の製造業者やフロン類使用製品の管理者と連携し、安全性、経済性、健康影響等に配慮しつつ、フロン類を使用しない製品や環境影響度の低い冷媒等を用いた製品の開発及び商品化に努めるものとする。また、オゾン層の破壊をもたらさず、かつ、地球温暖化に深刻な影響をもたらさないこと（ノンフロン・低GWP化）を達成した製品群については、その状態を維持するものとする。さらに、開発した製品の安全性等の関連情報の収集及び提供等に努めるものとする。

2　冷蔵機器及び冷凍機器の製造業者等は、製品の設計及び製造等に当たっては、施工事業者等とも連携し、フロン類の充塡量の低減、一層の漏えい防止、回収のしやすさ等に配慮するとともに、これらの情報を開示し、消費者の商品選択の際の参考情報として活用できるよう努めるものとする。

3　冷蔵機器及び冷凍機器の製造業者等は、施工事業者等とも連携し、冷蔵機器及び冷凍機器の管理者や消費者にもフロン類使用製品に係る使用の合理化や管理の適正化への取組の必要性について容易に理解が可能な表示の充実に努めるものとする。

第三　表示事項等

次の表の第１欄に掲げる製品の製造業者等は、同表の第１欄に掲げる製品の区分ごとに、次の事項を表示するものとする。

製品の区分	本体への表示事項	カタログへの表示事項	その他遵守事項
コンデンシングユニット等（ただし、試験研究のためのものであって、特殊な構造を有するものは、この限りではない。）	①使用するフロン類等の種類、数量及び環境影響度（法第87条に基づき当該事項に関して表示を行っている場合を除く。） ②品名及び形名 ③製造業者等の氏名又は名称	・本体への表示事項 ・目標値及び目標年度	・フロン類等の数量は、キログラム単位で表示すること（ただし、当該製品に使用されたフロン類等の数量が１キログラム未満の場合は、グラム単位で表示することができる。）
中央方式冷凍冷蔵機器	①使用するフロン類等の種類、数量及び環境影響度（法第87条に基づき当該事項に関して表示を行っている場合を除く。） ②品名及び形名 ③製造業者等の氏	・本体への表示事項 ・目標値及び目標年度	・フロン類等の数量は、キログラムで表示すること（ただし、当該製品に使用されたフロン類等の数量が１キログラム未満の場合は、グラム単位で表示するこ

	名又は名称		とができる。)

附　則

この告示は、平成27年4月1日から施行する。ただし、第三の規定は、平成27年10月1日から施行する。

◉硬質ポリウレタンフォーム用原液の製造業者等の判断の基準となるべき事項

〔平成27年3月31日
経済産業省告示第52号〕

フロン類の使用の合理化及び管理の適正化に関する法律（平成13年法律第64号）第12条第1項及び第14条の規定に基づき、硬質ポリウレタンフォーム用原液の製造業者等の判断の基準となるべき事項を次のように定める。

硬質ポリウレタンフォーム用原液の製造業者等の判断の基準となるべき事項

第一　環境影響度の目標値及び目標年度

フロン類の使用の合理化及び管理の適正化に関する法律施行令（平成13年法律第396号）第1条第2号に規定する硬質ポリウレタンフォーム用原液の製造業者等（フロン類の使用の合理化及び管理の適正化に関する法律（平成13年法律第64号）第2条第7項に規定する者をいう。以下同じ。）は、次の表の左欄に掲げる区分ごとに、目標年度（次の表の右欄に掲げる年の4月1日から翌年3月31日までをいう。）以降の各年度において国内向けに出荷する製品に使用されたフロン類及びフロン類代替物質（以下「フロン類等」という。）の環境影響度（地球温暖化への影響の程度であって、フロン類等の種類ごとに地球の温暖化をもたらす程度の二酸化炭素に係る当該程度に対する比を示す数値として国際的に認められた知見に基づき経済産業大臣が定める係数（平成27年経済産業省告示第54号）で表されたものをいう。以下同じ。）の低減について、環境影響度を製造業者等ごとの出荷量で加重平均した値が、次の表の中欄に掲げる値を上回らないようにすること。

区分	環境影響度の目標値	目標年度
硬質ポリウレタンフォーム用原液	100	2020

第二　指定製品の製造業者等が取り組むべき事項について

1　硬質ポリウレタンフォーム用原液の製造業者等は、フロン類の製造業者や施工事業者等と連携し、安全性、経済性、健康影響等に配慮しつつ、フロン類を使用しない製品や環境影響度の低い物質等を用いた製品の開発及び商品化に努めるものとする。また、オゾン層の破壊をもたらさず、かつ、地球温暖化に深刻な影響をもたらさないこと（ノンフロン・低GWP化）を達成した製品群については、その状態を維持するものとする。さらに、開発した製品の安全性等の関連情報の収集・提供等に努めるものとする。

2　硬質ポリウレタンフォーム用原液の製造業者等は、製品の設計及び製造等に当たっては、施工事業者等とも連携し、フロン類の使用量の低減等に配慮するとともに、これらの情報を開示し、商品選択の際の参考情報として活用できるよう努めるものとする。

3　硬質ポリウレタンフォーム用原液の製造業者等は、施工事業者等とも連携し、フロン類使用製品に係る使用の合理化や管理の適正化への取組の必要性について容易に理解が可能な表示の充実に努めるものとする。

第三　表示事項等

次の表の第1欄に掲げる製品の製造業者等は、同表の第1欄に掲げる製品の区分ごとに、次の事項を表示するものとする。

製品の区分	本体への表示事項	カタログへの表示事項	その他遵守事項
硬質ポリウレタンフォーム用原液	①使用するフロン類等の種類、数量及び環境影響度 ②品名及び形名 ③製造業者等の氏名又は名称 ④当該製品が住宅建築材料用である旨	・本体への表示事項 ・目標値及び目標年度	・本体への表示は、当該製品を輸送・保管するための容器に記載すること。 ・フロン類等の数量は、当該製品に含有される割合を百分率で表示すること。

附　則

この告示は、平成27年4月1日から施行する。ただし、第三の規定は、平成27年10月1日から施行する。

◉専ら噴射剤のみを充塡した噴霧器の製造業者等の判断の基準となるべき事項

〔平成27年3月31日 経済産業省告示第53号〕

フロン類の使用の合理化及び管理の適正化に関する法律（平成13年法律第64号）第12条第1項及び第14条の規定に基づき、専ら噴射剤のみを充塡した噴霧器の製造業者等の判断の基準となるべき事項を次のように定める。

専ら噴射剤のみを充塡した噴霧器の製造業者等の判断の基準となるべき事項

第一　環境影響度の目標値及び目標年度

フロン類の使用の合理化及び管理の適正化に関する法律施行令（平成13年法律第396号）第１条第３号に規定する専ら噴射剤のみを充塡した噴霧器（以下「ダストブロワー」という。）の製造業者等（フロン類の使用の合理化及び管理の適正化に関する法律（平成13年法律第64号）第２条第７項に規定する者をいう。以下同じ。）は、次の表の上欄に掲げる区分ごとに、目標年度（次の表の右欄に掲げる年の４月１日から翌年３月31日までをいう。）以降の各年度において国内向けに出荷する製品に使用されたフロン類及びフロン類代替物質（以下「フロン類等」という。）の環境影響度（地球温暖化への影響の程度であって、フロン類等の種類ごとに地球の温暖化をもたらす程度の二酸化炭素に係る当該程度に対する比を示す数値として国際的に認められた知見に基づき経済産業大臣が定める係数（平成27年経済産業省告示第54号）で表されたものをいう。以下同じ。）の低減について、環境影響度を製造業者等ごとの出荷量で加重平均した値が、次の表の中欄に掲げる値を上回らないようにすること。

区分	環境影響度の目標値	目標年度
ダストブロワー	10	2019

第二　指定製品の製造事業者等が取り組むべき事項について

1　ダストブロワーの製造業者等は、フロン類の製造業者やフロン類使用製品の使用者と連携し、安全性、経済性、健康影響等に配慮しつつ、フロン類を使用しない製品や環境影響度の低い物質等を用いた製品の開発及び商品化に努めるものとする。また、オゾン層の破壊をもたらさず、かつ、地球温暖化に深刻な影響をもたらさないこと（ノンフロン・低GWP化）を達成した製品群については、その状態を維持するものとする。さらに、開発した製品の安全性等の関連情報の収集及び提供等に努めるものとする。

2　ダストブロワーの製造業者等は、製品の設計及び製造等に当たっては、フロン類の充塡の工程での一層の漏えい低減等に配慮するとともに、これらの情報を開示し、使用者の商品選択の際の参考情報として活用できるよう努めるものとする。

3　ダストブロワーの製造業者等は、ダストブロワーの使用者にもフロン類使用製品に係る使用の合理化や管理の適正化への取組の必要性について容易に理解が可能な表示の充実に努めるものとする。

第三　表示事項等

次の表の第１欄に掲げる製品の製造業者等は、同表の第１欄に掲げる製品の区分ごとに、次の事項を表示するものとする。

製品の区分	本体への表示事項	カタログへの表示事項	その他遵守事項
ダストブロワー	①使用するフロン類等の種類、数量及び環境影響度 ②品名及び形名	・本体への表示事項	・フロン類等の数量の単位は、グラム単位で表示すること

	③製造業者等の氏名又は名称 ④目標値及び目標年度		

附　則

この告示は、平成27年4月1日から施行する。ただし、第三の規定は、平成27年10月1日から施行する。

◉フロン類の使用の合理化及び管理の適正化に関する法律施行規則第1条第3項及びフロン類算定漏えい量等の報告等に関する命令第2条第3号の規定に基づき、国際標準化機構の規格817等に基づき、環境大臣及び経済産業大臣が定める種類並びにフロン類の種類ごとに地球の温暖化をもたらす程度の二酸化炭素に係る当該程度に対する比を示す数値として国際的に認められた知見に基づき環境大臣及び経済産業大臣が定める係数

〔平成28年3月29日
経済産業省・環境省告示第2号〕

フロン類の使用の合理化及び管理の適正化に関する法律施行規則(平成26年経済産業省、環境省令第7号）第1条第3項及びフロン類算定漏えい量等の報告等に関する命令（平成26年内閣府、総務省、法務省、外務省、財務省、文部科学省、厚生労働省、農林水産省、経済産業省、国土交通省、環境省、防衛省令第2号）第2条第3号の規定に基づき、国際標準化機構の規格817等に基づき、環境大臣及び経済産業大臣が定める種類並びにフロン類の種類ごとに地球の温暖化をもたらす程度の二酸化炭素に係る当該程度に対する比を示す数値として国際的に認められた知見に基づき環境大臣及び経済産業大臣が定める係数を次のように定め、平成28年4月1日から適用する。

なお、平成27年経済産業省、環境省告示第5号（フロン類の使用の合理化及び管理の適正化に関する法律施行規則第1条第3項及びフロン類算定漏えい量等の報告等に関する命令第2条第3号の規定に基づき、国際標準化機構の規格817に基づき、環境大臣及び経済産業大臣が定める種類並びにフロン類の種類ごとに地球の温暖化をもたらす程度の二酸化炭素に係る当該程度に対する比を示す数値として国際的に認められた知見に基づき環境大臣及び経済産業大臣が定める係数を定める件）は、平成28年3月31日限り廃止する。

（フロン類の種類及び係数）

第1条　フロン類の使用の合理化及び管理の適正化に関する法律施行規則第1条第3項の規定に基づき、国際標準化機構の規格817等に基づき環境大臣及び経済産業大臣が定める種類（以下「告示種類」という。）は、次の表1の中欄に掲げるとおりとし、フロン類算定漏えい量等の報告等に関する命令第2条第3号の規定に基づき、フロン類の種

類ごとに地球の温暖化をもたらす程度の二酸化炭素に係る当該程度に対する比を示す数値として国際的に認められた知見に基づき環境大臣及び経済産業大臣が定める係数（以下「告示係数」という。）は、同表の中欄に掲げるフロン類の種類ごとにそれぞれ同表の右欄に掲げるとおりとする。ただし、フロン類の使用の合理化及び管理の適正化に関する法律（平成13年法律第64号。以下「法」という。）第２条第１項で規定するフロン類のうち、同表の中欄に掲げられていない物質については、告示種類は「その他フロン類」とし、告示係数は零とみなす。

（混合冷媒の種類及び係数）

第２条　前条の規定にかかわらず、特定製品の冷媒として使用するために次の表１の中欄に掲げる物質の２以上の種類のものを混和したもの及び当該物質を他の物質と混和したもの（以下「混合冷媒」という。）については、告示種類は、次の表２の中欄に掲げるとおりとし、告示係数は、同表の中欄に掲げるフロン類の種類ごとにそれぞれ同表の右欄に掲げるとおりとする。

附　則

1　法第19条第１項、第60条第３項及び第71条第３項に基づく報告並びに法第20条第３項に基づく集計に係るこの告示の規定は、平成29年度以降に行う当該各項に規定する報告及び集計について適用し、平成28年度に行う報告及び集計については、なお従前の例による。

2　法第87条第３号及び第４号に基づく表示については、この告示の規定にかかわらず、平成29年３月31日までは、なお従前の例によることができる。

表１（第１条関係）

1	R-11（トリクロロフルオロメタン）	4750
2	R-12（ジクロロジフルオロメタン）	10900
3	R-13（クロロトリフルオロメタン）	14400
4	R-22（クロロジフルオロメタン）	1810
5	R-23（トリフルオロメタン）	14800
6	R-32（ジフルオロメタン）	675
7	R-113（トリクロロトリフルオロエタン）	6130
8	R-114（ジクロロテトラフルオロエタン）	10000
9	R-115（クロロペンタフルオロエタン）	7370
10	R-123（ジクロロトリフルオロエタン）	77
11	R-124（クロロテトラフルオロエタン）	609
12	R-125（1,1,1,2,2-ペンタフルオロエタン）	3500

13	R-134a（1,1,1,2-テトラフルオロエタン）	1430
14	R-141b（1,1-ジクロロ-1-フルオロエタン）	725
15	R-142b（1-クロロ-1,1-ジフルオロエタン）	2310
16	R-143a（1,1,1-トリフルオロエタン）	4470
17	R-152a（1,1-ジフルオロエタン）	124
18	R-227ea（1,1,1,2,3,3,3-ヘプタフルオロプロパン）	3220
19	R-236fa（1,1,1,3,3,3-ヘキサフルオロプロパン）	9810
20	R-245fa（1,1,1,3,3-ペンタフルオロプロパン）	1030

表2（第2条関係）

1	R-401A	1180
2	R-401B	1290
3	R-401C	933
4	R-402A	2790
5	R-402B	2420
6	R-403A	1360
7	R-403B	1010
8	R-404A	3920
9	R-406A	1940
10	R-407A	2110
11	R-407B	2800
12	R-407C	1770
13	R-407D	1630
14	R-407E	1550
15	R-407F	1820
16	R-408A	3150
17	R-409A	1580
18	R-409B	1560
19	R-410A	2090

20	R-410B	2230
21	R-411A	1600
22	R-411B	1710
23	R-412A	1840
24	R-413A	1260
25	R-414A	1480
26	R-414B	1360
27	R-415A	1510
28	R-415B	546
29	R-416A	1080
30	R-417A	2350
31	R-417B	3030
32	R-418A	1740
33	R-419A	2970
34	R-420A	1540
35	R-421A	2630
36	R-421B	3190
37	R-422A	3140
38	R-422B	2530
39	R-422C	3080
40	R-422D	2730
41	R-423A	2280
42	R-424A	2440
43	R-425A	1510
44	R-426A	1510
45	R-427A	2140
46	R-428A	3610
47	R-429A	12

48	R-430A	94
49	R-431A	36
50	R-434A	3250
51	R-435A	25
52	R-437A	1810
53	R-438A	2260
54	R-439A	1980
55	R-440A	144
56	R-442A	1890
57	R-500	8080
58	R-501	4080
59	R-502	4660
60	R-507A	3990
61	R-508A	5770
62	R-508B	6810
63	R-509A	796
64	R-512A	189
65	その他混合冷媒	混合冷媒中の表１の中欄に掲げる物質ごとに、国際標準化機構の規格5149／１に定めのある混合冷媒については、同規格に基づく当該混合冷媒中の物質の混和の質量の割合に、それ以外の混合冷媒については、当該混合冷媒中の物質の混和の質量の割合に、当該物質に係る表１の右欄に掲げる係数を乗じて得られる値を算定し、当該物質ごとに算定した値を合計して得た値（１未満の端数があるときは、その端数を四捨五入して得た値）

5. 改正モントリオール議定書の概要

10月10日から14日にかけて、ルワンダ・キガリにおいて、モントリオール議定書第28回締約国会合（MOP28）が開催され、我が国からは、外務省、経済産業省、環境省の関係者が出席した。

今次会合において、ハイドロフルオロカーボン（HFC）の生産及び消費量の段階的削減義務等を定める本議定書の改正（キガリ改正）が採択された。改正議定書は、20か国以上の締結を条件に2019年１月１日以降に発効する。なお、HFCはオゾン層破壊物質ではないが、その代替として開発・使用されており、かつ温室効果が高いことから、本改正議定書の対象とされたものである。

我が国は、温暖化対策を含む地球環境保全の観点から、HFC削減を重要な課題と認識。本議定書の改正には、これまで特に米国等が熱心に取り組んできているところ、我が国が議長国を務めた本年５月のG７伊勢志摩サミットでの首脳宣言には、本件改正議定書の本年中の採択を支持する旨記載される等、我が国も主要先進国の一員として各国と協調のもと、議論に積極的に参画してきた。

この度のMOP28において、先進国と開発途上国の双方によるHFCの生産・消費の段階的削減を内容とする本議定書改正が採択されたことは、我が国としても評価。

キガリ改正の採択

⑴　改正の内容

1）　HFCの生産及び消費量の段階的削減義務として、先進国においては、2011-2013年の平均数量等を基準値として、2019年から削減を開始し、2036年までに85％分を段階的に削減する。開発途上国においては、①第１グループ（中国・東南アジア・中南米・アフリカ諸国・島嶼国等、第２グループ以外の開発途上国）は2020-2022年の平均数量等を基準値として、2024年に凍結、2045年までに80％分を段階的に削減、②第２グループ（インド・パキスタン・イラン・イラク・湾岸諸国）は、2024-2026年の平均数量等を基準として、2028年に凍結し、2047年までに85％分を段階的に削減する。

2）　本議定書の下ですでに規制対象となっているオゾン層破壊物質と同様に、 HFCについて、貿易規制、生産・輸出入量に関する定期報告等を実施する。

3）　上記に加え、本議定書の規制対象物質であるハイドロクロロフルオロカーボン（HCFC）生産過程において発生するHFC23（HFCの一種）を、2020年１月以降、MOPで承認された技術を用いて破壊する。

キガリ改正議定書におけるHFC生産・消費量の段階的削減スケジュール（注５）

	開発途上国 第１グループ（注１）	開発途上国 第２グループ（注２）	先進国（注３）
基準年	2020-2022年	2024-2026年	2011-2013年

基準値（CO_2換算）	各年のHFC量の平均＋HCFCの基準値の65％	各年のHFC量の平均＋HCFCの基準値の65％	各年のHFC量の平均＋HCFCの基準値の15％
凍結年	2024年	2028年（注4）	なし
第1段階	2029年　▲10％	2032年　▲10％	2019年　▲10％
第2段階	2035年　▲30％	2037年　▲20％	2024年　▲40％
第3段階	2040年　▲50％	2042年　▲30％	2029年　▲70％
第4段階			2034年　▲80％
最終削減	2045年　▲80％	2047年　▲85％	2036年　▲85％

（注1）途上国第1グループ：開発途上国であって、第2グループに属さない国
（注2）途上国第2グループ：印、パキスタン、イラン、イラク、湾岸諸国
（注3）先進国に属するベラルーシ、露、カザフスタン、タジキスタン、ウズベキスタンは、規制措置に差異を設ける（基準値について、HCFCの算入量を基準値の25％とし、削減スケジュールについて、第1段階は2020年に▲5％、第2段階は2025年に▲35％削減とする）。
（注4）途上国第2グループについて、凍結年（2028年）の4～5年前に技術評価を行い、凍結年を2年間猶予することを検討する。
（注5）すべての締約国について、2022年、及びその後5年ごとに技術評価を実施する。

⑵　期待される効果

今次MOP閉幕に際し、本議定書事務局（オゾン事務局）から、今世紀末までのHFC由来の地球全体の平均気温上昇は摂氏約0.5度分となる推計であったところ、本改正議定書が着実に実施されることにより、この上昇が0.06度分まで抑制可能となるとの推計が紹介された。

⑶　その他の関連する議論

1）　エネルギー効率に関する調査及び情報収集を内容とする決定が、モロッコ及びルワンダにより提案され、「エネルギー効率に関するキガリ宣言」として採択された。

2）　改正採択に際し、HFC削減開始時期を第1グループの途上国の凍結期日よりもさらに前倒しし、2021年とする意思があることが、ミクロネシアにより提案され、マーシャル等の島嶼国、メキシコ、コスタリカ、チリ等の中南米諸国、及びモロッコ等のアフリカ諸国の支持により、「ミクロネシア宣言」として表明された。

本議定書の採択実施に係る議論

⑴　不可欠用途申請

臭化メチルの不可欠用途申請について、2017年についてはオーストラリアからの申請数量が、2018年については、アルゼンチン、カナダ、中国及び南アフリカからの申請数量が、技術経済評価パネル（TEAP）の臭化メチル技術選択肢委員会（MBTOC）の勧告に基づき承認された。

四塩化炭素について、中国から研究分析用途の不可欠用途の申請が提出され、TEAPの医療・化学物質技術選択委員会（MCTOC）の勧告に基づき承認された。

⑵　HCFC段階的廃絶に関する問題

先進国における、①2020年以降のHCFCの不可欠用途の可能性と必要性、②2020年から2030年の期間におけるHCFC全廃後の0.5％のサービス用途の必要性、及び③2020年以降の開発途上国の国内の基礎的な需要を満たすための生産枠の見直しに関し、TEAPに対し調査報告作成を要請すること等が決定された。

⑶　冷媒の安全性基準に関する問題

冷蔵冷凍空調製品及び機器での、可燃性冷媒を含む代替物質の使用に係る国際安全性基準に関連する基準設定機関との連携及び調整を促進する目的で、TEAPによるタスク・フォースを設置すること、及び2017年に、地球温暖化係数の低い物質代替の使用に係る安全性基準に関するワークショップを開催すること等が決定された。

⑷　四塩化炭素（CTC）の大気放出量の観測値と報告データの齟齬の分析

CTCの生産・消費量の報告値と大気中の濃度の観測値との乖離に係るTEAP及び科学評価パネル（SAP）の報告が提出された。

⑸　民間航空機分野のハロンに関する報告

航空機用途のハロンの再生方法、民間航空機用途のハロン需要に対する供給方法、及び民間航空機用途ハロンの転換促進に向けた国内政策に関する締約国からの情報について、TEAPによりとりまとめた報告が提出された。

図説　よくわかるフロン排出抑制法

2017年4月20日　発行

監　修　経済産業省製造産業局化学物質管理課オゾン層保護等推進室
　　　　環境省地球環境局地球温暖化対策課フロン対策室

発行者　荘村明彦

発行所　中央法規出版株式会社
〒110-0016　東京都台東区台東3-29-1　中央法規ビル
営　　業　TEL:03-3834-5817　FAX:03-3837-8037
書店窓口　TEL:03-3834-5815　FAX:03-3837-8035
編　　集　TEL:03-3834-5812　FAX:03-3837-8032
http://www.chuohoki.co.jp/

装幀・本文デザイン　ケイ・アイ・エス

印刷・製本　株式会社アルキャスト

定価はカバーに表示してあります。

ISBN 978-4-8058-5485-3